"十三五"江苏省高等学校重点教材

新能源科学与工程专业系列教材

太阳能光伏组件技术

（第三版）

薛春荣　钱　斌
江学范　周承柏　编著

科学出版社
北　京

内 容 简 介

本书为“十三五”江苏省高等学校重点教材（编号：2017-1-097）。本书以太阳能光伏组件的设计封装为主要内容，在简要介绍太阳能电池基本原理和技术的基础上，全面、深入地介绍光伏发电系统的核心——太阳能光伏组件的设计、封装、检测和应用等各个方面。

本书围绕“如何设计并制备高效太阳能光伏组件”这个主题展开，在体系安排上遵循从基本原理到组件设计再到应用，内容由浅入深，由理论到应用。

本书可作为高等院校新能源相关专业本科生、专科生的教材或者参考用书，也可作为太阳能光电企业及相关领域的工程技术人员的培训及参考用书。

图书在版编目(CIP)数据

太阳能光伏组件技术/薛春荣等编著. —3版. —北京：科学出版社，2019.9

“十三五”江苏省高等学校重点教材·新能源科学与工程专业系列教材

ISBN 978-7-03-061967-9

Ⅰ. ①太… Ⅱ. ①薛… Ⅲ. ①太阳能电池-高等学校-教材 Ⅳ. ①TM914.4

中国版本图书馆CIP数据核字（2019）第162864号

责任编辑：余 江 张丽花／责任校对：郭瑞芝

责任印制：赵 博／封面设计：迷底书装

科学出版社出版

北京东黄城根北街16号

邮政编码：100717

http://www.sciencep.com

北京富资园科技发展有限公司印刷

科学出版社发行 各地新华书店经销

*

2014年1月第一版 开本：720×1000 B5

2015年8月第二版 印张：15 1/2

2019年9月第三版 字数：312 000

2023年12月第十次印刷

定价：59.00元

（如有印装质量问题，我社负责调换）

前　言

能源技术的革新带动人类社会日益进步，并对社会发展起着巨大的推动作用。至今所采用的“化石燃料”能源，在带给人类文明与进步的同时，也因能源消耗的大幅提高带来的环境污染，而给人类生存环境造成灾害。“改善能源结构，保护地球”成为全球的呼声，被世界各国所关注。在全球环境污染和能源危机日益严重的今天，研究太阳能利用对缓解能源危机、保护生态环境和促进经济的可持续发展具有重要意义。在太阳能利用中，最具优势的是太阳能光伏发电。太阳能光伏组件几乎可以在世界各地使用，能满足可持续发电的要求。从能量转换技术上说，太阳能光伏发电只需要一步就简捷地实现了光-电转换，避免了传统方式的热动力或机械传递的步骤。

本书旨在全面、深入地介绍光伏发电系统的核心——太阳能光伏组件的设计原理、封装、检测和应用等各个方面，同时尽可能地反映目前生产和科研的最先进水平与技术，力求成为既有较深的理论基础又有实用价值和实际指导意义的教科书。

本书共10章，从内容上分为以下3部分：

（1）太阳能光伏组件基础理论与设计（第1～5章）；

（2）太阳能光伏组件封装技术（第6、7章）；

（3）太阳能光伏组件的检测、故障分析与应用（第8～10章）。

第1部分是教学的重点，侧重于基本概念、基础理论与设计，以课堂讲授为主，注意启发式教学，旨在培养学生学习的主动性和创造性。在具体实施过程中，建议利用问题法教学，通过提出和解决一个个亟待解决的问题达到掌握知识的目的。

第2部分侧重技术技能的培养，注重实践性和应用性，实施过程中应注重和企业接轨，通过一定数量的实验达到掌握技术技能的目的。

第3部分是综合应用，侧重综合分析与设计，实施过程中建议通过工程法教学和工程设计，引导学生把所学知识融会贯通，设计完成一个工程发电项目或者光伏光电产品，提高学生对知识的综合运用能力和实践创新能力。

本书编写过程中得到常熟阿特斯阳光电力科技有限公司的大力协助，在此表示深深的感谢。

本书部分内容材料来自互联网，其原作者无法一一查证和联系，对此深表歉意和感谢！

由于作者水平有限，书中难免有不妥之处，恳请广大读者予以指正。

作　者

2019年4月

目　录

第 1 章　光伏发电概述

1.1　社会发展需要新能源

从“蒸汽机”到“电动机”的一系列动力技术表明，能源技术的革新带动人类社会日益进步，是社会发展的动力。如今的“化石燃料”能源，带给人类文明与进步的同时，却因环境污染，给人类生存环境造成灾害。“改善能源结构，保护地球”成为全球的呼声。同时，石油、煤炭价格暴涨，地球上的常规能源在逐渐减少。那么未来人类将靠什么生存？作为主动力的电从哪里来？唯一的出路就是尽早开发新能源！

新能源是相对于常规能源来说的，作为后起之秀的新能源必须具备以下要素：第一，能源的源头是巨大的、无限制的；第二，要有明显的安全保障性和技术可行性；第三，作为新型能源必须是“绿色”的，以减少由于燃烧煤、石油等常规能源对环境造成的严重污染和温室效应。

新能源包含太阳能、生物质能、海洋能、水能、风能、氢能、地热能、潮汐能等许多种，由于煤炭、石油、天然气等常规能源具有污染环境和不可再生的缺点，人类越来越重视新能源的开发和利用。

生物质能是指由光合作用而产生的各种有机体，是太阳能以化学能形式储存在生物中的一种能量形式。它直接或间接地来源于植物的光合作用，可转化成常规的固态、液态和气态燃料。生物质能是仅次于煤炭、石油、天然气的世界第四大能源，在世界能源消耗中，生物质能占总能耗的 14%，在发展中国家占 35%以上。在我国，生物质能储存量是仅次于煤炭的第二大能源。

海洋能指依附在海水中的可再生能源，海洋通过各种物理过程接收、储存和散发能量，这些能量以潮汐、波浪、温度差、盐度梯度、海流等形式存储于海洋之中，包括潮汐能、波浪能、海流能、海水温差能、海水盐度差能等。这些能源都具有可再生性和不污染环境等优点，是一项亟待开发利用的具有战略意义的新能源。

水能资源是一种清洁无污染且能循环利用的可再生资源，指水体的动能、势能和压力能等能量资源。广义的水能资源包括河流水能、潮汐水能、波浪能、海流能等能量资源。不论是水能资源蕴藏量，还是可开发的水能资源，中国在世界各国中均居第一位。中国煤炭储量居世界第三位。

风是由太阳辐射热引起的，由于地球表面各处受热不同，产生温差，引起大气的对流运动，形成风。全球的风能约为 2.74×10^{9} MW，其中可利用的风能为 2×10^{7} MW，比地球上可开发利用的水能总量还要多 10 倍。

氢是宇宙中最常见的元素，据估计宇宙质量的75％是氢。氢是能源载体和燃料，是一种极为优越的新能源，其燃烧热值很高，每千克氢燃烧后的产生热量约为汽油的3倍，酒精的3.9倍，焦炭的4.5倍。其燃烧的产物是水，不产生任何污染，称得上世界上最干净的能源。氢资源丰富，氢气可由水制取，而水是地球上最为丰富的资源。氢能演绎了自然物质循环利用、持续发展的经典过程。

地热能是来自地球深处的热能，起源于地球的熔融岩浆和放射性物质的衰变。其储量是目前人们所利用的总能量的很多倍，而且集中分布在火山和地震多发区的构造板块边缘一带。如果地球深处的热量提取的速度不超过补充的速度，地热能便是可再生的。地热能在世界上很多地区应用相当广泛。但它的分布比较分散，开发难度大。

图1-1所示是潮汐能的应用，图1-2所示是地热能的利用。目前开发利用的能源中，核能的能流密度最大。

图1-1　海底潮汐能发电机

图1-2　地热发电站

1.2 太阳能利用

在诸多新能源中，太阳能是一种取之不尽、用之不竭的清洁能源，在全球环境污染和能源危机日益严重的今天，研究太阳能利用对缓解能源危机、保护生态环境和促进经济的可持续发展具有重要意义。

1.2.1 太阳能的特点

地球每秒钟接收到的太阳能是人类每年需求的能量总量的好几倍。太阳能具有储量无限的特点，是目前全球主要能源探明储量的10000倍，相对于常规能源，太阳能储量丰富。太阳能与煤炭、石油、天然气、核能等矿物燃料相比，具有以下明显的优点。

(1) 普遍。太阳光普照大地，无论陆地或海洋，高山或岛屿，处处皆有，可直接开发和利用，无须开采和运输。

(2) 无害。它是最清洁的能源之一，在环境污染越来越严重的今天，这一点是极其重要的。

(3) 储量巨大。每年到达地球表面上的太阳辐射能约相当于130万亿吨标煤，是如今地球上可以开发的储量最大能源。

(4) 长久。根据目前太阳产生的核能速率估算，氢的储量可以维持上百亿年，而地球的寿命约为几十亿年，从这个意义上讲，太阳的能量是用之不竭的。

太阳能对于地球上绝大多数地区具有存在的普遍性，可就地取用，这为常规能源缺乏的国家和地区解决能源问题提供了绝佳的方案。从利用的经济性看，在目前的技术发展水平下，太阳能利用技术与现有电力技术兼容，同时呈现高的安全保障性。因此太阳能必将在世界能源结构转换中担当重任，太阳能发电成为世界新能源研究的热点。

太阳能资源虽然具有上述几方面常规能源无法比拟的优点，但其作为能源利用也有以下缺点。

(1) 分散性。尽管到达地球表面的太阳辐射的总量很大，但是能流密度很低。在利用太阳能时，想要得到一定的转换功率，往往需要面积相当大的一套收集和转换设备，造价较高。

(2) 不稳定性。由于受到昼夜、季节、地理纬度和海拔等自然条件的限制，以及晴、阴、云、雨等随机因素的影响，到达某一地区的太阳辐照度是间断的、极不稳定的，这给太阳能的大规模应用增加了难度。为了使太阳能成为连续、稳定的能源，必须解决好蓄能问题。目前，蓄能也是太阳能利用中较为薄弱的环节之一。

(3) 效率低和成本高。虽然目前太阳能利用涉及的很多方面在理论上是可行的，技术上也是成熟的。但因为效率偏低，成本较高，经济性还不能与常规能源竞争。在今后相当长的一段时期内，太阳能利用的进一步发展主要受到经济性的制约。

1.2.2 太阳能利用技术

根据太阳能利用的实际特点，太阳能利用涉及的共性技术主要有 4 项，即太阳能采集、太阳能转换、太阳能储存和太阳能传输。

（1）太阳能采集。因为太阳辐射的能流密度低，必须采用一定的技术和装置如集热器，对太阳能进行采集。集热器按是否聚光，可分为聚光集热器和非聚光集热器两大类。非聚光集热器如平板集热器、真空管集热器，它能利用太阳辐射中的直射辐射和散射辐射，但集热温度较低；聚光集热器能将阳光汇聚在面积较小的吸热面上，获得较高温度，但它只能利用直射辐射，且需要跟踪太阳。图 1-3 所示为平板太阳能集热器。

图 1-3 平板太阳能集热器

（2）太阳能转换。因为太阳能具有即时性，所以只有转换成其他形式的能量才能更好地利用和储存。按能量转换的方式，太阳能利用主要有光热转换、光电转换和光化学转换三个领域，并且需要不同的能量转换器。光热转换即太阳能的热利用，是将太阳的辐射能转换为热能，实现这个功能的器件称为“集热器”，如集热器通过吸收面可以将太阳能转换成热能，如太阳能热水器、太阳灶、太阳房、海水蒸馏器、太阳能热发电等，如图 1-4 所示。太阳能热利用的领域主要有太阳能空调降温、太阳能热发电、太阳房、太阳能灶等。

光电转换即利用太阳能电池的光伏效应将太阳能转换成电能，如太阳能光伏发

图 1-4　光热光伏系统

电系统，如图 1-5 所示。在太阳能利用中，最具优势的是太阳能光伏发电，相比于光热发电受限于地理位置，需要较高的直接辐射，平板式（标准）太阳能光伏组件几乎可以在世界各地使用。光伏技术在工作的过程中，没有有害物质的排放或者物质变化（产生污染物），也不会产生任何噪声或其他副产品，能满足可持续发电的要求。同时，光伏发电仅一步就实现了能量转换，避免了传统方式的热动力或机械传递步骤。综上所述，各国选择大力发展光伏发电的原因可归纳为：①无枯竭危险；②安全可靠，无噪声，无污染排放，绝对干净（无公害）；③不受资源分布地域的限制，可利用建筑屋面的优势；④无须消耗燃料和架设输电线路即可就地发电供电；⑤能源质量高；⑥建设周期短，获取能源花费的时间短。

图 1-5　太阳能光伏发电系统

光化学转换有植物通过光合作用将太阳能转换成生物质能；太阳能光解水制氢等，如图 1-6 所示。

图 1-6　太阳能光合细菌连续制氢试验系统

（3）太阳能储存。因为地面接收到的太阳能具有间断性和不稳定性，有必要储存。大容量、长时间、经济地储存太阳能，在技术上比较困难，目前太阳能转换成电能储存常用的是蓄电池，正在研究开发的是超导储能。目前，与光伏发电系统配套的储能装置，大部分为铅酸蓄电池，它利用化学能和电能的可逆转换，实现充电和放电。铅酸蓄电池价格较低，但使用寿命短，重量大，需要经常维护。近来开发成功了少维护、免维护铅酸蓄电池，性能有一定提高。镍-铜、镍-铁碱性蓄电池，使用维护方便，寿命长，重量轻，但价格较贵，一般在储能量小的情况下使用。新近开发的蓄电池有银锌电池、钾电池、钠硫电池等。某些金属或合金在极低温度下成为超导体，理论上电能可以在一个超导无电阻的线圈内储存无限长的时间。这种超导储能不经过任何其他能量转换就可直接储存电能，效率高，启动迅速，但目前超导储能在技术上尚需继续研究开发。

（4）太阳能传输。应用光学原理，通过光的反射和折射，太阳能可进行直接传输，适用于较短距离。间接传输是将太阳能转换成其他形式的能量进行传输，适用于不同距离和形式，如将太阳能转换为热能，通过热管将太阳能传输到室内；将太阳能转换为氢能或其他载能化学材料，通过车辆或管道输送到用能地点、空间电站将太阳能转换为电能，通过微波或激光将电能传输到地面等。

1.2.3　太阳能资源分布

地球上太阳能资源的分布与各地的纬度、海拔、地理状况和气候条件有关。资源丰度一般以全年总辐射量（单位为千卡/（厘米^2 · 年）或千瓦/（厘米^2 · 年））和全年日照总时数表示。就全球而言，美国西南部、非洲、澳大利亚、中国西藏、中东等地区的全年总辐射量或日照总时数最大，为世界太阳能资源最丰富地区。

我国地处北半球，幅员辽阔，国土总面积达960万平方公里。在我国广阔富饶的土地上，有着丰富的太阳能资源。全国各地的年太阳辐射总量为928～2333kW·h/m^2，平均年辐射量为1626kW·h/m^2。按接收太阳能辐射量的多少，全国大致可分为五类地区。

一类地区：为我国太阳能资源最丰富的地区，包括宁夏北部、甘肃北部、新疆东部、青海西部和西藏西部等地。尤以西藏西部最为丰富，居世界第二位，仅次于撒哈拉大沙漠。

二类地区：为我国太阳能资源较丰富地区，包括河北西北部、山西北部、内蒙古南部、宁夏南部、甘肃中部、青海东部、西藏东南部和新疆南部等地。

三类地区：为我国太阳能资源中等类型地区，主要包括山东、河南、河北东南部、山西南部、新疆北部、吉林、辽宁、云南、陕西北部、甘肃东南部、广东南部、福建南部、江苏北部、安徽北部、台湾西南部等地。

四类地区：是我国太阳能资源较差地区，包括湖南、湖北、广西、江西、浙江、福建北部、广东北部、陕西南部、江苏南部、安徽南部以及黑龙江、台湾东北部等地。

五类地区：是我国太阳能资源最少的地区，主要包括四川、贵州两省。

1.3　光伏发电系统

太阳能电池，又被称为太阳能电池单体，是光电转换的最小单元，一般不能单独作为电源使用。

将太阳能电池单体进行串并联封装后，就成为太阳能光伏组件，其功率为几瓦至几十瓦，是可以单独作为电源使用的最小单元。如一个由36片（10cm×10cm）标准太阳能电池单体组成的组件大约能产生18V的电压，正好能为一个额定电压为12V的蓄电池进行有效充电。太阳能光伏组件经过封装具有一定的防腐、防风、防雹、防雨等能力，广泛应用于各个领域和系统。当应用领域需要较高的电压和电流而单个组件不能满足要求时，可把多个组件组成大的太阳能光伏阵列，以获得所需要的电压和电流，满足负载所要求的输出功率。图1-7所示为硅太阳能电池光伏产业链示意图。太阳能光伏发电是利用太阳能电池这种半导体电子器件有效地吸收太阳光辐射能，并使之转变成电能的直接发电方式，这是如今太阳能光伏发电的主流方式。

太阳能光伏发电系统分为并网发电系统和分布式（独立）发电系统，如图1-8所示。光伏发电系统由太阳能光伏组件、蓄电池组、充放电控制器、逆变器、交流配电柜、太阳跟踪控制系统等设备组成。部分设备的作用如下。

（1）太阳能光伏组件：是太阳能发电系统中的核心部分，也是太阳能发电系统

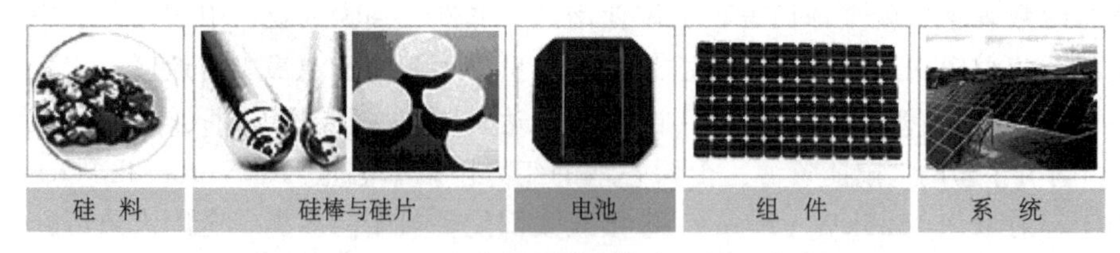

图 1-7 硅太阳能电池光伏产业链示意图

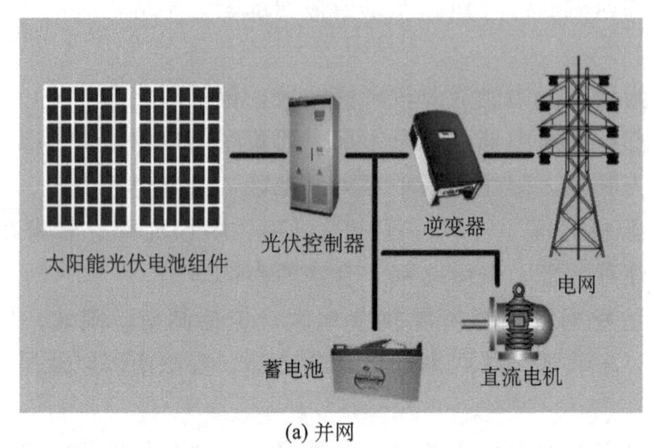

(a) 并网

光伏阵列
光伏控制器
直流负载
逆变器
交流负载
蓄电池组

(b) 独立

图 1-8 光伏发电系统的组成示意图

中价值最高的部分。其作用是将太阳的辐射能力转换为电能，或送往蓄电池中存储起来，或推动负载工作。太阳能光伏组件的质量和成本将直接决定整个系统的质量与成本。

（2）蓄电池组：一般为铅酸电池，小微型系统中，也可用镍氢电池、镍镉电池或锂电池。其作用是在有光照时将太阳能电池板所发出的电能储存起来，到需要时再释放出来，并可随时向负载供电。

（3）太阳能充放电控制器：控制器的作用是控制整个系统的工作状态，并对蓄电池起到过充电保护、过放电保护的作用。在温差较大的地方，合格的控制器还应具备温度补偿的功能。其他附加功能如光控开关、时控开关都是控制器的可选项。由于蓄电池的循环充放电次数及放电深度是决定蓄电池使用寿命的重要因素，因此能控制蓄电池组过充电或过放电的充放电控制器是必不可少的设备。

(4) 逆变器：是将直流电转换成交流电的设备。很多场合需要提供 220V 交流电、110V 交流电的交流电源。由于太阳能的直接输出一般都是 12V 直流电、24V 直流电、48V 直流电。为能向 220V 交流电的电器提供电能，需要将太阳能发电系统所发出的直流电能转换成交流电能，因此需要使用直流-交流逆变器。在某些场合，需要使用多种电压的负载时，也要用到直流-直流逆变器，如将 24V 直流电的电能转换成 5V 直流电的电能。逆变器按运行方式，可分为独立运行逆变器和并网逆变器。独立运行逆变器用于独立运行的太阳能电池发电系统，为独立负载供电。并网逆变器用于并网运行的太阳能电池发电系统。逆变器按输出波形可分为方波逆变器和正弦波逆变器。方波逆变器电路简单，造价低，但谐波分量大，一般用于几百瓦以下和对谐波要求不高的系统。正弦波逆变器成本高，但可以适用于各种负载。

(5) 太阳跟踪控制系统：一年春夏秋冬四季、每天日升日落，太阳的光照角度时时刻刻都在变化，只有让太阳能光伏组件时刻都正对太阳，发电效率才会达到最佳状态。目前世界上通用的太阳跟踪控制系统都需要根据安放点的经纬度等信息计算一年中的每一天的不同时刻太阳所在的角度，将一年中每个时刻的太阳位置存储到可编程控制器 PLC、单片机或计算机软件中，根据计算出的太阳位置以实现跟踪调整。

随着节能意识的提高，越来越多的家庭、农工商业、公共设施等将在屋顶上安装分布式光伏发电系统。2013 年 2 月，国家电网公司公布《关于做好分布式电源并网服务工作的意见》，普通用户今后可以将用不完的自己生产的太阳能光伏发电卖给电网。可以预期，随着国内光伏产业规模逐步扩大、技术逐步提升，光伏发电成本会逐步下降，未来国内光伏容量将大幅增加。中国已将新能源产业上升为国家战略产业，未来 5～10 年，中国光伏发电有望规模化发展。

思 考 题

1.1　为什么要发展新能源？新能源有哪些？并简要叙述。

1.2　为什么要发展太阳能？怎样利用太阳能？

1.3　为什么要大力发展光伏发电？

1.4　叙述太阳能光伏发电系统的分类及各组成部分的作用。

第2章 太阳能电池原理

2.1 太阳辐射特性

太阳能电池是利用太阳光直接发电的光电装置，在满足一定照度条件的光照瞬间就可输出电压及在有回路的情况下产生电流，也称为太阳能光伏（photovoltaic，缩写为PV）电池，简称光伏电池。太阳能电池通过光电效应或者光化学效应直接把光能转化成电能，以光电效应工作的晶硅太阳能电池和以光化学效应工作的薄膜电池为主。

太阳光有很多重要的特性，如入射光的光谱分布、太阳辐射的功率强度、太阳光入射到太阳能电池的角度、一年或一天太阳光照射到特定表面的总能量，这些特性在决定入射光与太阳能电池如何作用时非常重要。

2.1.1 光子的基本特性

光子的能量与波长之间存在反比例关系，方程如下：

$$E = hc/\lambda \tag{2-1}$$

式中，h 是普朗克常数；c 表示光速。可见由光子组成的光的能量越高（如蓝光），波长就越短。能量越低（如红光），波长越长。当描述光子、电子等粒子时，共同使用的能量单位是“电子伏特”（eV），而不是“焦耳”（J）。一个电子伏特的能量相当于把一个电子的电势提高1V所需要做的功，所以 $1\text{eV}=1.602\times10^{-19}\text{J}$，由此得到

$$E(\text{eV}) = 1.24/\lambda(\mu\text{m}) \tag{2-2}$$

光子通量被定义为单位时间内通过单位面积的光子数量：

$$\Phi = \frac{\#(\text{光子数量})}{S(\text{m}^2)} \tag{2-3}$$

光子通量是决定太阳能电池产生的电子数量和电流大小的重要因素。然而，单光子通量并不足以确定太阳能电池产生的电流大小或说明光源的特性。光子通量没有包含关于入射光子的能量或波长的信息。对于一群能量相同（单色光）且光子能量已知的光子，总的辐射强度以 W/m^2 为单位可以用以下公式计算：

$$H\left(\frac{\text{W}}{\text{m}^2}\right) = \Phi E(\text{eV}) = \Phi\frac{hc}{\lambda} \tag{2-4}$$

式中，Φ 指的是光子通量；E 是以单位eV计算的光子能量；h 和 c 为常数。式

(2-4) 表明了要获得同样的辐射强度，高能量的光子（短波）所需的光子通量比低能量的光子（长波）所需的光子通量小。

光谱辐照度（记作 F）作为光子波长（或能量）的对应量，是描述光源性质最常用的物理量。在分析太阳能电池时，通常既需要光子通量也需要光照度，它们之间的关系方程如下：

$$F\left(\frac{\mathrm{W}}{\mathrm{m}^2\cdot\mu\mathrm{m}}\right)=q\Phi E(\mathrm{eV})\frac{1}{\lambda(\mu\mathrm{m})}=q\Phi\frac{1.24}{\lambda^2(\mu\mathrm{m})}=q\Phi\frac{E^2(\mathrm{eV})}{1.24} \tag{2-5}$$

式中，F 为光照度（$\mathrm{W\cdot m^{-2}\cdot \mu m^{-1}}$）；$\Phi$ 为光子通量；$E(\mathrm{eV})$ 和 $\lambda(\mu\mathrm{m})$ 分别是光子的能量和波长；q 为常数。

发射自光源的总的辐射强度可以通过所有波长或其对应的能量的光谱辐照度的叠加计算获得。然而，计算光源光照度的近似方程通常并不存在。取而代之的是，被测量出的光照度乘以所处波长范围，然后计算所有的波长的光照度，如下所示：

$$H=\int_0^{\infty}F(\lambda)\,\mathrm{d}\lambda=\sum_{i=1}^{\infty}F(\lambda)\,\Delta\lambda \tag{2-6}$$

式中，H 为光源发出的总功率强度，以 $\mathrm{W/m^2}$ 为单位；$F(\lambda)$ 是以 $\mathrm{W\cdot m^{-2}\cdot \mu m^{-1}}$ 为单位的光照度，而 $\mathrm{d}\lambda$ 及 $\Delta\lambda$ 都是波长。

2.1.2 太阳辐射

地球大气层外的太阳辐射强度可通过太阳表面的辐射功率强度、太阳半径和地球与太阳之间的距离计算得到，约为 1.36kW/m^2。实际的功率强度会有轻微的变化，因为地球以椭圆形轨道围绕太阳公转以及太阳的辐射功率也是一直在改变着的。一般来说这些变化都是非常小的，对光伏应用来说，太阳辐照度可看成一个常数。这个常数的值及其光谱已经被定为标准值，称为大气质量零辐射（air mass-zero radiation），记作 AM0，此时辐射值为 1.353kW/m^2。

当入射到地球大气层的太阳辐射相对稳定时，影响地球表面辐射的主要因素是大气效应（包括吸收和散射）、当地大气质量（如水蒸气、云层和污染）、纬度位置、一年中的季节和一天内的时间。在光伏应用领域，大气效应的主要影响如下。

(1) 由大气吸收、散射和反射引起的太阳辐射能量的减少。

(2) 由于大气对某些波长的较为强烈地吸收和散射而导致光谱含量的变化。

(3) 分散的或间接的光谱组合被引入太阳辐射中。

(4) 当地大气层的变化引起入射光能量、光谱和方向的额外改变。

当太阳光穿过大气层时，气体、灰尘和悬浮颗粒都将吸收入射光子。特殊的气体包括臭氧（O_3）、二氧化碳（CO_2）和水蒸气（H_2O）都能强烈地吸收能量与其分子键能相近的光子。如多数波长大于 2μm 的远红外光会被水蒸气和二氧化碳吸收。相似的，大多数波长小于 0.3μm 的紫外线会被臭氧吸收。然而，这些大气中的特殊气体在改变地表太阳辐射的光谱含量的同时，并没有相应地明显减少辐射的总能量。而空气分子和尘埃通过对光的吸收和散射成为辐射能量减少的主要因素。这种吸收引起能量的减少（大小取决于穿过大气的路径长度）。当太阳处在头顶正上方时，大气分子引起的吸收会导致光谱中可见光领域整片地减少，所以入射光呈现白色。然而，当路径变得越长时，能量更高（波长更小）的光子能更有效地被吸收和散射。所以在早上和傍晚太阳会变得更红，光照强度也比中午低。

当光穿过大气层被吸收的同时发生散射。大气中光的散射机制之一就是人们熟知的瑞利散射，它由大气中的分子引起。瑞利散射对短波光（如蓝光）作用效果显著，因为瑞利散射的强度与波长的四次方成反比。蓝光的波长与大气中粒子线度相当，所以被强烈散射。红光的波长大于多数的粒子线度，不会受影响。除了瑞利散射之外，气溶胶和尘埃粒子也会使入射光产生散射。散射光的方向是杂乱无章的，所以它可以来自天空的任何地区。这种光也称为分散光。由于散射光主要是蓝光，所以除了太阳所处的区域外，来自天空所有区域的光都呈现蓝色。假如大气中没有散射，天空将变成黑色，而太阳则会变成一个圆盘状的光源。在天气晴朗的日子，入射光线中大概有10%会被散射。

由于大气的存在，太阳辐射能在到达地面之前受到很大的衰减，这种衰减的大小与太阳辐射穿过大气路程的长短有着密切的关系。太阳光线在大气中经过的路程越长，能量损失得就越多；路程越短，能量损失得越少。大气质量被定义为光穿过大气的路径长度，长度最短时的路径（即当太阳处在头顶正上方时）规定为“一个标准大气质量”。通常把太阳处于头顶，即太阳垂直照射地面时，光线所穿过的大气的路程，称为1个大气质量（AM1）。太阳在其他位置时，大气质量都大于1。“大气质量”量化了太阳辐射穿过大气层时被空气和尘埃吸收后的衰减程度。大气质量由下式给出：

$$\mathrm{AM}=\frac{1}{\cos\theta} \tag{2-7}$$

式中，θ 表示太阳光线与垂直线的夹角，当太阳处在头顶时，大气质量为1。“大气质量”描绘了太阳光到达地面前所需走过的路程与太阳处在头顶处时的路程的比例，也等于图2-1所示的 Y/X。

估算大气质量的一个最简单的方法就是测量一个垂直立着的标杆的投影长度，如图2-2所示。

大气质量等于斜边的长度除以标杆的高度 h，然后由勾股定理得到

$$\mathrm{AM}=\sqrt{1+\left(\frac{s}{h}\right)^{2}} \tag{2-8}$$

太阳能电池的效率对入射光的能量和光谱含量都非常敏感。为了方便不同时间和不同地点太阳能电池的数据比较，人们定义了地球大气层外和地球表面的光谱和功率强度的标准值。

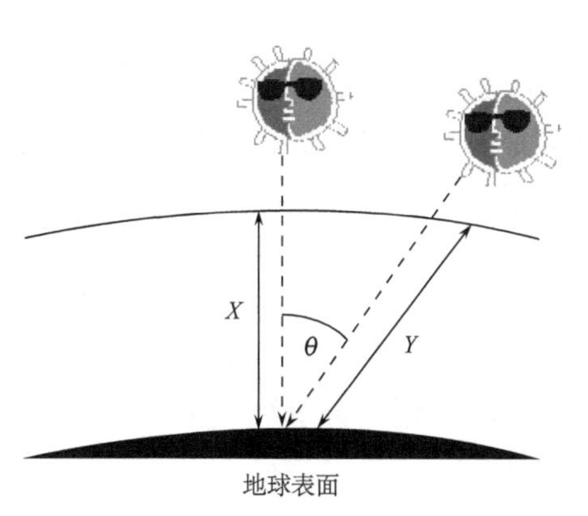

图 2-1　大气质量计算示意图一

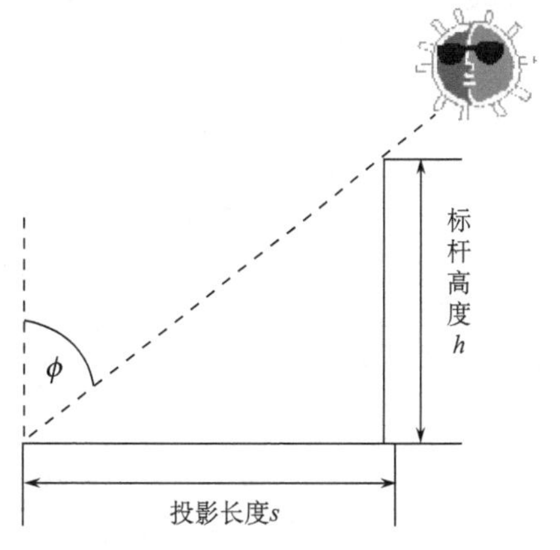

图 2-2　大气质量计算示意图二

地球表面的标准光谱称为 AM1.5G（G 代表总的辐射，包括直接的和分散的辐射）或者 AM1.5D（只包含直接的辐射）。AM1.5D 的辐射强度近似于减少 28% 能量后的 AM0 光谱的光谱强度（18%被吸收，10%被散射）。总的光谱辐射强度要比直射的光谱强度高 10%。从上面的计算可得 AM1.5G 的值近似为 $970W/m^2$。然而，由于整数计算比较方便以及入射太阳光存在固有的变化，人们规范了标准的 AM1.5G 光谱值为 $1kW/m^2$。地球大气层外的标准光谱称为 AM0，因为光没有穿过任何大气。这个光谱通常被用来预测太空中太阳能电池的表现。

太阳的运动改变着射入地球的光线的直射分量角度，很大程度上影响太阳能收集器件获得的能量。当太阳光垂直入射到吸收平面时，在吸收平面上的功率强度等于入射光的功率强度。然而，当太阳光与吸收平面的角度改变时，其表面的功率强度就会减小。当吸收平面与太阳光平行时，功率强度基本上变为零。对于 0°和 90°之间的角，它们相对的功率强度为最大值乘以 $\cos\theta$，其中 θ 为太阳光与器件平面之间的夹角。太阳偏向角就是指赤道平面与地球中心点到太阳中心点连线的夹角，计算如下所示：

$$\delta = 23.45^{\circ}\sin\left[\frac{360}{365}(284 + d)\right] \tag{2-9}$$

式中，d 为观测偏向角时所在的一年中的天数，即一年中的第几天观测的，如 1 月 1 日观测的，$d=1$，3 月 22 日观测的，$d=31+30+22=83$。在二分日（春分日和秋分日）时偏向角为 0°，在北半球夏天时角度为正，北半球冬天时为负。在夏至日偏向角达到最大值 23.45°（北半球夏至日）而在冬至日达到最小值 −23.45°（北半球冬至日）。

仰角指的是天空中太阳相对于地平面的高度角。日出时高度角为 0°，太阳处在头顶时高度角为 90°（如在赤道地区，春分日和秋分日时就会出现这种情况）。

太阳高度角在一天中不断变化，其大小还取决于观测位置的纬度和所在一年中的天数。

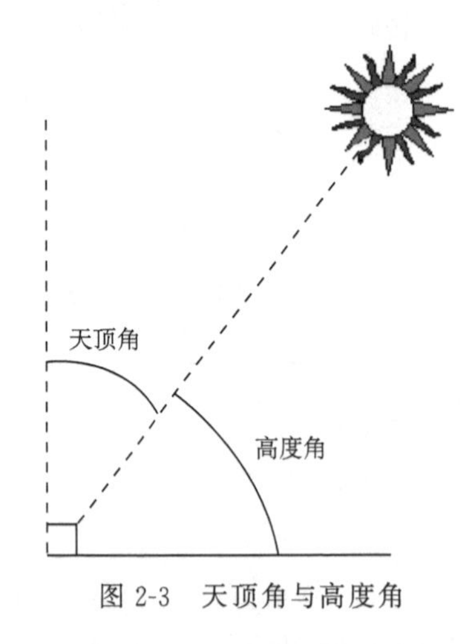

图 2-3　天顶角与高度角

天顶角与高度角相似，但是相对于地平面的垂直线而不是地平面来说的，因此可以计算天顶角＝90°－高度角，如图 2-3 所示。

设计光伏系统时，一个重要的参数是最大太阳高度角，即一年中太阳在天空的高度达到最大时的角度。最大太阳高度角出现在正午时分，大小取决于所在的纬度和偏向角。计算正午太阳高度角的公式如下：

$$\alpha = 90^\circ + \phi - \delta \tag{2-10}$$

式中，ϕ 为观测位置所处的纬度，在南半球它的符号是负的，在北半球它的符号为正；δ 为偏向角，它的大小取决于所在一年中的天数。

夏至日，在北回归线处，太阳在头顶正上方，其高度角为 90°。在夏天，在赤道与北回归线之间观测的正午太阳高度角是大于 90°的。这意味着阳光是来自北方的天空而不是南方的天空。相似的，在一年中的某个时期，在赤道和南回归线之间，太阳光是来自南方，而不是北方。最大太阳高度角被应用到非常简单的光伏系统设计中，然而更精确的光伏系统仿真则需要知道高度角在一天中是如何变化的。

方位角是罗盘方向与阳光入射方向的夹角。在正午时分，北半球地区的太阳总是从南方射入，南半球地区则从北方射入。一天中方位角是不断变化的。在赤道地区，春秋分日时太阳直接从东方升起西方落下，不管所处的纬度是多少，日出时的方位角都为 90°，日落时为 270°。尽管如此，总的来说方位角还是随着纬度和一年中日期的改变而改变的。

正午时分的太阳方位角和太阳高度角是摆放太阳能光伏组件使用到的两个重要角度参数。要计算一整天的太阳位置，就必须计算一整天的太阳高度角和方位角。

2.1.3　太阳辐射的光谱特性

由于大气层对太阳辐射的吸收和散射具有选择性，所以当太阳辐射通过大气后，不仅辐射强度减弱，而且光谱成分也发生了变化。太阳高度升高，紫外线和可见光所占比例随之增大；反之，高度降低，长波光比例增加。在空间变化上，低纬度处短波光多，高纬度长波光多；同时，随海拔升高，短波光增多。在时间变化上，夏季短波光多，冬季长波光多；中午短波光多，早晚长波光多。

太阳辐射的光谱可以划分为几个波段，波长短于 400nm 的称为紫外波段，

400～750nm 的称为可见光波段，而波长长于 750nm 的则称为红外波段。尽管太阳辐射的波长范围很宽，但绝大部分的能量却集中在 220～4000nm 的波段内，占总能量的 99%。其中可见光波段约占 43%，红外波段约占 48.3%，紫外波段约占 8.7%。而能量分布最大值所对应的波长则是 475nm，属于蓝色光，如图 2-4 所示。

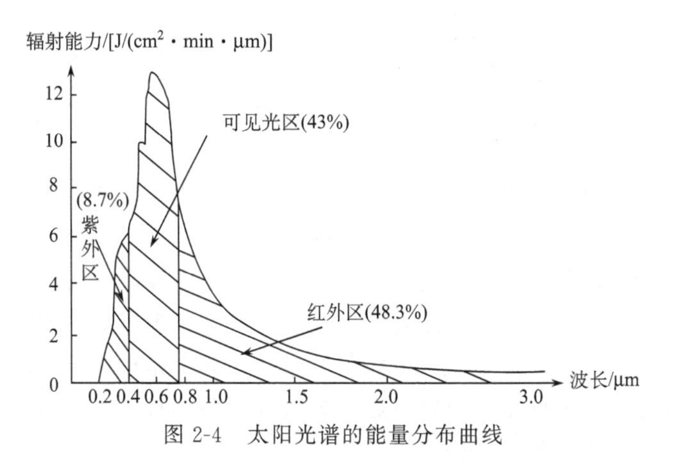

图 2-4 太阳光谱的能量分布曲线

2.2 半导体材料基础

2.2.1 太阳能电池材料

材料永远起着决定一代科技水平的关键作用，太阳能光伏发电的历史是伴随着太阳能电池材料的选择、开发和结构创新的历史。学术界和产业界普遍认为太阳能电池的发展已经进入了第三代，第一代为半导体晶体太阳能电池，第二代为薄膜太阳能电池，仍在探索研究中的第三代太阳能电池应在保持第二代薄膜太阳能电池低成本优点的基础上，具有高于 Shockley-Queisser 极限的高效率，并且电池材料来源丰富、电池性能稳定可靠。也就是说第三代太阳能电池是一种高效率、低成本、长寿命、无毒、高稳定性的、接近理想化的太阳能电池。

开发太阳能电池的两个关键问题是提高转换效率和降低成本。自然界的材料按导电性可分为导体（主要是金属）、半导体和绝缘体 3 类。绝缘体由于本身导电性差，不适合作为光伏发电的材料。导体和半导体受到光照射时的电性质会发生变化，这类光变致电的现象被人们统称为光电效应（photoelectric effect）。光电效应分为光电子发射、光电导效应和光生伏特效应。前一种现象发生在物体表面，又称外光电效应。后两种现象发生在物体内部，称为内光电效应。

金属中的电子比较自由，受光照射时可直接溢出，属外光电效应。但物体内的电子逸出物体表面时，电子剥离需要克服原子核的束缚和表面势能。电子克服原子核的束缚，从材料表面逸出所需的最小能量，称为逸出功，逸出功是从金属表面发射出一个光电子所需要的最小能量。几种金属材料的逸出功如表 2-1 所示。金属表面势能较大，光子激发的电子能量小，能提供剥离能量的光子只占少数，所以不适合作为太阳能电池的材料。

表 2-1　几种金属材料的逸出功

金属	铯	钙	镁	铍	钛
逸出功/eV	3.0	4.3	5.9	6.2	6.6

半导体受光照射时其电导率发生变化，或产生光生电动势的现象，分别称为光电导效应和光生伏特效应（光伏效应）。基于光电导效应的光电器件如光敏电阻。基于光伏效应的器件如光电池和光敏二极管、光敏三极管等。发生光伏效应时光照使不均匀半导体或半导体与金属结合的不同部位之间产生了电位差。光伏效应首先是光子转化为电子、光能量转化为电能量的过程，其次是形成电压的过程。半导体由于杂质敏感性、负的电阻率温度系数、光敏性、两种载流子参与导电、光生伏特效应等特有属性，成为最适合作为光伏发电的材料。但并不是所有的半导体材料都适用于太阳能电池材料，太阳能电池是基于半导体材料 pn 结的光生伏特效应实现光电转换的。因此作为太阳能电池的半导体材料首先其带隙必须适合太阳辐射光谱的范围，其次还受材料物理性质、制备及提纯工艺、成本等因素的限制。综合考

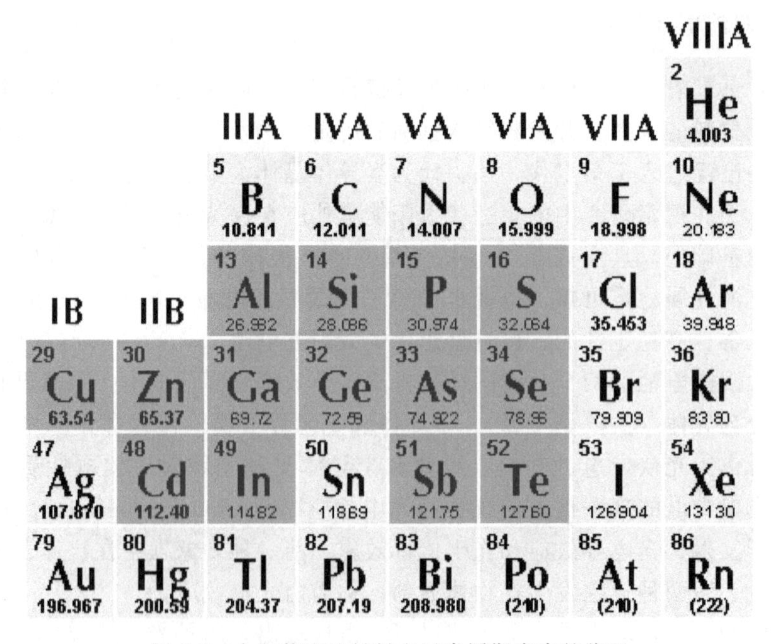

图 2-5　太阳能电池材料在元素周期表中的位置

虑，硅、锗半导体材料，GaAs 系的Ⅲ-Ⅴ化合物半导体材料，CdS 系的Ⅱ-Ⅵ化合物半导体材料是常用的太阳能电池的材料，它们普遍在元素周期表的Ⅳ族、Ⅱ-Ⅵ族和Ⅲ-Ⅴ族，如图 2-5 所示。表 2-2 列出了用于太阳能电池的主要半导体材料，其中锗是最早实现提纯和完美晶体生长的半导体材料，硅是最典型、用量最广泛而数量最多的半导体材料。由一种元素组成的半导体称为元素（element）半导体，如硅。由两种以上元素组成的半导体称为化合物（compound）半导体，如 GaAs、CdS 等。

表 2-2　用于太阳能电池的主要半导体材料

材料	带隙 E_g/eV	折射率 n	晶格常数/A	密度/(g/cm³)	热膨胀系数/(10^{-6}/K)	熔点/K
c-Si	1.12 (i)	3.97	5.431	2.328	2.6	1687
GaAs	1.424 (d)	3.90	5.653	5.32	6.03	1510
InP	1.35 (d)	3.60	5.869	4.787	4.55	1340
a-Si	～1.8 (d)	3.32				
CdTe	1.45 (d)	2.89	6.477	6.2	4.9	1365
$CuInSe_2$	0.96～1.04 (d)				6.6	～1600
$Al_xGa_{1-x}As$ ($0\leqslant x\leqslant 0.45$)	$1.424+1.247x$ (d)		$5.653+0.0078x$	$5.36-1.6x$	$6.4-1.2x$	
$Al_xGa_{1-x}As$ ($0.45<x\leqslant 1$)	$1.9+0.125x+0.143x^2$ (i)					

注：表中折射率是在波长 590nm（2.1eV）下测得。带隙中的 d 表示直接，i 表示间接。光入射波长默认为 600nm。

除了利用半导体的光生伏特效应进行光电转换的无机半导体太阳能电池，还有模拟光合作用原理的染料敏化太阳能电池、有机物太阳能电池等。表 2-3 所示为不同类型太阳能电池的参数对比。

表 2-3　不同类型太阳能电池的参数对比

电池类型		效率/%	短路电流密度/(mA/cm²)	开路电压/V	填充因子 FF/%
晶体（单结）	c-Si	24.7	42.2	0.706	82.8
	GaAs	25.1	28.2	1.022	87.1
	InP	21.9	29.3	0.878	85.4
晶体（多结）	CaIn/GaAs/Ge 级联	31.0	14.11	2.548	86.2

续表

电池类型		效率/%	短路电流密度/(mA/cm^2)	开路电压/V	填充因子 FF/%
薄膜（单结）	CdTe	16.5	25.9	0.845	75.5
	CIGS	18.9	34.8	0.696	78.0
薄膜（多结）	a-Si/a-GeSi 级联	13.5	7.72	2.375	74.4
光电化学	燃料敏料 TiO_2	11.0	19.4	0.795	71.0

2.2.2 半导体的基本特性

半导体是由许多单原子组成的，每个单原子由原子核和电子构成，原子核包括质子（带正电荷的粒子）和中子（电中性的粒子），而电子则围绕在原子核周围。电子和质子拥有相同的数量，因此一个原子的整体是电中性的。半导体材料可以来自元素周期表中的Ⅴ族元素，或者是Ⅲ族元素与Ⅴ族元素相结合（Ⅲ-Ⅴ型半导体），还可以是Ⅱ族元素与Ⅵ族元素相结合（Ⅱ-Ⅵ型半导体）。硅是使用最为广泛的半导体材料，它是集成电路芯片的基础，大多数的太阳能电池是以硅作为基本材料的。

半导体的价键结构决定了半导体材料的性能。半导体中围绕每个原子的电子都是共价键的一部分，每个原子被 8 个电子包围着。共价键中的电子被共价键的力量束缚着，被限制在原子周围的某个地方，不能移动或者自行改变能量，所以共价键中的电子不能够参与电流的流动、能量的吸收以及其他与太阳能电池相关的物理过程。

价键的存在导致电子有两个不同的能量状态：基态和激发态。电子处在价带（E_v，valence band）时具有最低能量态，即基态。价带中的电子如果吸收了足够的能量打破共价键，它将进入导带（E_c）成为自由电子，即激发态。电子不能处在这两个能带之间的能量区域，它要么束缚在价键中处于最低能量状态，要么获得足够能量摆脱共价键。但它吸收的能量有一个最低限度，这个最低能量值被称为半导体的“禁带（E_g）”。

电子一旦进入导带，将自由地在半导体中运动并参与导电。然而，电子在导带中的运动也会导致另外一种导电过程的发生。电子从原本的共价键移动到导带必然会留下一个空位。来自周围原子的电子能移动到这个空位上，然后又留下了另外一个空位，这种留给电子的不断运动的空位，称为“空穴”，也可以看作在晶格间运动的正电荷。因此，电子移向导带的运动不仅导致了电子本身的移动，还产生了空穴在价带中的运动。电子和空穴都能参与导电并都称为“载流子”。

自由载流子的数量和能量是研究电子器件性能的基础。对于太阳能电池，半导体最重要的参数是带隙、能参与导电的自由载流子的数目以及光射入半导体材料时，自由载流子的产生和复合。

把电子从价带移向导带的热激发使得价带和导带都产生载流子。这些载流子的浓度称为本征载流子浓度，用符号 n_i 表示。载流子的数目取决于材料的带隙和材料的温度。宽禁带使得载流子很难通过热激发产生，因此宽禁带的本征载流子浓度一般比较低。但可以通过提高温度让电子被激发到导带，提高本征载流子的浓度。没有注入能改变载流子浓度的杂质的半导体称为本征半导体。

通过掺入不同价电子的原子可以改变本征半导体中电子与空穴的平衡。在已掺杂的材料中，浓度高的载流子称为“多子”，浓度低的载流子称为“少子”。图 2-6描述了单晶硅掺杂后制成的 n 型和 p 型半导体。在一块典型的半导体中，多子浓度可达 $10^{17}\mathrm{cm}^{-3}$，而少子浓度为 $10^{6}\mathrm{cm}^{-3}$。半导体材料的电导率可以通过杂质原子调变，调变范围可达 10^{10}。同时电导率受温度影响比较大，随温度增加，导电能力增强。这一点与金属不同，金属材料的电导率受温度影响不大，且基本上温度越高，电导率越小。

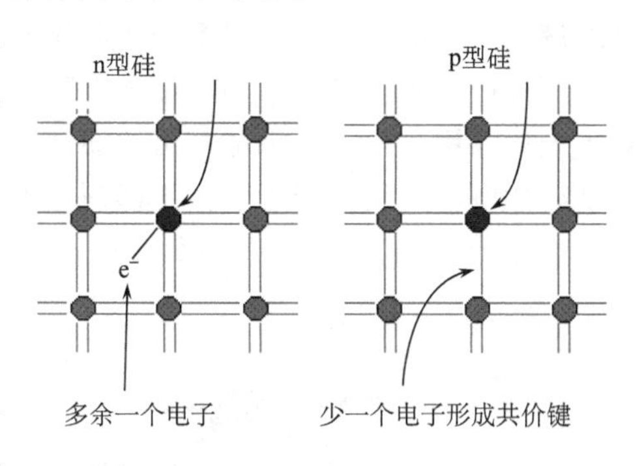

图 2-6　单晶硅掺杂后的 n 型和 p 型半导体

多数情况下，掺杂后半导体的自由载流子浓度比本征载流子浓度高出几个数量级，因此多子的浓度几乎等于掺杂载流子的浓度。在平衡状态下，多子和少子的浓度为常数，由质量作用定律可得其数学表达式：

$$n_0 p_0 = n_i^2 \tag{2-11}$$

式中，n_i表示本征载流子浓度；n_0和 p_0分别为电子和空穴的平衡载流子浓度。

2.2.3　半导体材料对光的吸收

入射到半导体表面的光子要么在表面被反射，要么被半导体材料所吸收，或者只是从此材料透射而过。对于光伏器件，反射和透射为损失部分，就像没有被吸收的光子一样不产生电。基于光子的能量与半导体带隙的比较，入射到半导体材料的光子可以分为以下三种。

(1) $E_{ph}<E_g$，光子能量 E_{ph}小于带隙 E_g，光子与半导体的相互作用很弱，只是穿过，似乎半导体是透明的一样。

(2) $E_{ph}=E_g$，光子的能量刚好足够激发出一个电子-空穴对，能量被完全吸收。

(3) $E_{ph}>E_g$，光子能量大于带隙并被强烈吸收。

光的吸收同时产生了多子和少子，但在很多光伏应用中，光生载流子的数目要比由于掺杂而产生的多子的数目低几个数量级，因此在被光照的半导体内部，多子的数量变化并不明显。与之相反，光照产生的少子的数目要远高于原本无光照时的少子数目，因此在有光照的太阳能电池内的少子数目几乎等于光照产生的少子数目。

吸收系数 α 决定着一个给定波长的光子在被吸收之前能在材料内走多远的距离，它的大小取决于材料的带隙和被吸收的光的波长。一个光子被吸收的概率取决于这个光子能与电子作用（即把电子从价带转移到导带）的可能性。能量大小非常接近带隙的光子被吸收的概率是相对较低的，因为只有处在价带边缘的电子才能与之作用并被吸收。当光子的能量增大时，其被吸收并产生电子的数目也会增大。但对于光伏应用，比材料带隙多出的那部分光子能量是没有实际作用的，因为运动到导带后的电子又很快因为热作用回到导带的边缘。图 2-7 显示了四种不同半导体材料在温度为 300K 时的吸收系数 α。

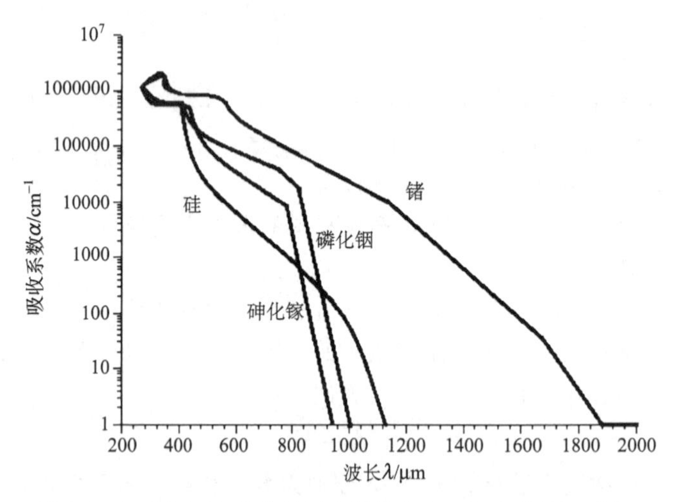

图 2-7　四种不同半导体材料在温度为 300K 时的吸收系数 α

由图 2-7 可见，即使是那些能量比带隙高的光子的吸收系数也不是全都相同的，而是与波长有密切的联系。吸收系数与波长的关系导致了不同波长的光在被完全吸收之前进入半导体的深度的不同。吸收深度与吸收系数呈反比例关系，即 α^{-1}。高能量光子的吸收系数很大，所以它在距离表面很短的深度就被吸收了，例如，蓝光在进入硅太阳能电池表面几微米以内就被完全吸收了。而红光的吸收就很弱，即使在几十微米之后，也不是所有的红光都能被硅吸收。

生成率是指被光线照射的半导体某一点内生成电子-空穴对的数目。忽略反射，半导体材料吸收光的多少取决于吸收系数和半导体的厚度。半导体中每一点光的强度可以通过以下方程计算：

$$I = I_0 e^{-\alpha x} \tag{2-12}$$

式中，α 为材料的吸收系数，单位通常为 cm^{-1}；x 为光入射到材料的深度；I_0 为光在材料表面的光强。方程（2-12）显示，光的强度随着在材料中深度的增加呈指数下降，材料表面的生成率是最高的。该方程可以用来计算太阳能电池中产生的电子-空穴对的数目。假设减少的那部分光子能量全部用来产生电子-空穴对，那么通过测量透射过电池的光强便可以计算半导体材料生成的电子-空穴对的数目。因此，对上面的方程进行微分将得到半导体中任意一点的生成率，即

$$G=\alpha N_0 e^{-\alpha x} \tag{2-13}$$

式中，N_0为表面的光子通量（光子/(单位面积·秒)）。

对光伏应用来说，入射光是由一系列不同波长的光组成的，不同波长光的生成率也是不同的。如图 2-8 所示为三种不同波长的光在硅材料中的生成率。

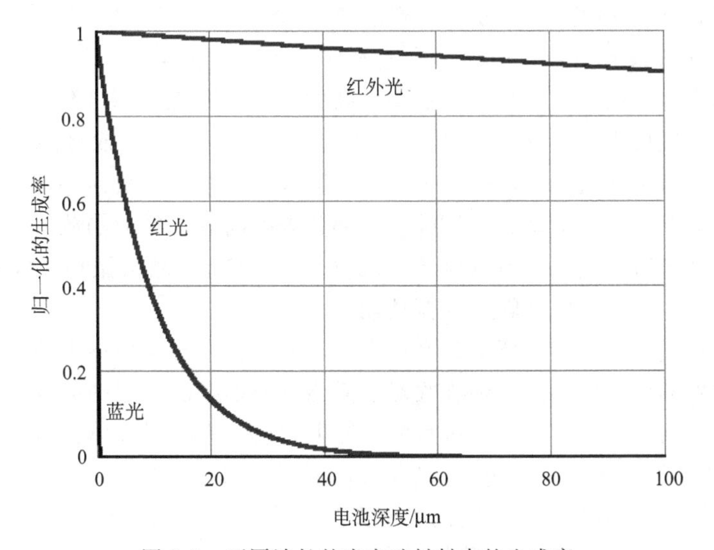

图 2-8　不同波长的光在硅材料中的生成率

半导体对光的吸收分为本征吸收和非本征吸收。如图 2-9 所示，价带中的一个电子，吸收一个能量为 $h\nu$ 的光子越过禁带进入导带，在价带中留下一个空穴，形成了一个电子-空穴对。这种在能带间跃迁并形成载流子的过程称为本征吸收。这实际上是半导体本身的原子对光子的吸收。在晶格图像中，硅原子间共价键的一个电子吸收了一个能量为 $h\nu$ 的光子后成为自由电子，同时在共价键断裂处留下一个空穴。光子被吸收的条件必须满足公式（2-14）。

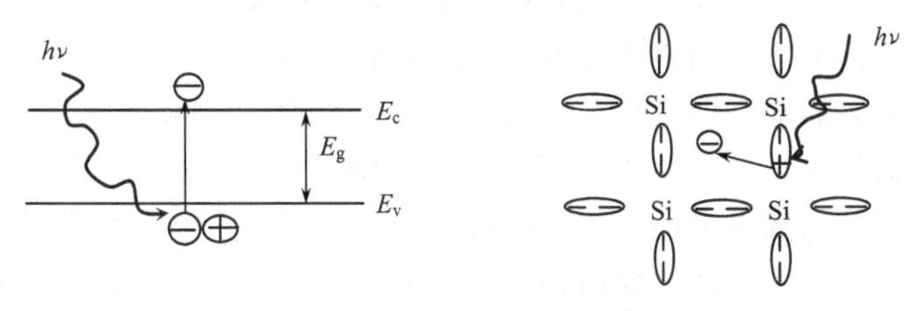

图 2-9　载流子的本征吸收

$$h\nu \geqslant E_g \tag{2-14}$$

或者

$$\lambda \leqslant \frac{hc}{E_g} = \frac{1.24}{E_g}(\mu\text{m}) \tag{2-15}$$

式（2-15）中 E_g的单位为 eV，如硅的带隙 $E_g=1.12\text{eV}$，则硅材料可以本征吸收的截止波长为 1.1μm。

与本征吸收对应的是非本征吸收，非本征吸收包括激子吸收、自由载流子吸收、杂质吸收和晶格振动吸收等。激子吸收指价带中的电子吸收一个能量为 $h\nu<E_g$的光子而离开价带，但却无法进入导带成为自由电子。该电子实际上还和空穴保持着库仑力的相互作用，形成一个新的电中性系统，称为激子。激子可以再吸收光子而激发成为自由电子-空穴对，也可能发射一个光子或将能量传递给晶格而复合消失；自由载流子吸收是自由载流子吸收了一个光子后向导带（电子）或价带（空穴）的能量高端运动；杂质吸收指部分未电离的杂质上的载流子吸收了带有足够能量的光子后跃迁入导带（电子）或价带（空穴）；晶格振动吸收指晶格吸收了较低能量的光子，并将其转变为振动能。

半导体对光的吸收最主要的是本征吸收，其他吸收对半导体中的光生载流子的影响可以忽略不计。但是，其他吸收对太阳能电池本身的温度的影响却是十分重要的，将影响太阳能电池实际使用过程中的光电转换效率。半导体材料每吸收一个满足 $h\nu\geqslant E_g$的光子，产生一个电子-空穴对，也可能由于非本征吸收而不产生电子-空穴对。半导体材料吸收 $h\nu\geqslant E_g$的光子而产生的光子-空穴对数和照射进入半导体材料的 $h\nu\geqslant E_g$的光子数之比，称为该半导体材料的内量子效率。

2.2.4 载流子的复合

导带中的电子回到价带的同时有效地消除了一个空穴，这种过程称为复合。在单晶半导体材料中，复合过程大致可以分为辐射复合、俄歇复合和肖克莱-雷德-霍尔复合。

辐射复合是 LED 灯和激光这类半导体器件的主要复合机制，硅太阳能电池中辐射复合不是主要的，因为硅的禁带不是直接禁带，电子不能直接从导带跃迁到价带。发生辐射复合时电子与空穴直接在价带结合并释放一个光子，释放的光子的能量接近带隙，所以被吸收的概率很低，大部分能够飞出半导体。

通过复合中心的复合即肖克莱-雷德-霍尔或 SRH 复合，它不会发生在完全纯净的、没有缺陷的材料中。SRH 复合过程分为两步：①一个电子（或空穴）被由晶格中的缺陷产生的禁带中的一个能级所俘获。这些缺陷要么是无意中引入的，要么是故意加入材料当中去的，如掺杂。②如果在电子被热激发到导带之前，一个空穴（或电子）也被俘获到同一个能级，那么复合过程就完成了。载流子被俘获到禁带中的缺陷能级的概率取决于能级到两能带（导带和禁带）的距离，处在禁带中间的缺陷能级发生复合的概率最大。

俄歇复合过程有3个载流子参与。一个光子与一个空穴复合释放的能量不是以热能或光子的形式传播出去的，而是把它传给了第三个载流子，即在导带中的电子。这个电子接收能量后因为热作用最终又回到导带的边缘。俄歇复合是重掺杂材料和被加热至高温的材料最主要的复合形式。

如果半导体中少子的数目因为外界的短暂激发（如光照）而在原来平衡的基础上增加，这些额外激发的少子将因为复合过程而渐渐衰退回原本平衡时的状态。激发态的载流子在复合之前存在的平均时间，称为“少子寿命”，用符号 τ_n 或 τ_p 表示。与之相关的一个参数为少子扩散长度，指载流子从产生到复合运动的平均路程。复合发生的速率，称为复合率，它取决于额外少子的数目，例如，当没有额外少子时，复合率将为零。

硅太阳能电池中SRH复合是主要的复合机制，其复合率取决于材料中的缺陷数量。因此当太阳能电池的掺杂增加时，SRH复合的速率也将随之增加。因为俄歇复合发生在重掺杂和被加热的材料，所以俄歇复合也会随着掺杂的增加而增强。生成半导体薄片的方法和过程对扩散长度有重要影响，对于单晶硅太阳能电池，少子寿命可以达到1μs，扩散长度通常在100～300μm，这两个参数表征了材料相对于电池应用的质量和适用度。

半导体内部或表面的任何缺陷和杂质都会促进复合。太阳能电池表面存在严重的晶格分裂，所以电池表面是一个高复合率区域。高复合率导致表面附近区域的少子枯竭，因为某些区域的低载流子浓度会引起周围高浓度区域的载流子往此处扩散。表面复合率受扩散到表面的载流子速率的限制。“表面复合率”的单位为cm/s，用来描述表面的复合。如图2-10所示为半导体表面的悬挂键引起了此处的高复合率。

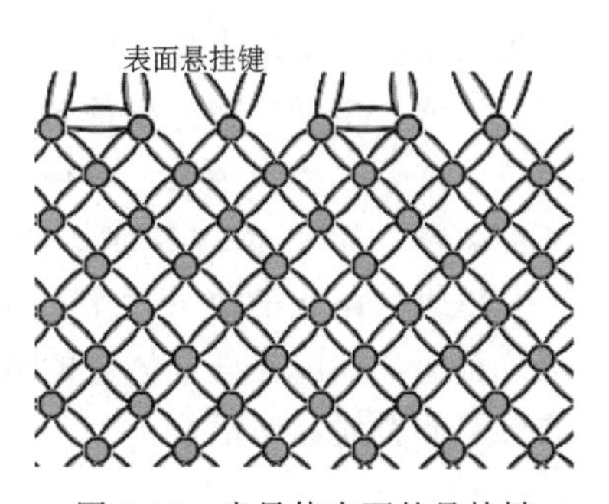

图2-10　半导体表面的悬挂键

半导体表面的缺陷是由于晶格排列在表面处的中断造成的，减少挂键的数目可以通过在半导体表面处生长一层薄膜以连接这些挂键，这种方法也称为表面钝化。在没有发生复合的表面，表面复合率为零，往表面运动的载流子数目也为零。当表面复合非常快时，向表面运动的载流子的速度受到最大复合速率的限制，对大多数半导体来说，最大复合速度为 1×10^7 cm/s。

2.2.5　载流子的运动

导带中的电子和价带中的空穴之所以称为自由载流子，是因为它们能在半导体晶格间移动，其速度取决于晶格的温度。在温度为 T 的半导体内载流子的热运动是分散的、不均匀的，有的速度很快，有的则很慢。尽管半导体中的载流子在不停地做随机运动，但是并不存在载流子势运动，因为载流子往每一个方向运动的概率都是相同的。如果半导体中一个区域的载流子浓度比另一个区域的高，载流子将从高浓度区域流向低浓度区域，这种载流子的流动称为“扩散”。扩散的速率取决于载流子的运动速度和两次散射点相隔的距离。温度越高的区域，扩散速度越快，因为提高温度能提高载流子的热运动速度。扩散使载流子的浓度最终达到平衡。

在半导体外加一个电场可以使做随机运动的带电载流子往一个方向运动，如果此载流子是空穴，其在电场方向将做加速运动，电子则反之。在特定方向的加速运动导致了载流子的势运动，这种由外加电场所引起的载流子运动称为“漂移运动”。

2.3 pn 结基础

2.3.1 pn 结二极管

完全不含杂质且无晶格缺陷的纯净半导体称为本征半导体，其导电性能主要由材料的本征激发决定。常温下本征半导体的电导率较小，载流子浓度对温度变化敏感，很难对半导体特性进行控制，因此实际应用不多。

在本征半导体中掺入某些微量元素作为杂质，可使半导体的导电性发生显著变化，掺入杂质的本征半导体称为杂质半导体。掺入的杂质主要是三价或五价元素，构成 p 型或 n 型半导体。制备杂质半导体时一般按百万分之一数量级的比例在本征半导体中掺杂，尽管杂质含量很少，但其提供的载流子数量远大于本征半导体中载流子的数量。如 $T=300\text{K}$ 时，锗本征半导中掺入的砷原子是锗原子密度的万分之一，其提供的载流子数量比本征半导体中载流子的数量 n_i 大十万倍。因为杂质的激活能很小，如磷在硅晶体中的激活能仅为 0.044eV。表 2-4 列出了硅、锗晶体中Ⅲ族和Ⅴ族杂质的激活能。

表 2-4　硅、锗晶体中Ⅲ族和Ⅴ族杂质的激活能

单位/eV	P	As	Sb	B	Al	Ga	In
Si	0.044	0.049	0.039	0.045	0.057	0.065	0.16
Ge	0.0126	0.0127	0.0096	0.01	0.01	0.011	0.011

当 p 型半导体和 n 型半导体紧密结合在一起时，两者的交界面就形成一个 pn 结。可以预料，电子将从高浓度的 n 区向低浓度的 p 区扩散，而空穴流动的方向相反。当电子和空穴由于浓度差进行扩散运动时，也在杂质原子区域留下了与之相反的电荷，这种电荷被固定在晶格当中不能移动。n 型区留下的是带正电的原子核，p 型区留下的是带负电的原子核。于是，一个从 n 型区的正离子区域指向 p 型区的负离子区域的

电场 E 就建立起来了，如图 2-11 所示。这个电场区域称为“耗尽区”。

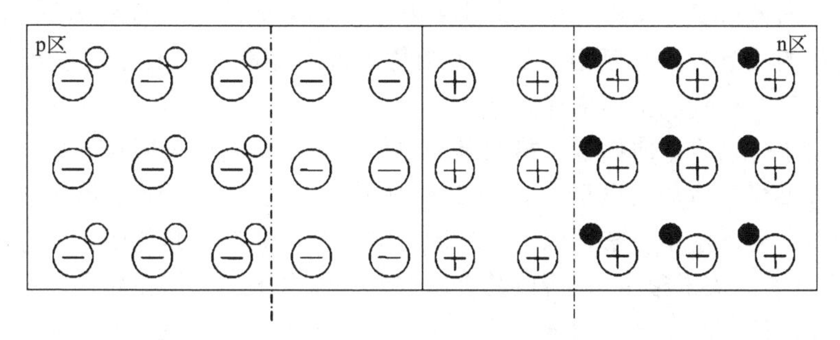

图 2-11　pn 结

如果没有外加刺激，由于耗尽区电场的存在，载流子之间的产生、复合、扩散以及漂移将会达到平衡。在平衡状态下，漂移电流的大小受到少子数目的限制，这些少子是在与耗尽区的距离小于扩散长度的区域通过热激发产生的。在平衡状态下，电子的漂移电流与扩散电流相互抵消。同理，空穴的漂移电流与扩散电流也是相互抵消的。半导体内的净电流为零。

从能带图（图 2-12）上看，处于热平衡的系统只有一个费米能级，如果费米能级出现分裂，载流子将从较高能量的费米能级流向较低能量的费米能级，最终使费米能级统一，从而引起导带和价带弯曲形成载流子扩散势垒。以 E_{fn} 代表 n 型材料的费米能级，以 E_{fp} 代表 p 型材料的费米能级，由 pn 结形成的势垒高度如下所示：

$$qV_d = E_{fn} - E_{fp} \tag{2-16}$$

V_{bi} 是两种不同半导体材料的接触电势差，也是 pn 结接触区形成的内建电场。pn 结的接触区，通常称为耗尽区，即图 2-12 中能带弯曲部分形成的过渡区。在平衡态 pn 结中，内建电场 V_{bi} 作用下形成的漂移电流与载流子浓度差形成的扩散电流相等，总电流为零。

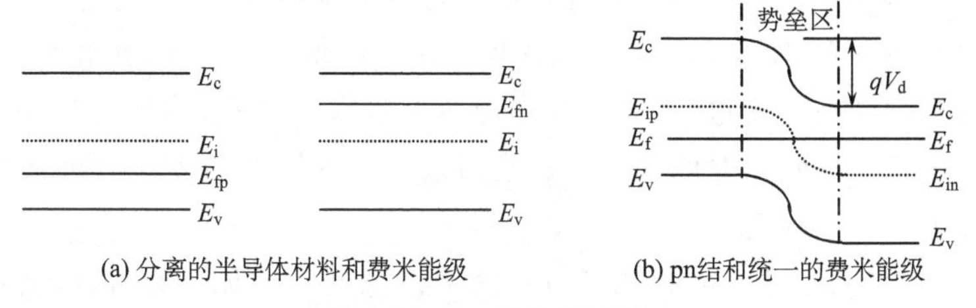

(a) 分离的半导体材料和费米能级　　(b) pn结和统一的费米能级

图 2-12　pn 结的能带图

半导体器件共有三种状态：①热平衡状态。该状态下半导体没有额外的刺激（如光照或外加电压），载流子的运动相互抵消，器件内没有净电流。②稳态。如有持续光照或施有外加电压，但这些条件并不随时间而改变。器件通常处于稳定状态，要么正向偏压要么反向偏压。③突变状态。当施加的电压迅速改变时，太阳能电池对变化的响应会出现延迟。鉴于太阳能电池不是高速运转领域使用的电子器件，这里不对突变效应多加描述。

正向偏压（也称正向偏置）指的是在器件两边施加电压，即在 p 型半导体加正电压而在 n 型半导体加负电压，如图 2-13 所示。于是，一个穿过器件方向与内建电场相反的电场便建立起来。因为耗尽区的电阻要比器件中其他区域的电阻大得多(由于耗尽区的载流子很少)，所以几乎所有的外加电压都施加在耗尽区上。对于实际的半导体器件，内建电场的电压总是比外加电场的高。电场的减小将破坏 pn 结的平衡，减小了载流子从 pn 结的一边到另一边的扩散运动的阻碍，增大了扩散电流。因为漂移电流的大小只取决于在与耗尽区的距离小于扩散长度的区域还有耗散区内部产生的载流子的数目，所以当扩散电流增加时，漂移电流基本保持不变。

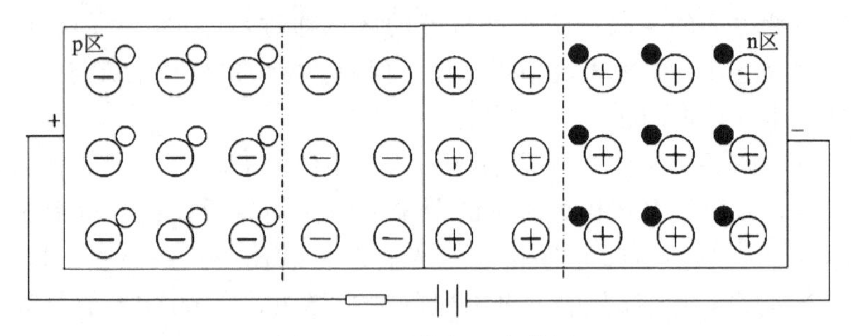

图 2-13　pn 结加正向偏压

从 pn 结的一端到另一端的扩散运动的增加导致少数载流子（少子）往耗散区边缘的注入。这些少数载流子由于扩散而渐渐远离 pn 结并最终与多数载流子（多子）复合。多数载流子是由外部电流产生的，也因此在正向偏压下产生净电流。假设没有复合作用，少数载流子的浓度将达到一个更高的水平，而从结的一端到另一端的扩散运动将会停止。然而在半导体中，注入的少数载流子会被复合掉，因此不断有更多的载流子扩散过 pn 结。结果是，在正向偏置下的扩散电流也是复合电流。复合的速度越高，通过 pn 结的扩散电流就越大。“暗饱和电流”（I_0）是区别两种不同二极管的非常重要的参数。I_0是衡量一个器件复合特点的标准，二极管的复合速率越大，I_0也越大。

外加电场使得 pn 结内的载流子分布的平衡态受到破坏，并且在新的条件下建立起新的平衡态。所以，原来代表载流子平衡态分布的费米能级已经不存在，而代表新的平衡态分布的载流子能级被称为准费米能级。在空间电荷区内及附近，已不存在电子和空穴的统一的费米能级。电子和空穴的准费米能级分别用 E_{fn} 和 E_{fp} 表示。如图 2-13 所示，当 pn 结加正向偏压时，由图 2-14 可以看出，由于外加电压 V

的作用，势垒高度由qV_d下降为$q(V_d-V)$。显然有

$$qV=E_{fn}-E_{fp} \tag{2-17}$$

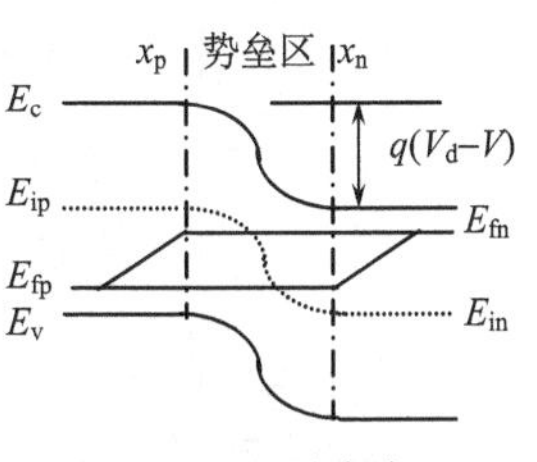

图 2-14　准平衡态 pn 结的费米能级

反向偏置电压是指在器件两端加电场，以使 pn 结增大。在 pn 结中的内建电场越大，载流子能从 pn 结一段扩散至另一端的概率就越小，即扩散电流就越小。与正向偏压时相同，由于受到进入耗尽区的少数载流子的数量限制，pn 结的漂移电流并没有因内建电场的增大而相应增大。

二极管方程解释了通过 pn 结二极管的电流与电压的关系，即理想二极管定律：

$$I=I_0(e^{qV/kT}-1) \tag{2-18}$$

式中，I 为通过二极管的净电流；I_0为暗饱和电流（在没有光照情况下输出的电流)；V 是施加在二极管两端的电压；q 和 k 分别代表电荷的绝对值和玻耳兹曼常数；T 则表示热力学温度（K)。值得注意的是，I_0随着 T 的升高而增大。在温度为 300K 时，KT/q 约为 0.025V。所以由式（2-17）可知，当外加电压为-0.1V 时，电流为$-0.98I_0$；当外加电压为 0.1V 时，电流为 $54I_0$；当外加电压为 0.5V 时，电流为 $4.8\times10^8 I_0$。

对于实际的二极管，其方程需稍作改变：

$$I=I_0(e^{qV/nkT}-1) \tag{2-19}$$

式中，n 为理想因子，数值为 1～2，通常随着电流的增大而增大。上面的两个方程都是相对于硅材料来说的。

典型 pn 结二极管的电流-电压特性如图 2-15 所示。对于硅二极管，当电压持续增加到 0.7V 时，电流开始快速增加。

图 2-16 显示了硅二极管中电流与电压和温度的关系，当电流大小一定时，曲线的改变规律大概为 2mV/℃。

如果 pn 结的两端点连接在一起，在耗尽区内光照产生的电子-空穴对受内建电场影响而分离，电子向 n 区漂移，空穴向 p 区漂移，产生由 n 流向 p 的漂移电流。至于两端的 n 型和 p 型区域，没有电场的作用，且多数载流子浓度基本上不受光照的影响，所以只产生少数载流子的扩散电流。以 p 型半导体区域为例，由于耗尽层靠近 p 型端区域内的电子不断流向 n 区，造成在耗尽区边缘的电子浓度低，因此 p 型区域内光照产生的电子会扩散流入耗尽区，再流入 n 型半导体区，形成 p 区流向 n 区的电子扩散电流。同理，n 型半导体区会产生流向 p 区的空穴扩散电流。耗尽区的漂移电流、p 区的电子扩散电流、n 区的空穴扩散电流的总和就是所谓的光电流，也就是短路电流，其流向与 pn 结二极管正向偏置下的电流相反。

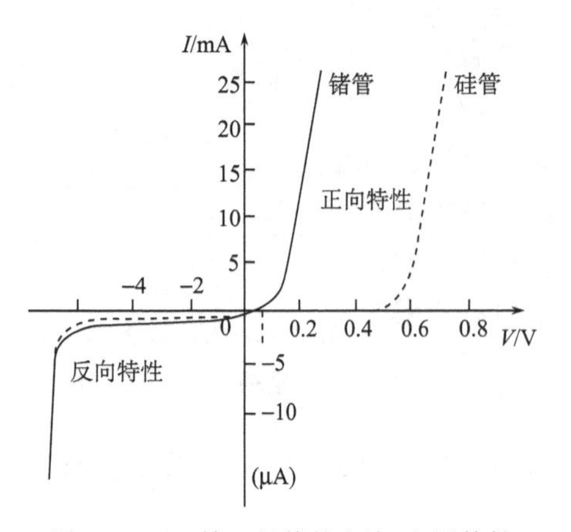

图 2-15　pn 结二极管的电流-电压特性

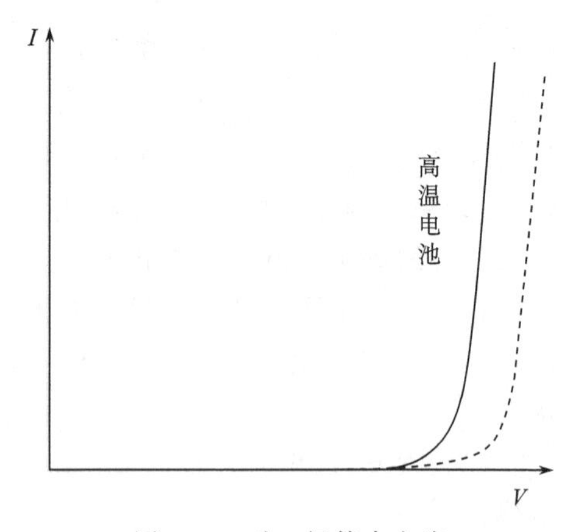

图 2-16　硅二极管中电流与电压和温度的关系

如果 pn 结的两端点是断路状态，光照产生的光电流流到两端点表面时无法排出，会累积负电荷在 n 型半导体端点表面，累积正电荷在 p 型半导体端点表面，造成类似平行板电容效应。当累积的电荷产生的电压抑制耗尽区的内建电压时，多数载流子容易扩散进入耗尽区，与光照少数载流子扩散电流、耗尽区的漂移电流复合，净电流趋于零。此时的电压即开路电压。

当 pn 结两端连接有负载时，光照产生的光电流从 p 端流出，流过负载，导致负载两端形成电位差，此电位差的方向如同正向偏压，造成耗尽区内建电场电位降低，因此多数载流子扩散电流升高，抵消部分光电流。

2.4　晶硅太阳能电池基础

太阳能电池是一种能直接把太阳光转化为电的电子器件。入射到电池的太阳光通过同时产生电流和电压的形式来产生电能。这个过程的发生需要两个条件：①被吸收的光能在材料中把一个电子激发到高能级；②处于高能级的电子能从电池中移动到外部电路。在外部电路的电子消耗了能量然后回到电池中，如图 2-17 所示。

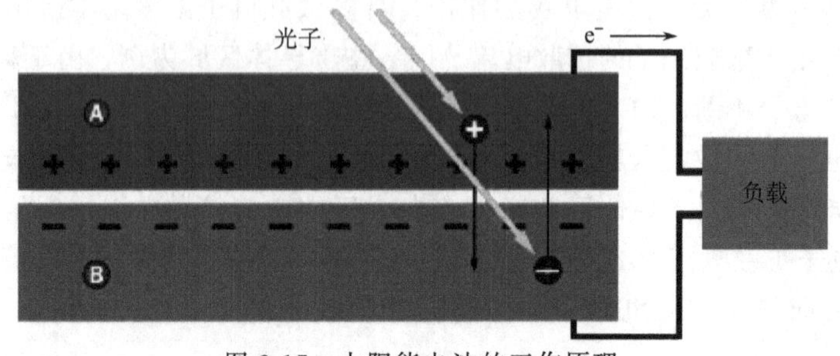

图 2-17　太阳能电池的工作原理

许多不同的材料和工艺基本上都能满足太阳能光电转化的需求，但实际上，几乎所有的太阳能电池转化过程都是使用组成 pn 结形式的半导体材料来完成的。

硅太阳能电池一般制成 p^+/n 型结构或 n^+/p 型结构。p^+ 和 n^+ 表示太阳能电池正面光照层半导体材料的导电类型，n 和 p 表示太阳能电池背面衬底半导体材料的导电类型。太阳能电池的电性能与制造电池所用半导体材料的特性直接相关。

2.4.1 理想太阳能电池

半导体太阳能电池是一个经过最佳化设计、可以吸收部分太阳光、转换产生电压和电流的器件，它的输出电压、电流受负载影响而改变，不像一般电池那样可以输出固定的电压。只有在适当光照射时，太阳能电池才能输出电能，这意味着太阳能电池没有储存电能的能力。

在太阳能电池中产生的电流称为“光生电流”，它的产生包括两个主要的过程。第一个过程是吸收入射光子并产生电子-空穴对。电子-空穴对只能由能量大于太阳能电池带隙的光子产生。然而，电子（在 p 型材料中）和空穴（在 n 型材料中）是处在亚稳定状态的，在复合之前其平均生存时间等于少数载流子的寿命。如果载流子被复合了，光生电子-空穴对将消失，也产生不了电流或电能了。第二个过程是 pn 结通过对这些光生载流子的收集，把电子和空穴分散到不同的区域，阻止了它们的复合。pn 结是通过其内建电场的作用把载流子分开的，如果光生少数载流子到达 pn 结，将会被内建电场移到另一个区，然后它便成了多数载流子。如果用一根导线把发射区跟基区连接在一起（使电池短路），光生载流子将流到外部电路。

理想短路情况下少数载流子不能穿过半导体和金属之间的界限，如果要阻止复合并对电流有贡献，必须通过 pn 结的收集。“收集概率”描述了光照射到电池的某个区域产生的载流子被 pn 结收集并参与到电流流动的概率，它的大小取决于光生载流子需要运动的距离和电池的表面特性。在耗散区的所有光生载流子的收集概率都是相同的，因为在这个区域的电子-空穴对会被电场迅速地分开。在原来电场的区域，其收集概率将下降。当载流子在与电场的距离大于扩散长度的区域产生时，那么它的收集概率是相当低的。相似的，如果载流子是在靠近电池表面这样的高复合区域产生，那么它将会被复合。图 2-18 描述了表面钝化和扩散长度对收集概率的影响。可见，表面的收集概率低于其他部分的收集概率。

收集概率与载流子的生成率决定了电池的光生电流的大小。光生电流的大小等于电池各处的载流子生成速率乘以那一处的收集概率。收集概率的不一致导致光生电流的光谱效应。如波长 $0.45\mu m$ 的蓝光拥有高吸收率和生成率，吸收系数为 $10^5 cm^{-1}$，它在硅表面的零点几微米处几乎被全部吸收，如果顶端表面的收集概率非常低，入射光中蓝光将不会对光生电流做贡献。波长 $0.8\mu m$ 的红光的吸收系数为 $10^3 cm^{-1}$，其吸收长度更深一些。$1.1\mu m$ 的红外光几乎没有被完全吸收，因为它的能量接近于硅材料的带隙。

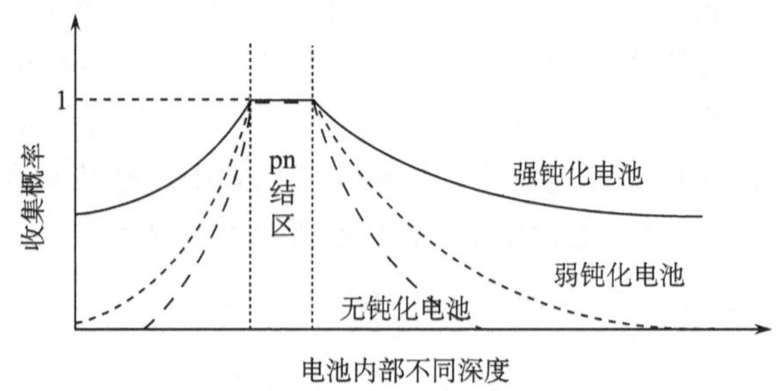

图 2-18　不同程度钝化电池在不同区域的收集概率

太阳能电池所收集的载流子的数量与入射光子的数量的比例称为量子效率。量子效率既可以与波长相对应又可以与光子能量相对应。如果某个特定波长的所有光子都被吸收，并且其所产生的少数载流子都能被收集，则这个特定波长的所有光子的量子效率都是相同的。而能量低于带隙的光子的量子效率为零。图 2-19 为太阳能电池的量子效率曲线。通常波长小于 350nm 的光子的量子效率不予测量，因为在 A1.5 大气质量光谱中，这些短波的光很少。

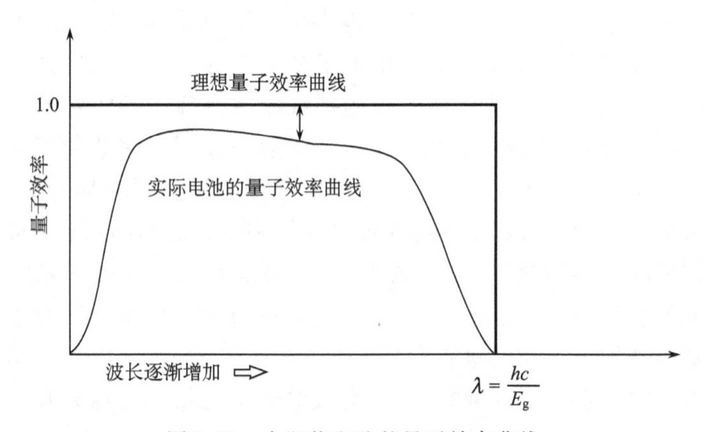

图 2-19　太阳能电池的量子效率曲线

如图 2-19 所示，尽管理想的量子效率曲线是矩形的，但实际上几乎所有太阳能电池的量子效率都会因为复合效应而减小。影响收集效率的因素同样影响着量子效率，如顶端表面钝化会影响靠近表面的载流子的生成，又因为蓝光在非常靠近表面处被吸收，所以顶端表面的高复合效应会强烈影响蓝光部分的量子效率。大部分绿光能在电池体内被吸收，但是电池内过低的扩散长度将影响收集概率并减小光谱中绿光部分的量子效率。硅太阳能电池中，“外部”量子效率包括光的损失，如透射和反射。然而，测量经反射和透射损失后剩下的光的量子效率是非常有用的。“内部”量子效率指的是没有被反射和透射且能够产生可收集的载流子的光的量子效率。通过测量电池的反射和透射，可以修正外部量子效率曲线并得到内部量子效率。

被收集的光生载流子并不是靠其本身产生电能的。为了产生电能，必须同时产生电压和电流。在太阳能电池中，电压是“光生伏打效应”过程产生的。pn 结对光生载流子的收集引起了电子穿过电场移向 n 型区，而空穴则移向 p 型区。在电池短路的情况下，不会出现电荷的聚集，因为载流子都参与了光生电流的流动。然而，如果光生载流子被阻止流出电池，那 pn 结对光生载流子的收集将引起 n 型区的电子数目增多，p 型区的空穴数目增多。这样，电荷的分开将在电池两边产生一个与内建电场方向相反的电场，也因此降低了电池的总电场。

因为内建电场代表着对前置扩散电流的障碍，所以电场减小的同时增大了扩散电流。穿过 pn 结的电压将达到新的平衡。流出电池的电流大小就等于光生电流与扩散电流的差。在电池开路的情况下，pn 结的正向偏压处在新的点，此时，光生电流大小等于扩散电流大小，且方向相反，总的电流为零。当两个电流达到平衡时的电压称为“开路电压”。

不同情况下，流过 pn 结的电流不同。热平衡下（光照为零）扩散电流和漂移电流都非常小。电池短路时，pn 结两边的少数载流子浓度以及由少数载流子决定的漂移电流都将增加。电池开路时，光生载流子引起正向偏压，增加了扩散电流。因为扩散电流和漂移电流的方向相反，所以开路时电池总电流为零。

2.4.2 太阳能电池的性能参数

太阳能电池的工作电压和电流是随负载电阻而变化的，将不同阻值所对应的工作电压和电流值做成曲线就得到太阳能电池的伏安特性曲线。如果选择的负载电阻值能使输出电压和电流的乘积最大，即可获得最大输出功率，用符号 P_m 表示。此时的工作电压和工作电流称为最佳工作电压和最佳工作电流，分别用符号 U_m 和 I_m 表示，如图 2-20 所示。

$$I_D = I_0\left[\exp\left(\frac{qV}{nkT}\right) - 1\right] \tag{2-20}$$

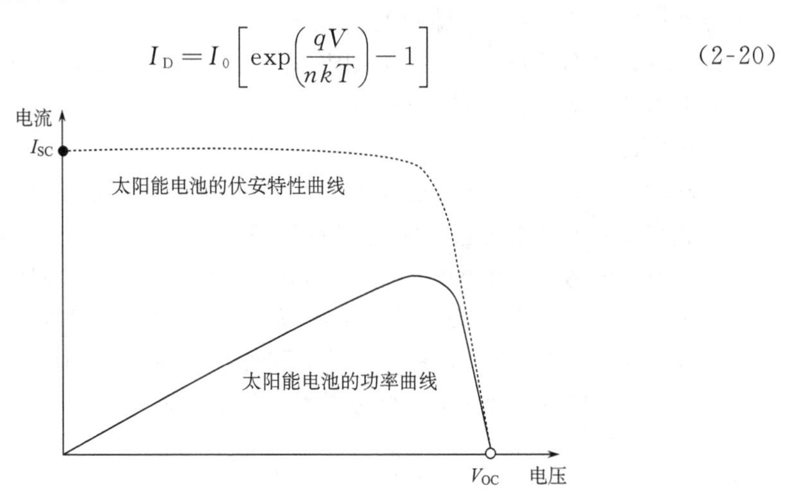

图 2-20　太阳能电池的伏安曲线

$$I = I_{ph} - I_D = I_{ph} - I_0\left(\exp\left[\frac{qV}{nkT}\right) - 1\right] \tag{2-21}$$

式中，I_{ph}为光生电流。

短路电流 I_{SC}源于光生载流子的产生和收集。对于电阻阻抗最小的理想太阳能电池，短路电流就等于光生电流，因此短路电流是电池能输出的最大电流。短路电流的大小取决于以下几个因素。

（1）入射光的强度。太阳能电池输出的短路电流 I_{SC}的大小直接取决于光照强度。

（2）入射光的光谱。测量太阳能电池通常使用标准的 1.5 大气质量光谱。

（3）太阳能电池的表面积。要消除太阳能电池对表面积的依赖，通常用短路电流密度（J_{SC}单位为 mA/cm^2）衡量。

（4）电池的光学特性（吸收和反射）。

（5）电池的收集概率，主要取决于电池表面钝化和基区的少数载流子寿命。

短路电流的理论极限值从太阳光谱很容易计算出来。分析短路电流的最方便的方法是将太阳光谱划分成许多段，每一段只有很窄的波长范围，并找出每一段光谱所对应的电流，电池的总短路电流是全部光谱段贡献的总和，即

$$\begin{aligned} I_{SC} &= \int_0^{\infty} J_{SC}(\lambda)\mathrm{d}\lambda \approx \int_{0.3\mu m}^{\lambda_0} J_{SC}(\lambda)\mathrm{d}\lambda \\ &= \int_{0.3\mu m}^{\lambda_0} (1 - R(\lambda))qF(\lambda)\eta(\lambda)\mathrm{d}\lambda \end{aligned} \tag{2-22}$$

式中，λ_0 为本征吸收截止波长；$R(\lambda)$ 为表面反射率；$F(\lambda)$ 为太阳光谱中波长 $\lambda \sim \lambda + \mathrm{d}\lambda$ 间隔内的光子数。其中本征吸收截止波长取决于材料的带隙，太阳能电池电流密度的理论极限与带隙的关系如图 2-21 所示。

在 AM1.5 大气质量光谱下的硅太阳能电池，其可能的最大电流密度为 $46mA/cm^2$。实验室测得的数据已经达到 $42mA/cm^2$，而商业用太阳能电池的短路电流密度为 $28 \sim 35mA/cm^2$。

开路电压 V_{OC}是太阳能电池能输出的最大电压，此时输出电流为零。开路电压的大小相当于光生电流在电池两边加的正向偏压，它是由暗电流与光电流的平衡决定的。一般带隙越宽，开路电压越高，如图 2-22 所示。硅太阳能电池的开路电压约等于带隙减去 0.4eV。CdTe 和 CIGS 等多晶薄膜的开路电压约等于带隙减去 0.5eV 或 0.6eV。非晶硅太阳能电池的带隙约为 0.7eV，对应的开路电压为 0.9V。

通过把输出电流设置成零，便可得到太阳能电池的开路电压方程：

$$V_{OC} = \frac{nkT}{q}\ln\left(\frac{I_{ph}}{I_0} + 1\right) \tag{2-23}$$

上述方程显示了 V_{OC}取决于太阳能电池的饱和电流和光生电流。由于短路电流

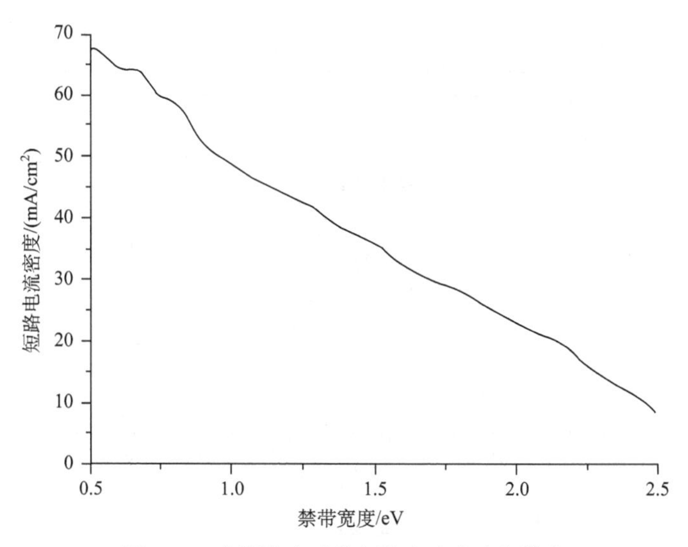

图 2-21　太阳能电池的短路电流密度极限值

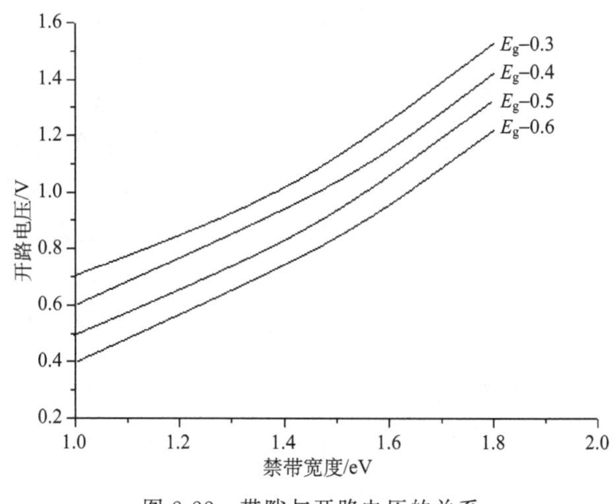

图 2-22　带隙与开路电压的关系

的变化很小，而饱和电流的大小可以改变几个数量级，所以主要影响是饱和电流。饱和电流 I_0 主要取决于电池的复合效应，因此可以通过测量开路电压来算出电池的复合效应。实验室测得的硅太阳能电池在 AM1.5 光谱下的最大开路电压能达到 720mV，而商业用太阳能电池通常为 600mV。如图 2-23 所示为典型晶硅电池的伏安特性曲线。

图 2-24 表示具有代表性的硅和 GaAs 太阳能电池的 I_{SC} 与 V_{OC} 之间的关系。Si 与 GaAs 比较，GaAs 的 V_{OC} 值比 Si 的高 0.45V 左右。假如结形成得很好，带隙越

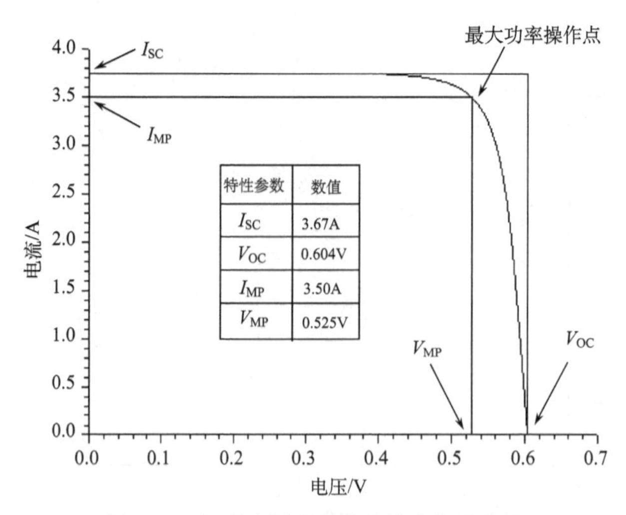

特性参数	数值
I_{SC}	3.67A
V_{OC}	0.604V
I_{MP}	3.50A
V_{MP}	0.525V

图 2-23　典型单晶硅电池的伏安特性曲线

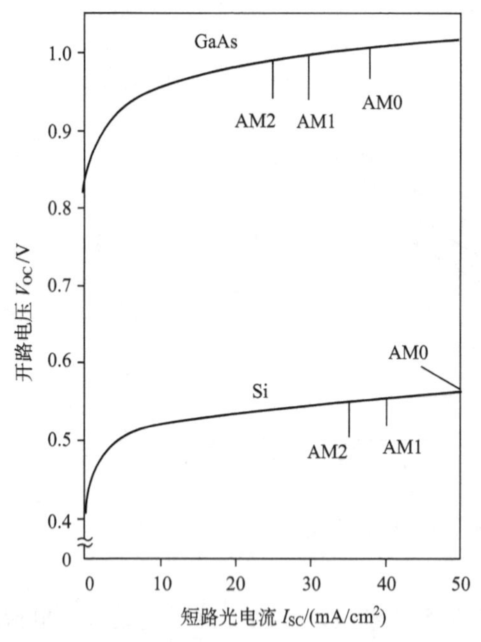

图 2-24　开路电压与短路电流的关系

宽的半导体，V_{OC}也越大。

短路电流和开路电压分别是太阳能电池能输出的最大电流和最大电压。但当电池工作在这两点时，输出功率都为零。要计算电池的最大输出功率点可以对电池的功率进行求导，令其值为零，便可找出功率最大时对应的电压、电流值。

$$d(IV)/dV=0 \tag{2-24}$$

并给出：

$$V_{MP}=V_{OC}-\frac{nkT}{q}\ln\left(\frac{qV_{MP}}{nkT}+1\right) \tag{2-25}$$

“填充因子 FF”是由开路电压V_{OC}和短路电流 I_{SC}共同决定的，其决定了太阳能电池输出效率的参数，它被定义为电池的最大输出功率与 V_{OC}和I_{SC}的乘积的比值。如图 2-25 所示，FF 的值是能够占据 I-V 曲线区域最大的面积。一个比较常用的经验方程为

$$FF=\frac{V_{OC}-\ln(V_{OC}+0.72)}{V_{OC}+1} \tag{2-26}$$

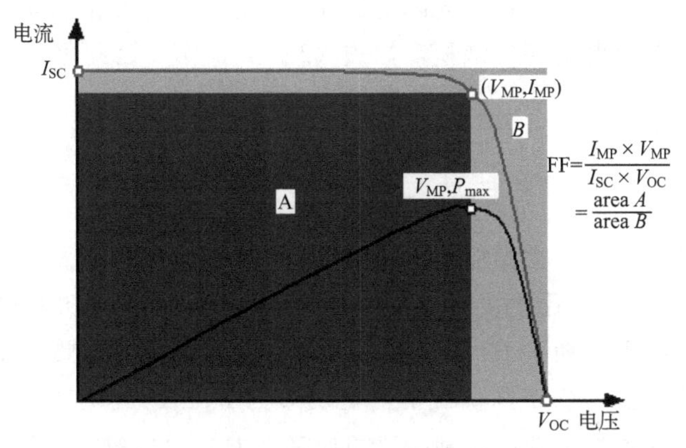

图 2-25　FF 的值是能够占据 I-V 曲线区域最大的面积

方程（2-26）显示了电池的开路电压越高，填充因子就越大。然而，材料相同的电池的开路电压，它们的变化也相对较小。例如，在一个 AM1.0 下，实验室硅太阳能电池和典型的商业硅太阳能电池的开路电压之差大约为 120mV，填充因子分别为 0.85 和 0.83。然而，不同材料的电池的填充因子的差别则可能非常大。例如，GaAs 太阳能电池的填充因子能达到 0.89。

方程（2-5）中 n 是理想因子，是描述 pn 结质量和电池的复合类型的测量量。对于简单的复合，n 的值为 1，对于效应很强的复合，n 的值为 2。大的 n 值不仅会降低填充因子，还会因为高复合而降低开路电压。

如图 2-26 所示为实测的开路电压与填充因子的关系。填充因子反映结中的电流输运机制，二极管因子 n 越小，FF 越大，单晶硅系的 n 为 1.1～1.3。

方程（2-26）求出的是最大填充因子，实际上因电池中寄生电阻的存在，填充

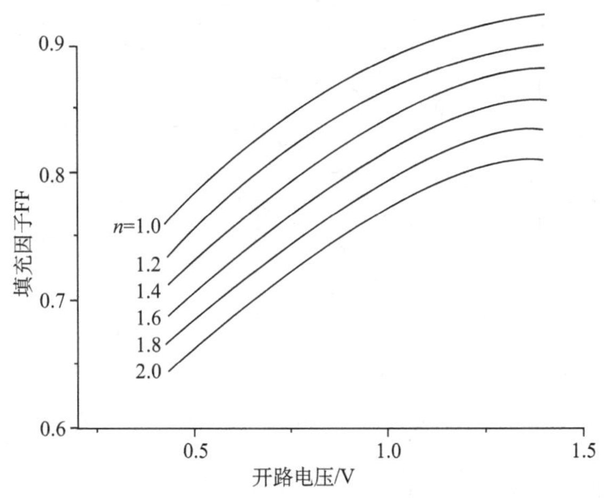

图 2-26　开路电压与填充因子的关系

因子的值可能会低一些。测量填充因子最常用的方法还是测量伏安曲线，即最大功率除以开路电压与短路电流的乘积，如式（2-27）所示。因此可得到最大功率如式（2-28）所示。

$$FF = V_{MP} I_{MP} / (V_{OC} I_{SC}) \tag{2-27}$$

$$P_m = V_{OC} I_{SC} FF \tag{2-28}$$

这是理想功率，衡量太阳能电池功率大小的是额定功率 P。太阳能电池的输出效率只有70%左右，使用中由于光强度的不同，不同时刻的功率也不同，根据实验数据，它的实际平均功率 $P = 0.7P_m$。所以如果太阳能电池要直接带动负载，并且要负载长期稳定的工作，则负载的额定功率为 $P_r = P = 0.7P_m$。如果按照负载的功率选择太阳能电池的功率，则电池的功率为 $P_m = 1.43P_r$。就是说太阳能电池的功率是负载功率的1.43倍。

光电转换效率是人们在比较两块电池好坏时最常使用的参数，定义为电池输出的电能与射入电池的光能的比例。除了反映太阳能电池的性能之外，效率还取决于入射光的光谱、光强以及电池本身的温度，测量陆地太阳能电池的条件是光照AM1.5和温度25℃。计算光电转换效率的方程如下：

$$\eta = P_m / P_{in} = V_{OC} I_{SC} FF / P_{in} \tag{2-29}$$

从高转换效率方面，存在着最佳的带隙。带隙越大，透过长波长光子产生的损失就越大。带隙越小，高光子能量与带隙的差值造成的热损失就越大。从理论上说，带隙为1.4eV左右的半导体材料可以达到最高转换效率，如砷化镓和碲化镉太阳能电池。图2-27显示了不同材料的理论转换效率与带隙的关系。多晶硅系达到20%是比较现实的目标，通常把28%作为单结太阳能电池能量转换效率的理论极限。如果把多个不同带隙的太阳能电池组合成多结太阳能电池，转换效率的理论

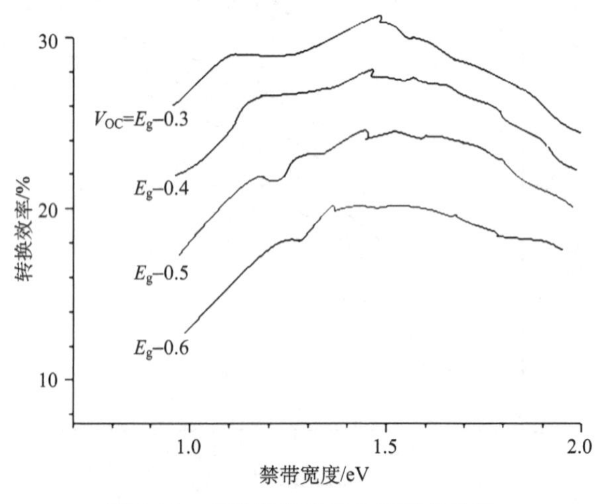

图2-27　理论转换效率与带隙的关系

极限就会大幅提高。

2.4.3 太阳能电池的电阻特性

太阳能电池的特征电阻就是太阳能电池输出最大功率时的输出电阻。如果外接负载的电阻大小等于电池本身的输出电阻，那么电池输出的功率达到最大，即工作在最大功率点。此参数在分析电池特性，特别是研究寄生电阻损失机制时非常重要，如图 2-28 中直线斜率的倒数就是特征电阻 R_{CH}，可以表示为

$$R_{CH}=V_{MP}/I_{MP}=V_{OC}/I_{SC} \tag{2-30}$$

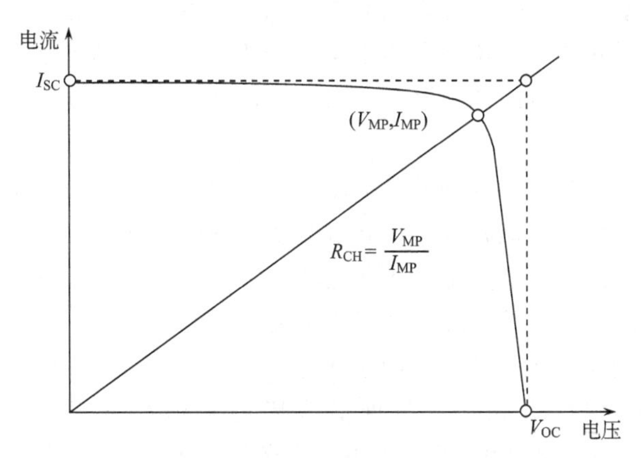

图 2-28 直线斜率的倒数就是特征电阻

太阳能电池的电阻效应以在电阻上消耗能量的形式降低了电池的发电效率。图 2-29 为考虑电阻损耗时太阳能电池的等效电路。

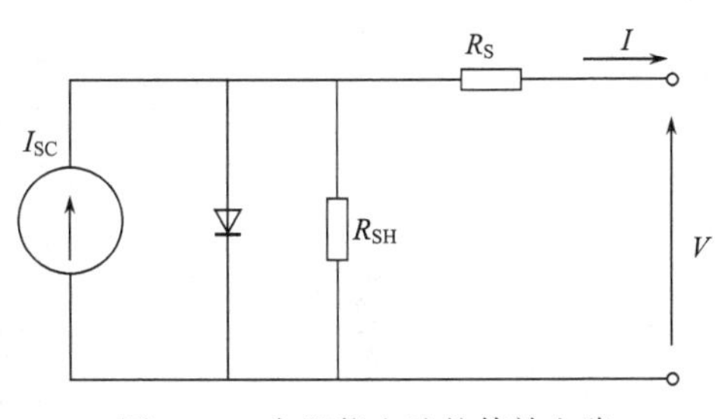

图 2-29 太阳能电池的等效电路

串联电阻和并联电阻的阻值以及它们对电池最大功率点的影响都取决于电池的几何结构。太阳能电池中，引起串联电阻的因素有三种：①穿过电池发射区和基区的电流流动；②金属电极与半导体之间的接触电阻；③顶部和背部的金属电阻。串联电阻对电池的主要影响是减小填充因子，当阻值过大时还会减小短路电流。串联电阻并不会影响电池的开路电压，因为此时电池的总电流为零。

并联电阻 R_{SH} 造成的显著的功率损失通常是由于制造缺陷引起的，而不是糟糕的电池设计。小的并联电阻以分流的形式造成功率损失。此电流转移不仅减小了流经 pn 结的电流，同时还减小了电池的电压。

当并联电阻和串联电阻同时存在时，太阳能电池的电流-电压关系为

$$I = I_L - I_0 \exp\left[\frac{q(V + IR_S)}{nkT}\right] - \frac{V + IR_S}{R_{SH}} \tag{2-31}$$

第一象限的伏安曲线方程为

$$I' = -I = I_L - I_0\left[\exp\left(\frac{qV}{nkT}\right) - 1\right] \tag{2-32}$$

式中，I_L为光生电流。

2.4.4 太阳能电池的温度特性

像所有其他半导体器件一样，太阳能电池对温度非常敏感。温度的升高降低了半导体的带隙，因此破坏共价键所需的能量更低。在半导体带隙的共价键模型中，价键能量的降低意味着带隙的下降。在太阳能电池中，受温度影响最大的参数是开路电压。

载流子的扩散系数随温度的升高而增大，所以少数载流子的扩散长度也随温度的升高稍有增大，光生电流密度 J_{SC}也随温度的升高有所增加。但是 J_{SC}随温度的升高呈指数增大，而 V_{OC}随温度的升高急剧下降。因此当温度升高时，*I-V* 曲线形状改变、填充因子下降、转换效率随温度的升高而降低。

太阳能电池的 *I-V* 曲线随温度的变化如图 2-30 所示。对于硅太阳能电池，开路电压的变化约为 2.2mV/℃。即硅太阳能电池在室温 25℃左右，每升高1℃，就减少 2.2mV。开路电压的减小，导致了转换效率的减小，硅太阳能电池每上升 1℃，转换效率约减少 0.4%～0.5%。带隙越大的材料，转换效率随温度的变化越小，如砷化镓太阳能电池每上升 1℃，转换效率只减少0.2%～0.3%。

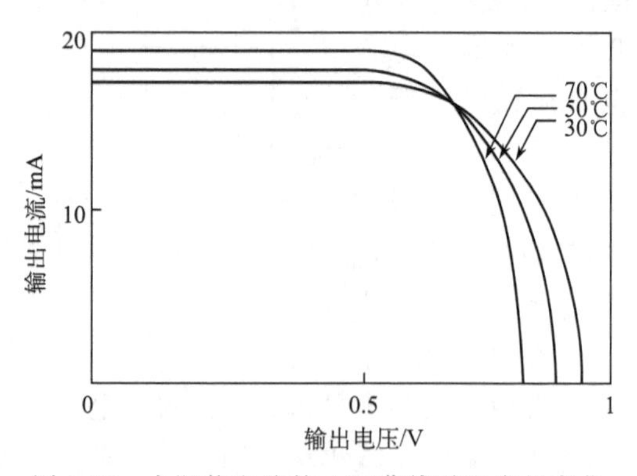

图 2-30 太阳能电池的 *I-V* 曲线随温度的变化

由于温度上升导致电池的输出电流下降，有时需要用通风的方法来降低太阳能电池组件的温度以提高电池的转换效率。电池的温度特性一般用温度系数表示。温度系数小说明输出电流随温度的变化较小。

2.4.5 太阳能电池的光谱特性

光谱特性指太阳能电池的吸收随能量相同、波长不同的入射光而变化的关系。太阳能电池接收到的入射光中每一种波长的光作用下的光电流，与对应入射到电池表面的该波长的光子能量的比，称为太阳能电池的光谱响应，也称光谱灵敏度。

太阳能电池中只有能量大于其材料“禁带”宽度的光子才能在被吸收时在材料中产生电子-空穴对，而那些能量小于“禁带”宽度的光子即使被吸收也不能产生电子-空穴对（它们只能使材料变热）。表 2-5 显示了常见太阳能电池材料的吸收截止波长。理论分析表明，对太阳光而言，最佳工作性能材料应有 1.3～1.5eV 的禁带宽度，当禁带宽度增加时，被材料吸收的总太阳能就会减少。

表 2-5 不同材料太阳能电池的光谱特性

材料	带隙/eV	截止波长/μm	太阳能的吸收效率/%
硅	1.1	1.1	76
砷化镓	1.35	0.9	65
磷化铟	1.25	0.97	69
碲化镉	1.45	0.84	61
硒	1.5	0.81	58

“光谱响应”在概念上类似于量子效率。量子效率描述的是电池产生的光生电子数量与入射到电池的光子数量的比，而光谱响应指的是太阳能电池产生的光电流大小与该波长入射能量的比例。每种太阳能电池都有自己的光谱响应曲线，它表明电对不同波长的光的灵敏度（光电转换能力）。硅太阳能电池光谱范围很宽，从可见光到近红外光，尤其在近红外光范围内灵敏度很高。图 2-31 显示了理想太阳能电池与实际太阳能电池的光谱响应曲线。

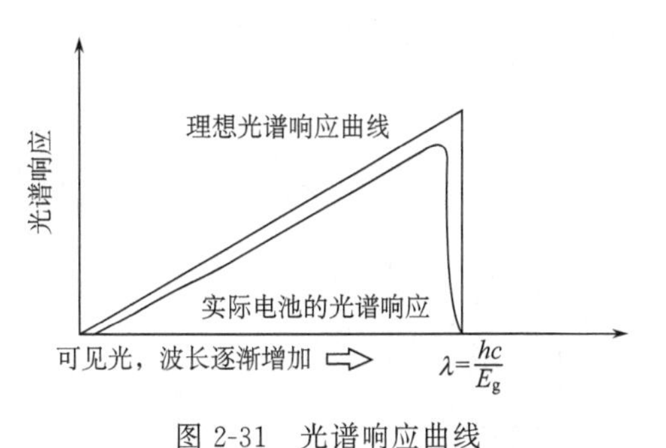

图 2-31 光谱响应曲线

理想的光谱响应在长波段受到限制，因为半导体不能吸收能量低于带隙的光子。这种限制在量子效率曲线中同样起作用。不同于量子效率的矩形曲线，光谱响应曲线随波长减小而下降。因为短波长的光子能量高，导致光生载流子与光子能量的比例下降。光子的能量中，所有超出带隙的部分都不能被电池利用，而是只能加热电池。太阳能电池中，高光子能量的不能完全利用以及低光子能量的无法吸收，导致了显著的能量损失。

光谱响应（SR）是非常重要的量，测量光谱响应能计算出量子效率（QE），如下所示：

$$\mathrm{SR}=\frac{q\lambda}{hc}\mathrm{QE} \tag{2-33}$$

太阳能电池的光谱响应描述的是光电流与入射光波长的关系，设单位时间波长为 λ 的光入射到单位面积的光子数为 $\Phi_0(\lambda)$，表面反射系数为 $\rho(\lambda)$，产生的光电流密度为 J_L，则光谱响应 SR（λ）为

$$\mathrm{SR}(\lambda)=\frac{J_L(\lambda)}{q\Phi_0(\lambda)[1-\rho(\lambda)]} \tag{2-34}$$

式中，$J_L=J_L|_{顶层}+J_L|_{势垒}+J_L|_{基区}$。理想吸收材料的光谱响应应该是当光子能量 $h\nu<E_g$ 时，SR=0；当 $h\nu>E_g$ 时，SR=1。

从太阳能电池的应用角度来说，太阳能电池的光谱特性与光源的辐射光谱特性相匹配是非常重要的，这样可以更充分地利用光能和提高太阳能电池的光电转换效率。不同的太阳能电池材料与光源的匹配程度是不一样的。

2.4.6 太阳能电池的光照特性

太阳能电池的输出随照度（光的强度）而变化，如图 2-32 所示，短路电流与照度成正比；如图 2-33 所示，开路电压随照度按指数函数规律增加，低照度值时，仍保持一定的开路电压。最大输出功率 P_m 几乎与照度成比例增加，影响因子 FF 几乎不受照度的影响，基本保持一致。

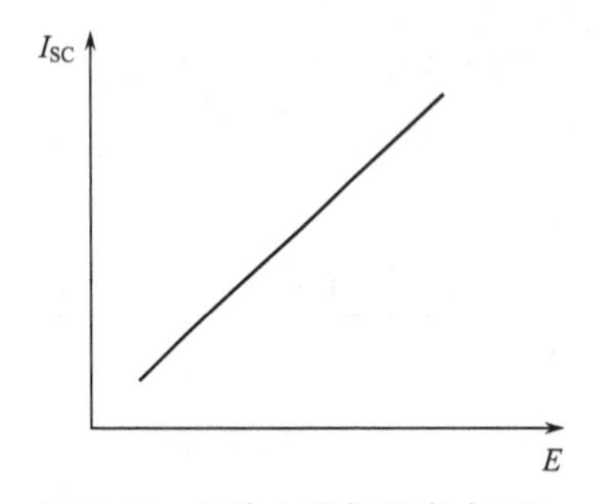

图 2-32 短路电流与照度成正比

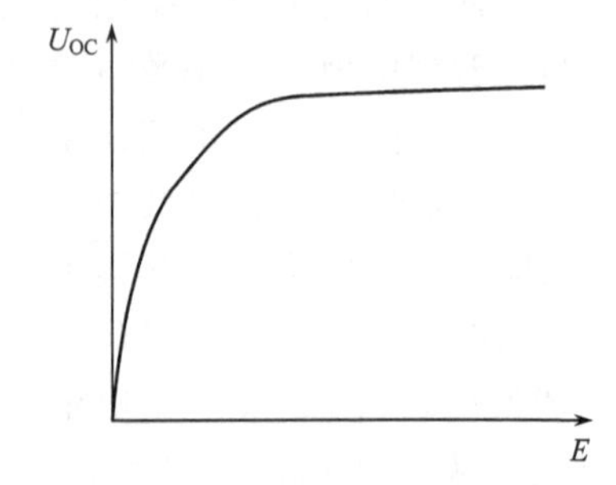

图 2-33 开路电压随照度按指数函数规律增加

改变入射光的强度将改变太阳能电池的短路电流、开路电压、填充因子 FF、转换效率以及并联电阻和串联电阻对电池的影响等参数。通常用多少个太阳形容光强，例如，一个太阳就相当于 AM1.5 大气质量下的标准光强，即 $1000\mathrm{W/m^2}$。如果太阳能电池在功率为 $10\mathrm{kW/m^2}$ 的光照下工作，也可以说是在 10 个太阳下工作，或 10X。

聚光太阳能电池是在光强大于一个太阳的光照下工作的电池，入射太阳光被聚

焦或透过光学器件形成高强度的光束射到小面积的太阳能电池上。

因为同样的功率输出只需小面积的太阳能电池，聚光太阳能电池系统的成本比功率相同的平板太阳能电池系统要低。但聚光电池的效率优势可能会因串联电阻的能量损耗增加而有所下降，因为短路电流呈线性增加，引起电池的温度也迅速上升。由短路电流引起的损失的大小与电流的平方成正比，则串联电阻造成的能量损失大小也与光强的平方成正比。

2.4.7 太阳能电池的测试

太阳能电池性能测量是在精确控制的光源照射下测量电池的伏安曲线，并严格控制电池的温度。图 2-34 是测量装置。

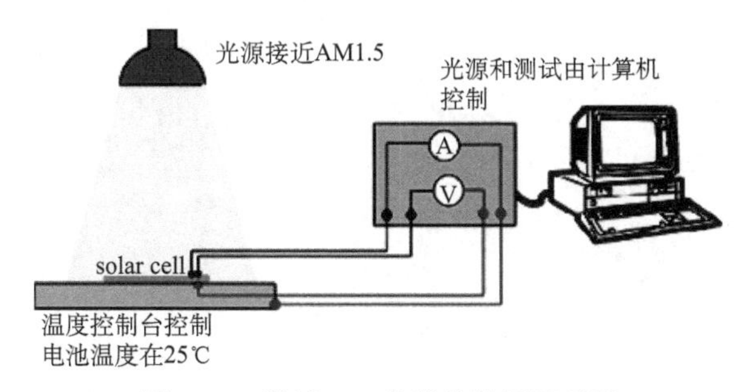

图 2-34　测试 I-V 曲线的装置原理图

太阳能电池对光强和温度都很敏感，因此测试时需要仔细控制测试条件。对于光源，光谱和光强这两个数据很重要，要控制在标准 AM1.5 光谱上。世界上有几个实验室专门从事对太阳能电池的测量，只有从这些实验室测量出的结果才被认为是官方的结果。

非正规的测量将使用控制精度较低的光源，并利用参考电池来校对。所谓参考电池，指电气性能和光学性能都尽可能与被测电池相近，并且已经在标准光源下测试过的太阳能电池。电气性能和光学性能的相近能保证两个电池的光谱响应能很好的匹配。如果参考电池的输出电流被设置成在标准光源下的测量电流，那么被测电池的输出电流将与在标准 AM1.5 光谱下的测量结果大小相当。

思　考　题

2.1　试述太阳的辐射特性和光谱分布。

2.2　简述太阳能电池的发展历程和关键问题。

2.3　太阳能电池应选用什么样的材料？为什么？

2.4　试述太阳能电池对材料的基本要求。

2.5　影响太阳能电池转换效率的主要因素和提高效率的主要方法。

2.6　简述太阳能电池的工作原理。

2.7　简述载流子的产生、复合和运动。

2.8　画出理想太阳能电池的等效电路，并写出输出电流的表达式。

2.9　简述 V_{OC}、V_m、I_{SC}、I_m、J_{SC}、FF、QE、η 的含义。

2.10　简述太阳能电池的光谱特性、照度特性和温度特性。

第 3 章　晶硅太阳能电池

3.1　太阳能电池分类

太阳能电池根据所用材料的不同，分为有机体系、无机体系以及有机无机混合体系太阳能电池，如硅太阳能电池、多元化合物薄膜太阳能电池、聚合物多层修饰电极型太阳能电池、纳米晶太阳能电池、有机太阳能电池等，如图 3-1 所示。按用途分为空间用和地面用太阳能电池。按工作方式分为平板、聚光、分光太阳能电池。按结构分为同质节太阳能电池、异质节太阳能电池和肖特基太阳能电池。

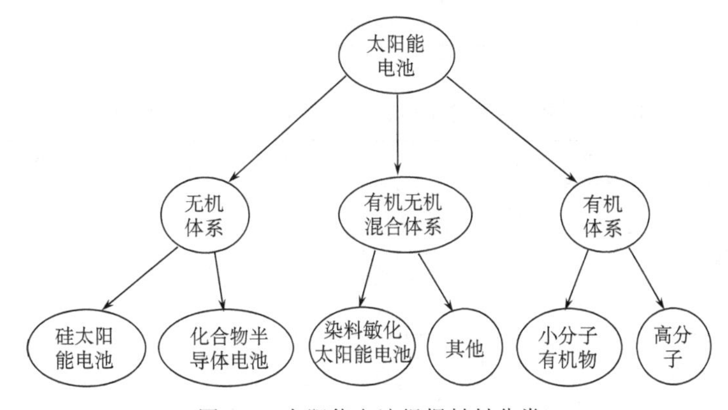

图 3-1　太阳能电池根据材料分类

薄膜太阳能电池指利用薄膜技术将很薄的半导体光电材料铺在非半导体的衬底上制备的太阳能电池，这种电池因减少了半导体材料的消耗而降低了太阳能电池的成本。用于薄膜太阳能电池的材料有很多，如多晶硅、非晶硅、碲化镉以及 CIGS 等。其中沉积在柔性衬底上的又称为柔性太阳能电池，可应用于太阳能背包、太阳能帐篷、太阳能手电筒、太阳能汽车、太阳能帆船、太阳能飞机上以及光伏建筑上。

带隙相同但导电类型不同的材料形成的 pn 结称为同质结，同质结构成的太阳能电池称为同质结太阳能电池。两种带隙不同的材料形成的 pn 结称为异质结，用异质结构成的太阳能电池称为异质结太阳能电池。利用金属-半导体界面上的肖特基势垒而构成的太阳能电池称为肖特基结太阳能电池，简称 MS 电池。目前已发展为金属-氧化物-半导体（MOS）、金属-绝缘体-半导体（MIS）太阳能电池等。

太阳能电池材料一般应具备：①半导体材料的禁带不能太宽；②要有较高的光生载流子产量与寿命；③材料本身对环境不造成污染；④材料便于工业化生产且性能稳定。基于以上几个方面考虑，到目前为止，硅是最理想的太阳能电池材料，这也是太阳能电池以硅材料为主的主要原因。但随着新材料的不断开发和相关技术的发展，以其他材料为基础的太阳能电池也越来越显示出诱人的前景。表 3-1 为各种太阳能电池性能对比，表 3-2 为常见太阳能电池材料的带隙及对光的吸收效率。

表 3-1　各种太阳能电池性能对比

太阳能电池类别	晶硅太阳能电池		薄膜太阳能电池			
	单晶硅	多晶硅	碲化镉	铜铟镓硒	非晶硅	非晶/微晶硅
工业生产达到效率	23%	18.5%	13%	12%	8%	11%
可实现效率目标	＞25%	20%	18%	18%	10%	15%
生产成本/（美元/瓦）	1.1	1	0.7	1.2	1	1
2020 年预计成本/（美元/瓦）	＜0.7	＜0.5	＜0.3	＜0.3	＜0.3	＜0.3

表 3-2　常见太阳能电池材料的带隙及对光的吸收效率

材料	带隙/eV	截止波长/μm	太阳能的吸收效率/%
硅	1.1	1.1	76
砷化镓	1.35	0.9	65
磷化铟	1.25	0.97	69
碲化镉	1.45	0.84	61
硒	1.5	0.81	58

3.2　晶硅太阳能电池设计

3.2.1　晶硅太阳能电池设计原则

太阳能电池的设计包括明确电池结构的参数、使转换效率达到最大；设置一定的限制条件，如商业以生产最具价格优势的电池为目标，则需要着重考虑制造电池的成本问题；实验研究以获得高转换效率为目标，则主要考虑最高效率而不是成本。

理论上太阳能电池的最高转换效率能达到 90%以上。然而，这一数字的获得是以几个假设为前提的，这些假设在实际上很难或根本不可能达到，至少在现今人类的科技水平和对器件物理的理解上很难达到。对于硅太阳能电池在一个太阳照射下，比较实际的理论最高效率值为26%～28%，图3-2显示了多年来硅太阳能电池效率不断提高。

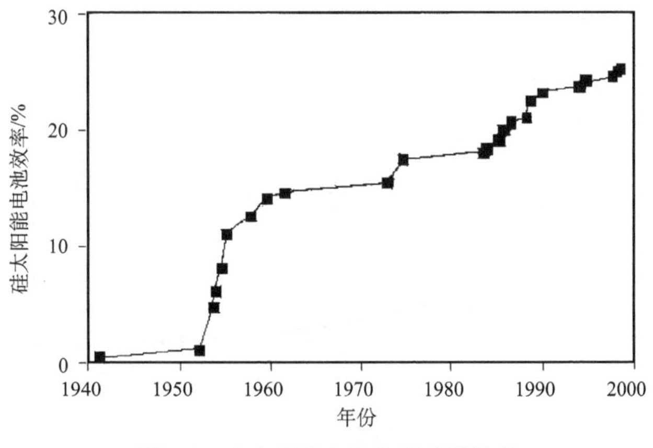

图3-2　硅太阳能电池效率不断提高

转换效率的理论值与实际值之间的差距主要来自两个方面。首先，在计算理论最大效率时，人们假设所有入射光子的能量都被充分利用了，即所有光子都被吸收，并且是被带隙与其能量相等的材料吸收了。为了获得这种理论效果，人们一种由不同带隙的材料叠加在一起组成叠层电池的模型，每一层都只吸收能量与其带隙相等的光子。其次，假设入射光有高聚光比，并假设温度和电阻效应对聚光太阳能电池的影响很小，而光强的增加能适当增加短路电流、开路电压V_{OC}、填充因子FF，从而使聚光太阳能电池获得更高的效率。

太阳能电池运行的基本步骤表现为半导体材料对光的吸收并产生光生载流子、光生载流子输运并聚集成电流、产生跨越太阳能电池的高电压、能量从电池中移动到外部电路。

光在介质中传播时，光的强度随传播距离（穿透深度）而衰减的现象称为光的吸收，光经过一定介质后的出射光强为$I=I_0e^{-\alpha x}$，I_0表示入射光强，x表示光束垂直通过介质层的厚度，α为一正常数，称为介质对该单色光的吸收系数。介质的吸收系数α的量纲是长度的倒数，单位是cm^{-1}。吸收系数α的倒数（$1/\alpha$）的物理意义是因介质的吸收使得光强衰减到原来$1/e\approx36.8\%$时，光所通过的介质厚度。吸收系数决定着一个给定波长的光子在被吸收之前能在材料走的距离。如果某种材料的吸收系数很低，那么光将很少被吸收；并且如果材料足够薄，它就相当于透明的。吸收系数取决于材料和被吸收的光的波长。因为高能量光子的吸收系数很大，所以它在距离表面很短的深度就被吸收了。

太阳能电池吸收的光子并非都产生了光生载流子，生成率指被光线照射的半导体每一点生成电子-空穴对的数目，假设减少的那部分光能量全部用来产生电子-空穴对，那么通过测量透射过电池的光强度便可以推算出半导体材料生成的电子-空穴对的数目。图 3-3 为在 AM1.5 光谱下硅的生成率。

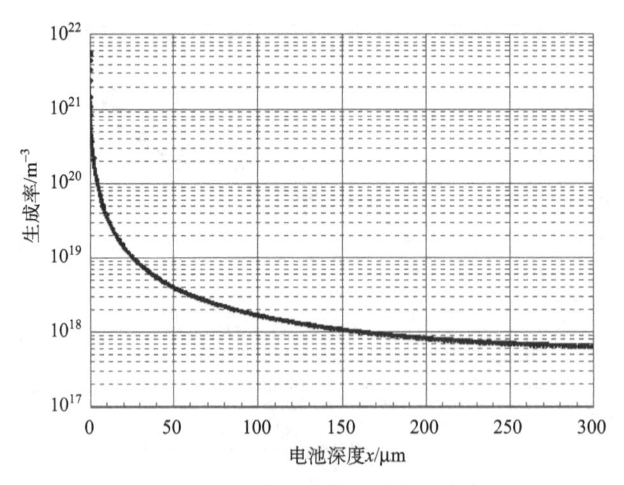

图 3-3　AM1.5 光谱下硅的生成率

光生载流子在输运过程中部分电子有可能回到价带，同时有效地消除了一个空穴，这种过程称为复合。复合发生的速率称为“复合率”。如果载流子被复合了，光生电子-空穴对将消失，也产生不了电流或电能。

收集概率描述了光照射到电池的某个区域产生的载流子被 pn 结收集并参与到电流流动的概率，它的大小取决于光生载流子需要运动的距离和电池的表面特性。在耗散区的所有光生载流子的收集概率都是相同的，因为在这个区域的电子-空穴对会被电场迅速地分开。当载流子在与电场的距离大于扩散长度的区域产生时，它的收集概率是相当低的。如果载流子在靠近电池表面这样的高复合区域产生，它将会被复合。

为获得最高效率，在设计单结太阳能电池时，应注意几项原则：①提高能被电池吸收并生产载流子的光的数量；②提高 pn 结收集光生载流子的能力；③尽量减小黑暗前置电流；④提取不受电阻损耗的电流。

3.2.2　太阳能电池的光学设计

光的损耗主要以降低短路电流的方式影响太阳能电池的功率。这些光本来有能力在电池中产生电子-空穴对，但是被电池表面反射掉了。对于大多数太阳能电池，所有的可见光都能产生电子-空穴对，因此它们都能被很好地吸收。太阳能电池对光的反射损耗主要包括上表面光反射、电池内部背面光反射和上电极反射或者阻挡的光，如图 3-4 所示。实用太阳能电池减小光反射损耗采用的主要方法有镀减反射膜、表面制绒、光陷阱、朗伯背反射层和顶端电极的优化设计。

1. 减反射膜设计

减反射膜是利用光的干涉原理。两个振幅相同、波程相同的光波叠加，结果光波的振幅加强。如果有两个光波振幅相同，波程相差$\lambda/2$，则这两个光波叠加，结果相互抵消了。减反射膜就是利用这个原理。在硅片的表面镀上薄膜，使得在薄膜的前后两个表面产生的反射光相互干扰，从而抵消反射光，达到减反射的效果。

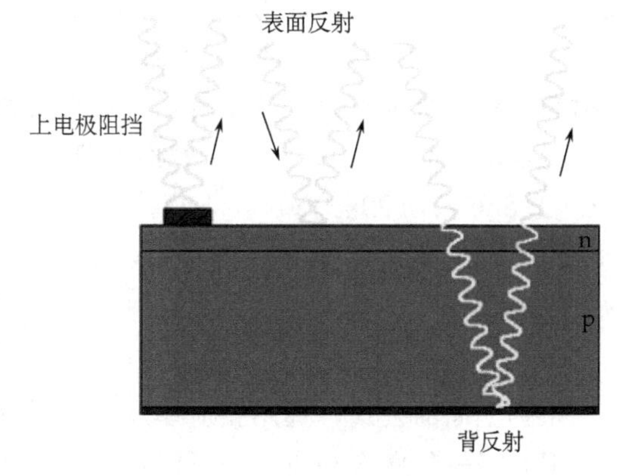

图 3-4 太阳能电池的反射损耗

加在太阳能电池上表面的减反射膜包含了一层很薄的介电材料层，膜的厚度经过特殊设计可以使光在膜间发生干涉相消，避免光被反射出去。

光学薄膜的特性可以用等效界面法，如图 3-5 所示，找到每一层膜的特征矩阵进行理论推算，对于任意多层膜光学特性的精确计算，大都采用特征矩阵在计算机上完成。

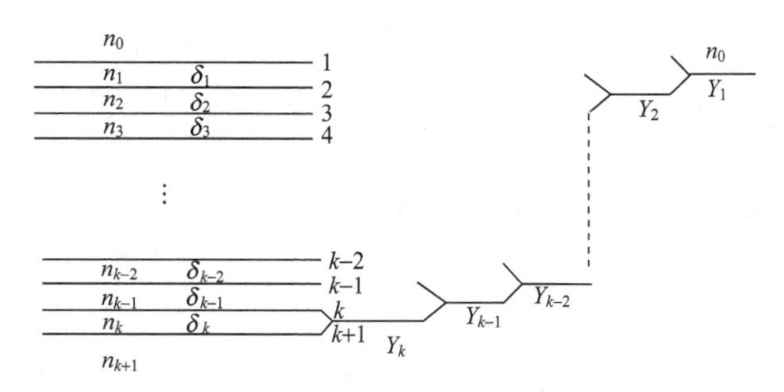

图 3-5 等效界面示意图

其中Y_{k+1}、Y_k、Y_{k-1}、Y_{k-2}、Y_2、Y_1为各层的组合导纳，可由相应的特征矩阵直接求出，最后多层膜的反射率为

$$R=\left(\frac{n_0-Y_1}{n_0+Y_1}\right)^2 \tag{3-1}$$

对于层数较少的减反射膜，可以用矢量作图法作近似计算，此方法设计减反射膜时比较直观，其前提条件是膜层中无吸收层、薄膜特性可以近似地由界面处单次反射来决定。由矢量作图法可知，对标准四分之一膜系，单层减反射膜实现零反射的条件为$n_1=\sqrt{n_0 n_s}$，即减反射膜的折射率等于膜两边材料的折射率的几何平均数。其中n_0、n_1、n_s分别为入射介质（常为空气）、膜、基底的折射率。膜系结构可常表示为 A/L/S，其中 A 代表空气，L 代表低折射率膜，S 代表基底。双层减

反射膜实现零反射的条件为 $n_2=n_1\sqrt{n_0 n_s}$，n_2为膜层 2 的折射率，膜系结构可表示为A/LH/S,其中 H 代表高折射率膜层 n_2，其他字母的意义同上。层数越多，减反射膜的减反带宽越大，效果越好，详见文献（唐晋发等，2006）。

目前所有晶硅太阳能电池表面都镀了一层或多层光学性质匹配的减反射膜（SiO_2、SnO_2、TiO_2、SiN_x、SiC_x等）。

对于折射率为 n_1的薄膜材料，入射光波长为 λ_0，则使反射最小化的薄膜厚度为 d_1：

$$d_1=\lambda_0/(4n_1) \tag{3-2}$$

根据上面的公式，选用相应厚度、折射率的膜，能使参考波长处反射光减少到零。但是每一种厚度和折射率只能对应一种波长的光，在光伏应用中，参考波长常取 0.6μm，因为这个波长的能量最接近太阳光谱能量的峰值。图 3-6 为硅片在不同情况下的反射率曲线。

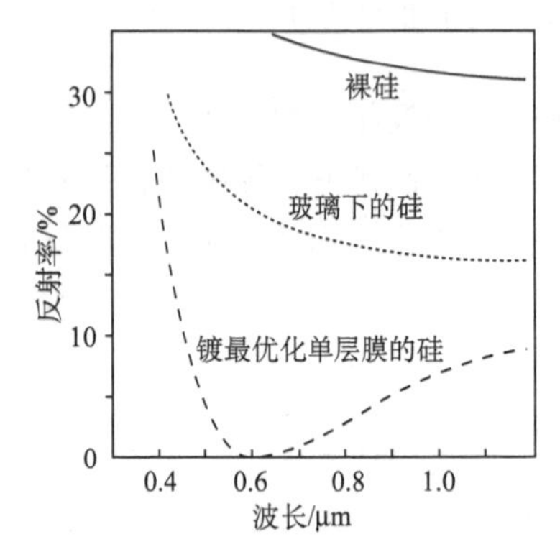

图 3-6　硅片在不同情况下的反射率

镀上多层减反射膜，能增加低反射率的光谱范围，即宽带减反射膜。但对于多数商业太阳能电池，这样的成本比较高，所以商业太阳能电池常用单层或双层减反射膜，少数高效太阳能电池采用三层减反射膜。减反射膜的设计可以使用专业的膜系设计软件优化，如 TFcale 软件、Macleod 软件等。TFCale 是一个光学薄膜设计和分析的通用工具，简单易学。表 3-3 为常用减反射膜材料的折射率。

表 3-3　常用减反射膜材料的折射率

材料	MgF_2	SiO_2	Al_2O_3	Si_3N_4	Ta_2O_5	ZnS	SiO	TiO_2
折射率 n	1.38	1.46	1.76	2.05	2.2	2.36	1.8～2.0	2.46～2.9

2. *表面制绒*

在硅表面制绒，可以与减反射膜相结合，也可以单独使用，都能达到减小反射的效果。因为任何表面的缺陷都能增加光反弹回表面但不离开表面的概率，起到减小反射的效果。一块单晶硅衬底沿着晶体表面刻蚀便能达到制绒效果。如果刻蚀的表面符合内部原子结构，硅表面的晶体结构将变成金字塔形，如图 3-7（a）所示。另一种表面制绒方式称为“倒金字塔形”制绒，这种制绒方法是往硅表面下面刻蚀，而不是从表面往上刻蚀，如图 3-7（b）所示。

多晶硅表面只有一小部分面积才有〈111〉方向，所以刻蚀单晶硅的方法不适合多晶硅。多晶硅制绒常用光刻技术和机械雕刻技术，使用切割锯或激光把表

图 3-7　单晶硅制绒表面的电子显微镜扫描照片

面切割成相应的形状，如图 3-8所示。

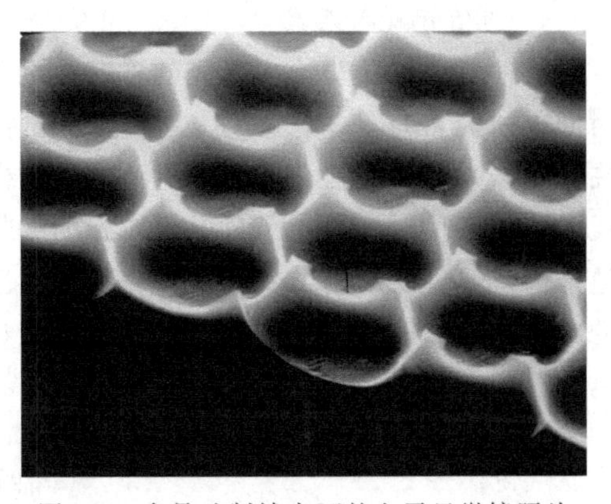

图 3-8　多晶硅制绒表面的电子显微镜照片

3. 光陷阱

充分吸收入射光是获得高效率的重要途径，而吸收光的多少取决于光路径的长度和吸收系数。厚度超过 10μm 的硅电池能基本全部吸收符合条件的入射光，当硅材料厚度为 10μm 时，只有 30%的可吸收光被吸收。但最佳的电池厚度并不单单是由吸收所有的光这一需要决定的，因为：①薄的电池省材料；②吸收同样的光，薄电池的开路电压比厚电池的大；③如果光在与 pn 结距离大于扩散长度的区域被吸收，产生的载流子就会被复合。因此，经过结构优化的太阳能电池通常具有“光陷阱”结构，拥有比电池实际厚度长几倍的光路径长度。

光路径长度指没被吸收的光在射出电池前在电池内走的距离，一个没有光陷阱结构的电池，它的光路径长度可能只相当于电池的实际厚度，而经过光陷阱结构优化的电池的光路径长度能达到电池实际厚度的 50 倍，这意味着光线能在电池内来回反弹许多遍。

光子入射到倾斜面上会改变光子在电池内运动的角度，达到光陷阱的效果。一个经过制绒的表面不仅能像前面所讲的那样减少反射，还能使光斜着射入电池，光入射到半导体的折射角可以通过折射定律 $n_1\sin\theta_1=n_2\sin\theta_2$ 求得，如下所示：

$$\theta_2=\arcsin\left(\frac{n_1}{n_2}\sin\theta_1\right) \tag{3-3}$$

式中，θ_1、θ_2 分别是入射角和折射角；n_1 为光入射介质的折射率；n_2 为光射出介质的折射率。经过表面制绒的单晶硅太阳能电池，晶体表面的存在使得正入射光的角

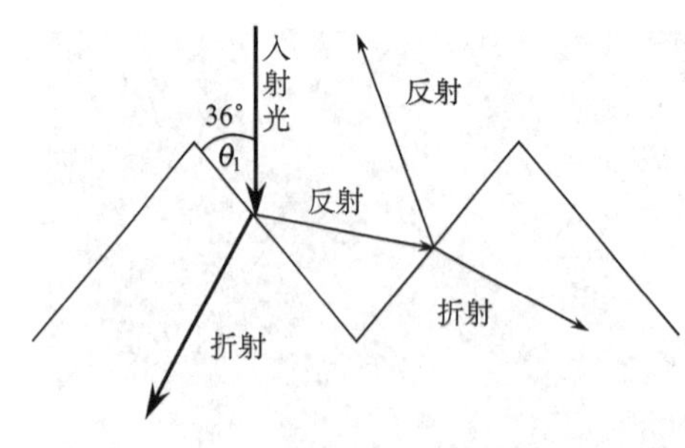

图 3-9　光在制绒太阳能电池表面的反射和折射

度 θ_1 等于 36°，如图 3-9 所示。

如果光线从折射率大的介质入射到折射率小的介质，将有可能发生全反射。此时的入射角为临界角，根据折射定律，设 θ_2 为 0°，得

$$\theta_1 = \arcsin\left(\frac{n_2}{n_1}\right) \tag{3-4}$$

利用全内反射，可以把光困在电池内，使穿入电池的光路径成倍增加，因此厚度很薄的电池也能拥有很长的光路径长度，如图 3-10 所示。

4. 朗伯背反射层

朗伯背反射层能使反射光的方向随机化，方向的随机化使许多反射光都被全反射回电池内。如图 3-10 所示，有些被反射回电池顶端表面的光与表面的角度大于临界角，则又再次被全反射回电池内，这样光被吸收的机会就大大增加了。电池背反射层的高反射率减小了背电极对光的吸收和光穿出电池的概率，并把光反射回电池体内。通过表面制绒、光陷阱、朗伯背反射层等相结合可以大大增加光在电池中的路径长度，经过优化的光学路径长度能达到 $4n^2$，n 为半导体的折射率，可高达电池厚度的 50 倍，是十分有效的围困光线的技术。

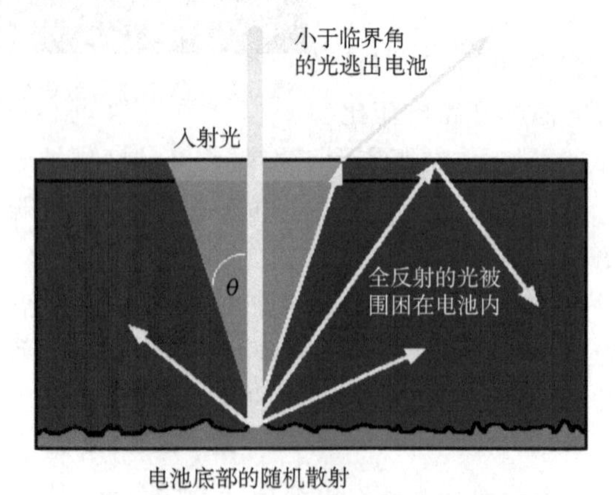

图 3-10　背反射层对光的反射

3.2.3　太阳能电池的复合效应

复合效应同时造成光生电流（即短路电流）和前置偏压注入电流（即开路电压）的损失。太阳能电池的复合主要有发生在电池表面的表面复合、电池体内的体

复合和耗尽层复合，前两种复合是复合的主要形式。为了让 pn 结能够收集尽可能多的光生载流子，表面复合和体复合都要尽量减到最小，因此载流子必须在与 pn 结距离小于扩散长度的区域产生，才能扩散到 pn 结并被收集。对于局部高复合区域（如没有钝化的表面和多晶硅的晶界），光生载流子与 pn 结的距离必须小于与高复合区域的距离。对于局部低复合区域（如钝化的表面），光生载流子可以与低复合区域距离更近些，因为它依然能扩散到 pn 结并被收集。

电池的前表面和背表面存在局部复合区域，意味着能量不同的光子将有不同的收集概率。蓝光的吸收率很高且在距离前表面非常近处被吸收，所以如果前表面是高复合区域将主要影响蓝光产生的载流子的收集。类似的，如果电池背表面的复合效应很强，将主要影响红外光产生的载流子（红外光在电池深处产生载流子）。太阳能电池的量子效率量化了复合效应对光生电流的影响。图 2-19 中理想和实际太阳能电池的典型量子效率描述了复合损失和光损失的影响，前表面量子效率比较低是因为前表面的反射和复合，背部量子效率偏低是体内和背面的复合加上没被吸收的光。

图 3-11 为三种类型的晶硅太阳能电池的量子效率曲线。其中埋栅和丝网印刷曲线表示的是电池的内部量子效率，而 PERL 曲线则表示电池的外部量子效率。PERL 电池对红外光的响应最好，因为被良好地钝化，有高效率的背表面反射。

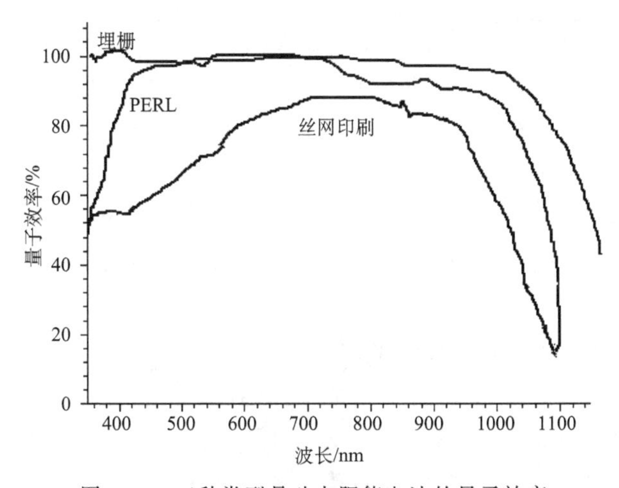

图 3-11　三种类型晶硅太阳能电池的量子效率

复合效应对开路电压有很大影响。开路电压是当前置扩散电流与短路电流大小相当时的光电压，前置扩散电流的大小取决于 pn 结处复合效应的大小。扩散电流随着复合的提高而上升，高复合提高了前置扩散电流反过来降低了开路电压。复合的大小由 pn 结边缘的少数载流子的数量控制，它们离开 pn 结的速度有多快，复合的速度就有多快。所以为了提高开路电压：①减少平衡少数载流子浓度将减少复

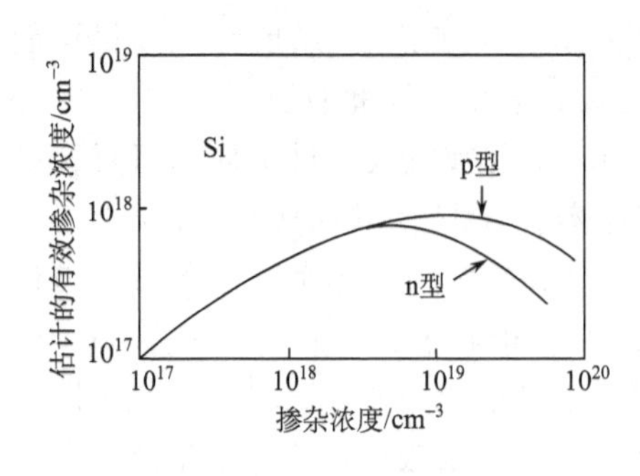

图 3-12 高掺杂效应

合，而减少平衡少数载流子浓度可以通过增加掺杂来实现。掺杂浓度越高，V_{OC}越大。一种称为重掺杂效应的现象近年来已引起较多的关注。但在过高掺杂浓度下，有效掺杂浓度将出现峰值，那么用很高的掺杂不再有好处，特别是在高掺杂浓度下寿命还会减小，如图 3-12 所示。②短的扩散长度意味着少数载流子在 pn 结边缘处由于复合快速消失，以使得更多的载流子通过电池，提高前置电流。因此，提高载流子的扩散长度能减少复合并获得高电压。而扩散长度取决于电池材料的类型、制造电池的过程和掺杂的情况。高掺杂导致低扩散长度，因此需要找到高扩散长度（它同时影响着电流和电压）与高电压之间的平衡。③与 pn 结距离小于扩散长度的区域存在局部复合区。高复合区（通常为表面或晶界）使得载流子迅速地移向它而被复合，大幅度提高了复合电流，通过表面钝化能够降低表面复合的影响。图 3-13 显示了在假设良好表面钝化的前提下，掺杂（N_d）对扩散长度和开路电压的影响。

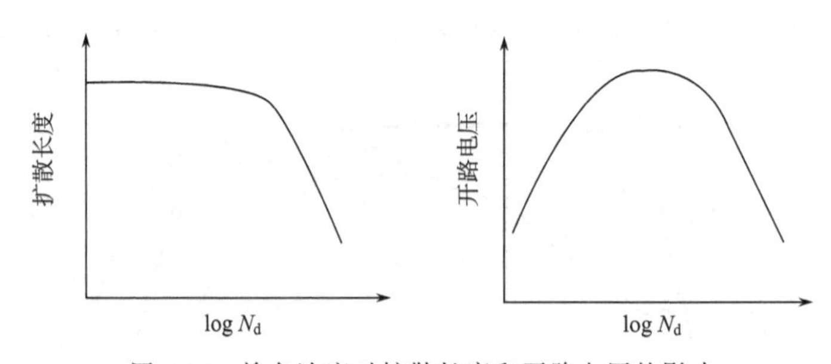

图 3-13 掺杂浓度对扩散长度和开路电压的影响

表面复合强烈影响短路电流的同时，也强烈影响着开路电压。前表面是电池中载流子生成率非常高的区域，要降低此区域的高复合率，可以通过在表面镀钝化层（通常为二氧化硅）来减小硅表面的悬挂键，如图 3-14 所示；其次可以在电极下面重掺杂，让少数载流子远离高复合率的前端电极；同样可以对电池背部进行重掺杂，让少数载流子（这里为电子）远离高复合率的背电极，如图 3-14 所示。背表面复合速率对电场参数的影响如图 3-15 所示。

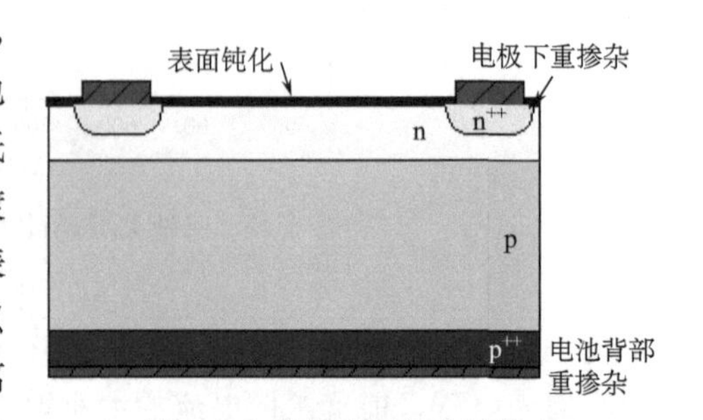

图 3-14 降低表面复合的技术

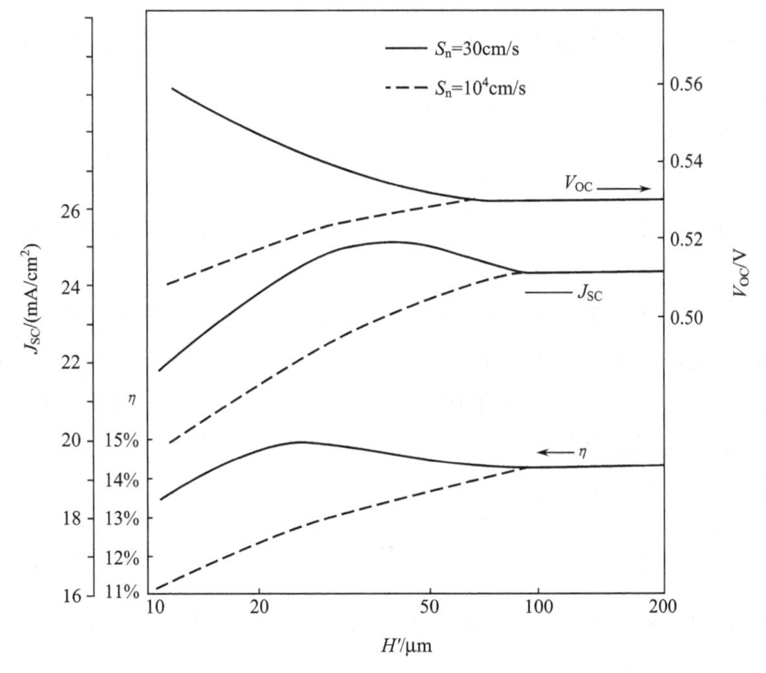

图 3-15　背表面复合速率对电场参数的影响

硅太阳能电池的钝化层通常为绝缘体，有金属电极的区域不能用二氧化硅钝化。取而代之的是在表面电极下面重掺杂，以减小表面复合的影响。尽管这样的重掺杂会严重减小扩散长度，但电极区域并不参与载流子生成，因此它对载流子收集的影响不大。此外，当高复合率的电池表面非常接近于 pn 结时，要使复合的影响达到最小，就必须尽可能地增加掺杂的浓度。类似的方法也用在减少背表面复合速率对电压和电流的影响上，“背电场”由电池背面的高掺杂区域组成，在高掺杂和低掺杂区的交界处形成了类似 pn 结的场，相当于引入了一个阻止少数载流子流到背面的屏障，此背电场取得了钝化背面的效果。

3.2.4　太阳能电池顶端电极设计

通常，光生电流从电池体内垂直移动到电池表面，然后横向穿过重掺杂表面，直到被顶端电极收集。除了使吸收最大化和复合最小化之外，设计一个高效率太阳能电池的最后一个条件，便是使寄生电阻造成的损耗降到最低。并联电阻和串联电阻都会降低电池的填充因子与效率。有害的低并联电阻是一种制造缺陷，而不是参数设计的问题。由顶端电极电阻和发射区电阻组成的串联电阻可以通过小心设计电池结构的类型与尺度进行优化。

金属顶端电极是用来收集电池产生的电流的，如图 3-16 所示，母栅直接与外部电路连接，而子栅负责从电池内部收集电流并传送到母栅。顶端电极的设计关键是要取得一个平衡，即窄的电极网线造成的高电阻与宽电极网线造成的遮光面积增加的平衡。

电池的体电阻可定义为

$$R_b = \rho_b W/A \tag{3-5}$$

式中，ρ_b为电池的体电阻率（电导率的倒数）（硅电池通常为0.5～5.0Ω·cm）；A为电池面积；W为电池主体区域的宽度。

发射（区）层的电阻率和厚度都是未知的，很难通过电阻率和厚度计算，但可以使用“四探针法”非常容易地测出来，如图3-17所示。电流I流到探针，在中间两个探针之间产生压降V，n型区与p型区之间的pn结扮演着绝缘层的角色，使得测量表层电阻时不受影响。测量时电池必须处在黑暗环境中。利用实验测得电压V和电流I，可算得表层电阻率为

$$\rho_{\Pi}(\Omega/\Pi) = \frac{\pi V}{\ln 2 I} \tag{3-6}$$

式中，$\pi/\ln 2 = 4.53$，一般硅太阳能电池的表层电阻率在30～100Ω/Π。

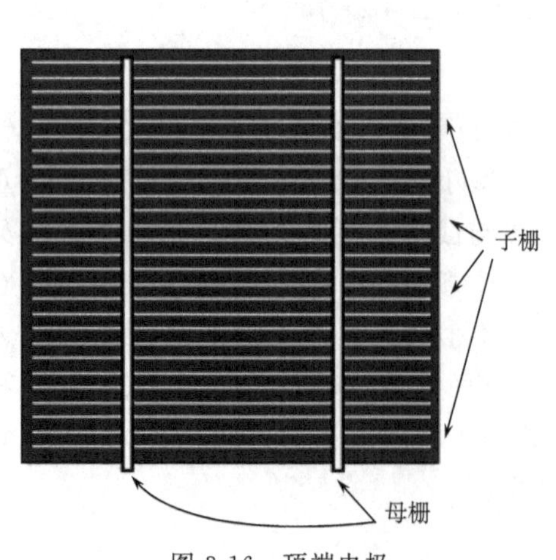

图3-16　顶端电极

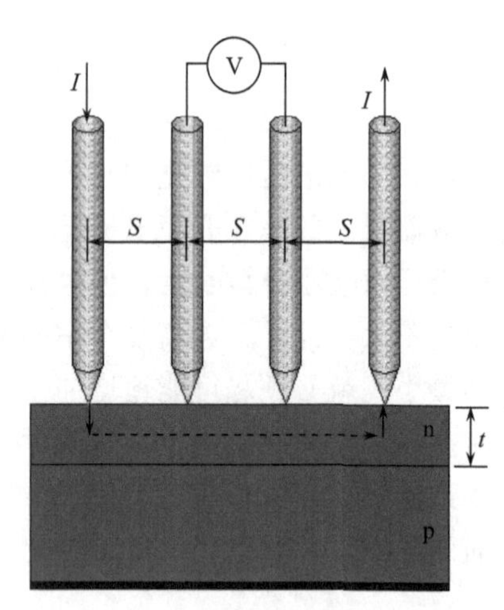

图3-17　四探针法测电阻示意图

发射区的电流流动的距离并不都是相等的，如果电流刚好从电池内部流到电极附近，则路程很短。但如果电流流到两个栅条之间，则电阻路径刚好等于两个栅条距离的一半，如图3-18所示。图3-18（a）是载流子从电池的产生点流到外部电极的理想效果图，图3-18（b）为计算由电池表层的横向电阻造成的功率损失的示意图。需要注意的是，实际中的发射区要比图中的薄很多。如图3-18（b）所示，在y方向逐渐递增的功率损失为

$$dP_{loss} = I^2 dR \tag{3-7}$$

式中，$dR = \rho_{\Pi} dy/A$，y 为两个栅条之间的距离。

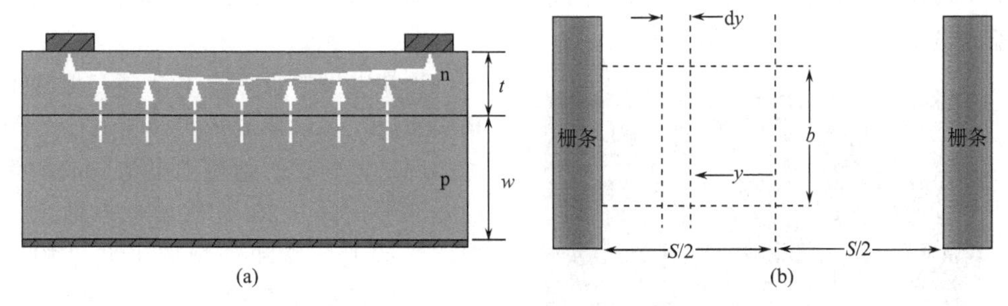

图 3-18　载流子流向理想效果图和计算示意图

表层横向电流的大小取决于 y 和 $I(y)$，两栅条之间中间点的电流大小为零，并沿着中间点到栅条的线逐渐增加。计算电流的方程为

$$I(y) = Jby \tag{3-8}$$

式中，J 为电流强度；b 为栅条的长度；y 为两栅条的间隔距离。

综上所述，顶层阻抗引起的功率损耗为

$$P_{loss} = \int I^2(y) dR = \int_0^{S/2} \frac{J^2 b^2 y^2 \rho_{\Pi} dy}{b} = \frac{J^2 b \rho_{\Pi} S^3}{24} \tag{3-9}$$

在最大功率输出点，这个区域内的功率为 $V_{MP} J_{MP} bS/2$，则相对功率损耗为

$$P_{\%} = \frac{P_{loss}}{P_m} = \frac{\rho_{\Pi} S^2 J_{MP}}{12 V_{MP}} \times 100\% \tag{3-10}$$

接触电阻损耗发生在硅电池与金属电极的交界处，要降低接触电阻的损耗，就必须对 n 型区的顶层进行重掺杂。然而重掺杂会引起不良后果，如果高浓度的磷被扩散到硅中，温度下降时多余的磷会被析出电池表层，形成一层“死层”，该层中光生载流子的收集概率非常低，许多商用电池因为死层的出现而导致对蓝光的响应很差。解决的办法是对金属电极的下面部分进行重掺杂，而表层的其余部分则需控制在一个平衡值，也就是在获得低发射区饱和电流和高发射区扩散长度之间达到平衡，如图 3-19 所示。

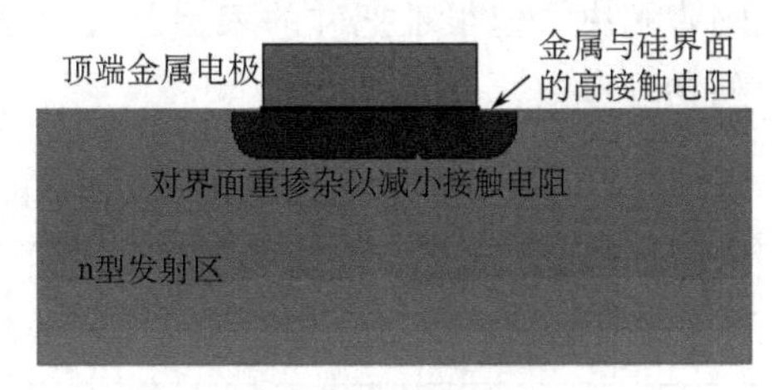

图 3-19　接触电阻

顶端电极的优化设计不只有子栅和母栅电阻的最小化，还包括与顶端电阻有关的总的损耗的最小化，如发射区的电阻损耗、金属电极的电阻损耗和阴影损耗。①发射区的电阻损耗取决于金属网格的间距，短的栅间距有利于降低发射区电阻。②金属电极的电阻损耗取决于金属的电阻率、网格的排列布局和金属栅条的横纵

比。低的电阻率和高的横纵比对电池比较有利，但也会受到制造技术的限制。③阴影损失是覆盖在电池表面的金属栅条阻挡光线射入电池引起的，一些设计的因素决定了损耗规模，包括子栅和母栅的间距、金属的横纵比（横纵比＝宽/高）、金属栅条的最小宽度以及金属的电阻率。

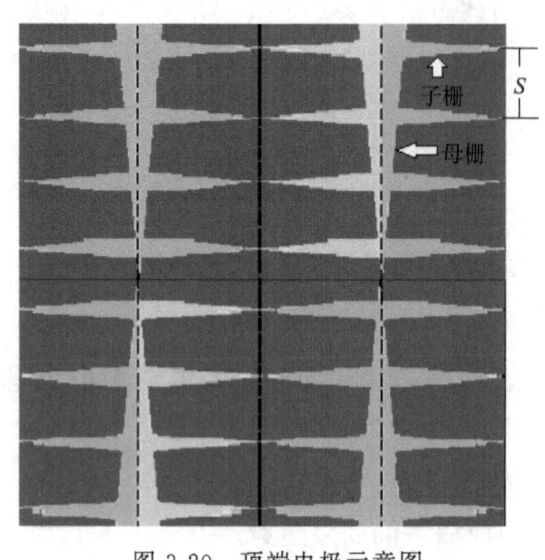

图 3-20　顶端电极示意图

顶端电极的设计方案众多，但基于现实原因，都设计成相对简单和十分匀称的网格，匀称的网格把电池分成均等的几部分。图 3-20 为顶端电极的示意图，展示了母栅和子栅的形状结构分布。设计时有几个重要的原则要注意：①最优的母栅宽度 W_B，此时母栅的电阻损耗等于它的阴影损耗。②宽度逐渐变小的栅条要比等宽的栅条所造成的损耗小。③电池的面积越小、栅条的宽度 W_F 越小以及栅条间隔 S 越小，则损耗越小。

硅太阳能电池经过基本设计、表面减反射、载流子收集、载流子复合和寄生电阻这几方面优化后，转换效率能达到约28％的理论值。

3.2.5　太阳能电池的结构参数

硅太阳能电池能在光伏市场占据统治地位，得益于硅材料资源丰富，且在集成电路产业的杰出表现。但硅材料的参数并不是最好的，特别是硅的带隙对于最优的太阳能电池过低，且硅是间接带隙材料，吸收系数较低。虽然低吸收系数可以通过光陷阱解决，但很难把硅的表层制造得很薄。表 3-4 是单晶硅太阳能电池器件结构模型物理参数。

表 3-4　单晶硅太阳能电池器件结构模型物理参数

物理参数	数值	物理参数	数值
器件截面积 A/cm^2	100	空穴扩散长度 $L_P/\mu m$	12
n 型半导体厚度 $W_n/\mu m$	0.35	电子扩散系数 $D_n/[cm^2/(V \cdot s)]$	35
n 型半导体掺杂浓度 N_d/cm^{-3}	1×10^{20}	电子寿命 $t_n/\mu s$	350
p 型半导体厚度 $W_p/\mu m$	300	电子扩散长度 $L_n/\mu m$	1100
p 型半导体掺杂浓度 N_A/cm^{-3}	1×10^{15}	正向电极等效表面复合速率 $S_{F\cdot eff}/(cm/s)$	3×10^4
空穴扩散系数 $D_p/[cm^2/(V \cdot s)]$	1.5	背向表面电场等效复合速率 $S_{BSF}/(cm/s)$	1×10^2
空穴寿命 $t_p/\mu s$	1		

太阳能电池制备时应重点考虑的结构参数如下。

（1）电池厚度（100～500μm）。经过优化的、伴有光陷阱和表面钝化的硅太阳能电池厚度约为100μm。然而200～500μm的厚度是常用的，部分原因是考虑到表面制造薄层或表面钝化等实际情况。

（2）基区掺杂（1Ω/m）。高掺杂能获得高电压和低电阻，但高掺杂也会导致晶体结构的破坏。

（3）控制反射。表面制绒和减反射膜能提高电池捕捉光线的能力。

（4）正负极。n型硅比p型硅的质量好，常被置于电池的表面，因此，电池的上表面为负极，背面为正极。

（5）发射区厚度（<1μm）。绝大部分入射光是在靠近电池表面处被吸收的，大幅度降低表层的厚度，能让大部分的光生载流子被pn结收集。

（6）发射区掺杂。发射区的掺杂水平在100Ω/Π，过度掺杂会降低材料的质量，以致载流子在到达pn结之前就被复合了。

（7）网格的排布（栅条宽在20～200μm，间隔1～5mm）。硅的电阻率太高导致不能导通所有的光生电流，所以在电池表面放置了电阻率更低的金属网格，以运走所有的电流。网格覆盖在表面会挡住一部分入射光，所以必须在收集光线和降低电阻值之间做个折中。

（8）背电极。背电极比顶端电极的重要性要低，因为它与pn结距离远，不需要透明。但是，背电极在设计中正变得越来越重要，因为总的效率正在提高，电池也变得越来越薄。

晶硅太阳能电池的结构参数对太阳能电池性能的影响可以通过电池模拟软件进行比较、分析、设计。可以更快、更方便地发现电池的问题以及了解各参数对电池的影响。PC1D太阳能电池模拟软件采用非线性方程模拟晶硅半导体器件中电子和空穴的准一维传输过程，是目前光伏研发中最简便且广泛应用的模拟软件。

3.3 晶硅太阳能电池制备

3.3.1 晶硅太阳能电池分类

太阳能电池所使用的硅或其他半导体材料可以是单晶体、多晶体、微晶体或者非晶体。这些材料之间最主要的不同就是组成材料的晶体大小和晶体结构的有序程度不同。

大多数的晶体硅太阳能电池是由硅片制成的，要么单晶硅要么多晶硅。单晶硅片通常都拥有比较好的材料性能和较高的成本。单晶硅的晶体结构规则有序，每个原子都理想地排列在预先确定的位置上，每个硅原子的最外层都有四个电子，每个原子都与周围原子共享四个共价键，形成清晰可见的价带结构，如图3-21所示。所以单晶硅的行为可预见且十分统一，但因为需要精确和缓慢的制造过程，它成为最昂贵的硅材料。

太阳能电池和集成芯片通常都使用直拉法（CZ）制备的硅晶片，但它对于高效率实验室太阳能电池和特定市场的太阳能电池有些不足。直拉法硅片内含有大量的氧，杂质氧会降低少数载流子的寿命，继而减小电压、电流以及转换效率。此外，氧原子以及氧和其他元素共同形成的化合物可能在高温时变得十分活跃，使得硅片对高温处理过程非常敏感。为了解决这些问题，人们使用悬浮区熔法（FZ）制硅片。熔融区域缓慢地通过硅棒或硅条时，熔融区的杂质留在熔融区内，而不是混合在凝结区内，因此，当熔融区的硅都过去后，一块非常纯净的单晶硅锭就形成了，如图 3-22 所示。

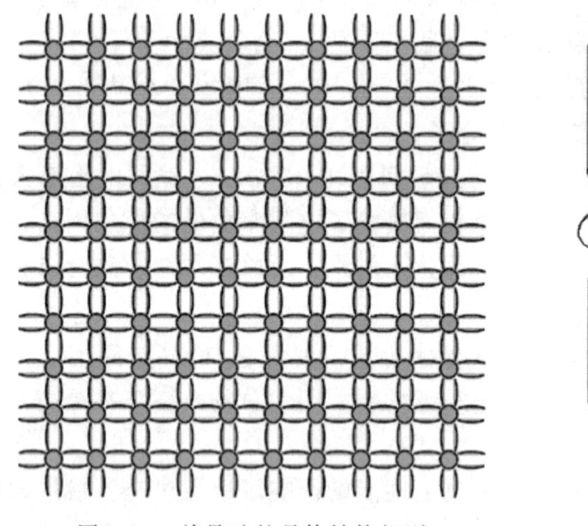
图 3-21　单晶硅的晶体结构规则

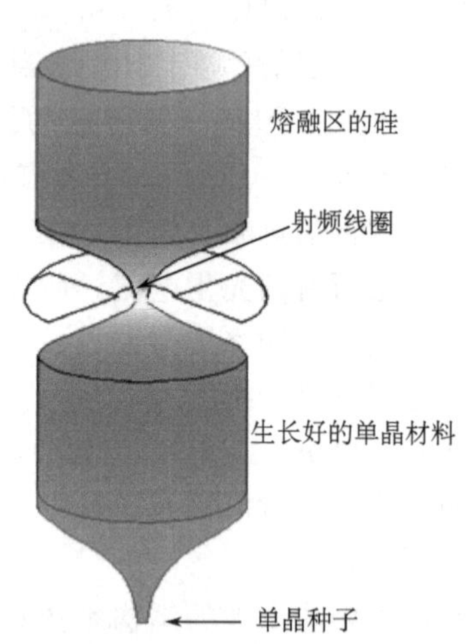

图 3-22　区熔法制硅片

制备多晶硅的技术相对要简单一些，成本也因此更低一些。多晶硅由于晶界的存在，性能比不上单晶硅。晶界导致了局部高复合区，它把额外的能级缺陷引入禁带，减少了总的少数载流子寿命。此外，晶界还通过阻碍载流子的流动以及为穿过 pn 结的电流提供分流的方式降低太阳能电池的性能，图 3-23 显示多晶硅的两个晶粒之间的悬挂键是很不友善的。为了避免晶界处的过度复合损失，晶界尺寸必须控制在几毫米以上。这能让电池从前到后扩大单个晶界的规模，减少对载流子流动的阻碍，同时减小电池单位面积上的总晶界长度。这种多晶硅材料被广泛使用在商业太阳能电池制造中。

多晶硅可作拉制单晶硅的直接原料，当熔融的单质硅凝固时，硅原子以金刚石晶格排列成许多晶核，如果这些晶核长成晶面取向不同的晶粒，则形成多晶硅。如果这些晶核长成晶面取向相同的一个晶粒，则形成单晶硅。一般单晶硅棒是在单晶硅炉中拉制而成的，通常要经过滚圆、再通过切片机切成。为了充分利用硅片，四个角保留圆弧，成为准方片。多晶硅通常是由铸锭炉浇铸成大块的多晶硅锭，经过破锭机和多线切片机切割成厚度为0.15～0.3mm的方片再制成电池，所以一般都是方形。

非晶硅（a-Si）结构中有许多不受价键束缚的原子、缺少长程有序排列，这是由于“悬挂键”的存在造成的。无序的原子排列结构将严重影响非晶硅的性能，所以在把非晶硅材料制成太阳能电池之前，需要对这些悬挂键进行钝化处理。可以把氢原子与非晶硅材料结合，使氢原子的比例达到5%～10%，让悬挂键处于饱和状态，因此提高了材料的质量，如图3-24所示。非晶硅的材料性能与晶体硅有显著不同，带隙从晶体硅的1.1eV上升到1.7eV，且吸收系数比晶体硅高得多，但大量悬挂键导致了高缺陷密度和低扩散长度。

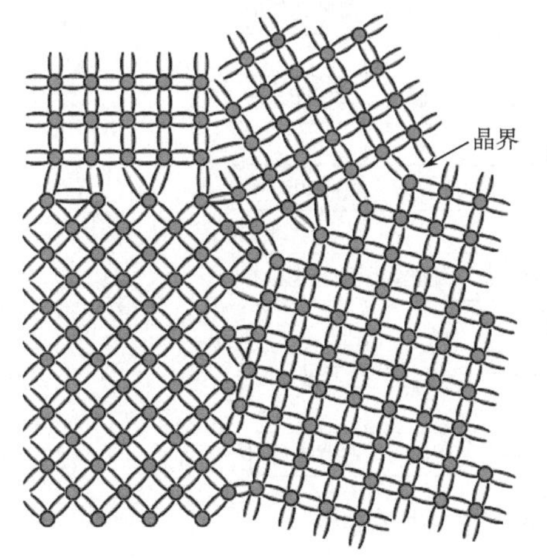

图3-23　多晶硅的晶界

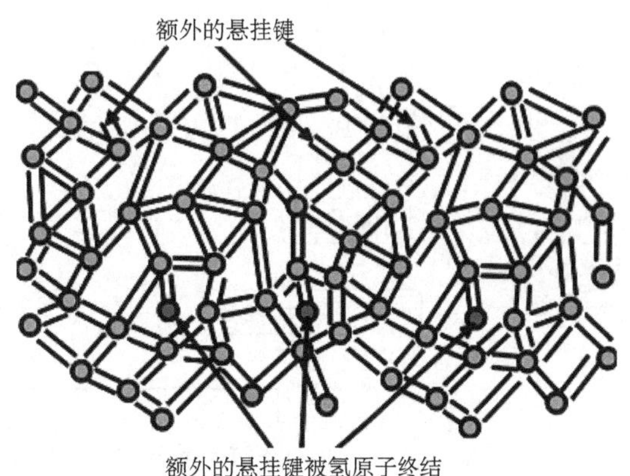

图3-24　非晶硅的悬挂键

非晶硅的不同材料性质需要不同于晶体硅的结构设计，特别是非晶硅中硅-氢合金的少数载流子的扩散长度远远低于1μm，要获得高的收集效率就必须在pn结耗尽区产生尽可能多的光生载流子，即载流子要在电场存在的区域产生。非晶硅的高吸收系数使得其电池只有几微米厚，也意味着比起发射区和基区，耗散区的厚度要大得多，因此耗散区采用在p层和n层之间增加一个弱掺杂或无掺杂的本征硅层（i层），如图3-25所示。另外，为了解决非晶硅中较低的载流子迁移性，在电池表面涂覆一层导电层，提供沿电池表面的横向电流通道。

图3-25　非晶硅太阳能电池结构示意图

图3-26　太阳能电池手表

非晶硅太阳能电池是一种低成本的太阳能电池，对于能量需求小、易安装的消费产品是一种理想的选择，常被用在许多小型消费产品中，如计算机、手表以及一些户外产品。如图 3-26 所示的手表的整个表面都是非晶硅薄膜太阳能电池，足以为手表运行提供能量。

3.3.2 晶硅太阳能电池制备

晶硅太阳能电池制造工艺流程如图 3-27 所示。

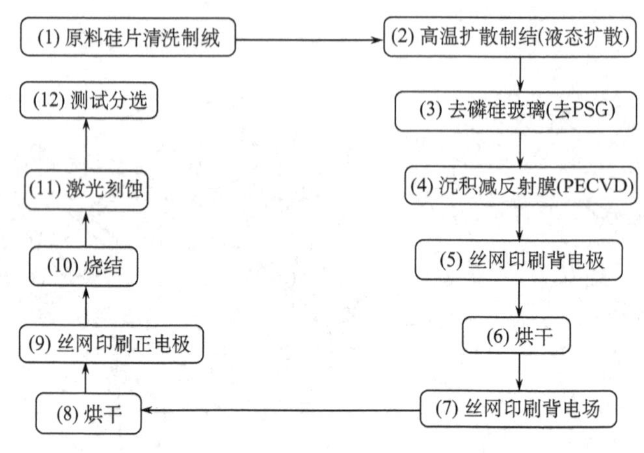

图 3-27　晶硅太阳能电池的制造工艺流程

(1) 清洗制绒。清洗制绒是为了去除硅片表面机械损伤层，并进行硅片表面结构化。未制绒的硅片表面十分光滑，可反射多于 35%的入射光，表面结构化能使光学反射减小到 10%以下。除了减反射外，前表面结构化还能确保斜入射的光耦合到太阳能电池中，使光从背面反射后不从前表面溢出。这种陷光效应有助于 750～1000nm 波长范围光的内量子效率的改善。

(2) 高温扩散制结。扩散是为了制备 pn 结，多数厂家都选用 p 型硅片制作太阳能电池，一般用 $POCl_3$液态源作为扩散源。pn 结结深一般为 0.3～0.5μm。

(3) 去磷硅玻璃。扩散时在硅片周边表面会形成扩散层，使电池上下电极短路，去磷硅玻璃就是腐蚀去除周边的扩散层，也称周边刻蚀。

(4) 沉积减反射膜。沉积减反射膜是采用等离子体增强型化学气相沉积(PECVD)，沉积一层减反射膜，不仅可以减少光的反射，而且在制备减反射膜过程中有大量的氢原子进入，起到了很好的表面钝化和体钝化的效果，从而提高了电池的短路电流和开路电压。

(5) ～ (10) 印刷、烘干、烧结。为了从电池上获取电流，一般在电池的正面、背面分别制作电极。正面栅网电极要求一方面要有高的透过率，另一方面要有尽可能低的接触电阻。背面做成 BSF 结构，以减小表面电子复合。印刷后要进行高温烧结，防止脱落。

(11) 激光刻蚀。激光刻蚀是用激光切出绝缘沟道，避免电池短路，减少电流泄漏，如图 3-28 所示。

(12) 测试分选。通过外观检测和电池分选仪对电池测试分选，根据电池的输出电性能对电池分类摆放。

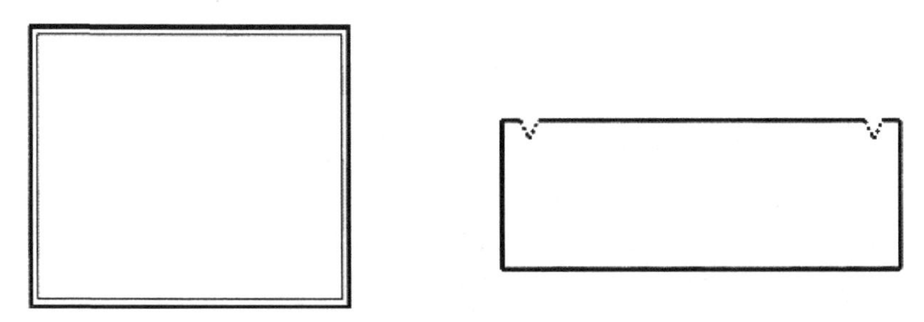

图 3-28　硅片刻蚀示意图

3.3.3 晶硅太阳能电池的质量控制

制备晶硅太阳能电池的半导体材料对杂质非常敏感，因此电池片生产对环境、设备等有着严格的要求。首先，生产过程要求全部在净化厂房内，净化程度不低于 10 万级，温度恒定保持在 20～25℃，湿度不大于 60%。其次，避免使用金属夹具，扩散工艺中的石英管、石英舟定期清洗。最后，工作人员穿全套净化服，佩戴口罩和手套，严禁用手直接接触硅片。

电池的生产，从原材料检验开始，到成品检验入库结束，每道工序都包含严格的检验，质量控制流程如图 3-29 所示。

原材料的质量是成品质量的基础。电池片车间的进料主要包括硅片、各类化学品、磷源、浆料、网版、感光纸、包材等。这些原料和用材都需要通过外观检验，关键材料还需要进行更严格的质量检验，如硅片需要进行碳氧含量的测试，化学品和磷源需进行成分分析。

制绒工序利用化学腐蚀破坏硅片的光滑表面，制备出能降低反射率的粗糙绒面。绒面的粗糙度和腐蚀深度对反射率有直接的影响。在该工序中包含两个检测，即腐蚀量的检测和反射率的检测。对于特定种类硅片，通过工艺实验确定最佳腐蚀量，并转换成硅片的质量变化。在流水线生产中，每批次硅片都要抽取一定数量样片，使用电子天平称量其质量，获得质量减少量。测量腐蚀量的同时使用反射率仪进行绒面反射率的测量。只有硅片质量减少量和绒面反射率都处在规定范围内，该批硅片才能流入下一工序。

扩散工序将杂质原子注入硅片表面，改变硅片表层载流子浓度，最终形成 pn 结。扩散工序是制备太阳能电池的核心工序，从根本上决定电池片的效率。硅片经

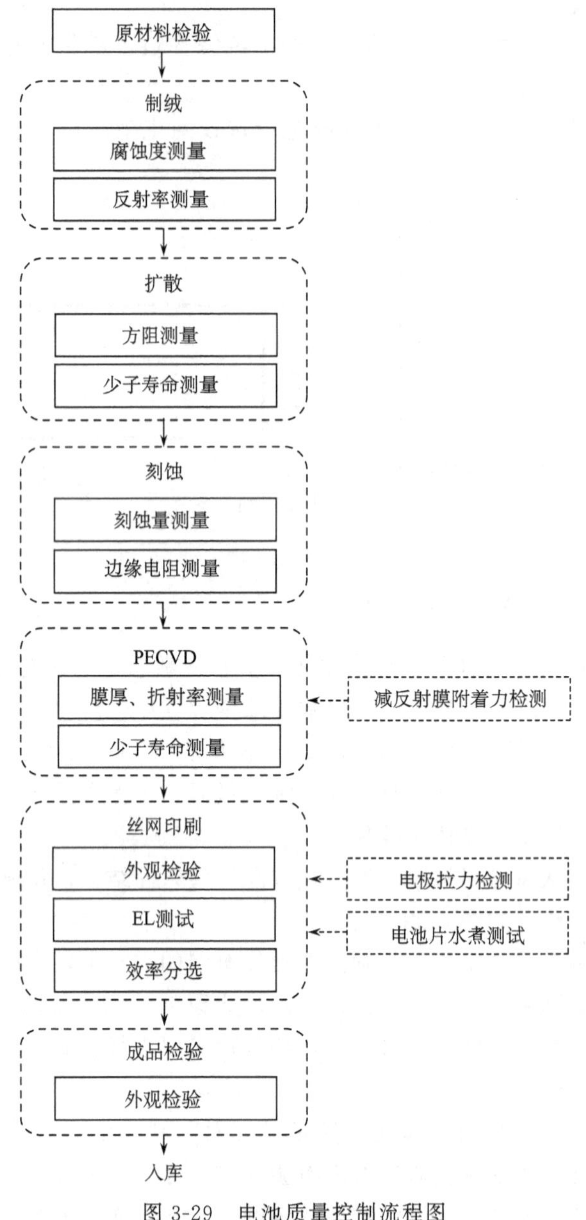

图 3-29　电池质量控制流程图

扩散后，要进行方阻和少子寿命两个性能的检测。对于每一舟硅片，从炉尾到炉口，依次取 6 片硅片，每片硅片上取四角和中心五个点，用四探针仪测量方阻。测完方阻后，被抽硅片还需使用少子寿命测量仪测量少子寿命。如果所得数据均处在正常范围内，将被抽硅片放回舟上原位置，整舟硅片可以流入下一工序。

刻蚀工序去除硅片边缘的杂质注入层，使硅片的上下表面相互绝缘，同时清理硅片表面的磷硅玻璃。刻蚀后的硅片要检测腐蚀量和边缘电阻。腐蚀量的检测同制绒后腐蚀量检测类似，通过电子天平检测抽样硅片刻蚀前后质量的变化。抽检硅片还需要测量边缘电阻，合格的硅片其上下表面之间应该是近似绝缘的。边缘电阻的检测可以用 pn 型号测试仪直接检测边缘半导体类型代替。刻蚀后边缘的半导体类型应该与原硅片相同，与扩散面相反。表面磷硅玻璃的清除在硅片下料处由操作员工目测检验，如还残留磷硅玻璃，硅片表面会比较潮湿。

PECVD 镀膜工序在绒面上沉积一层 Si_3N_4 减反射保护膜，并且完成钝化，减少硅片表面和体内的复合中心。膜的厚度、折射率直接影响电池片的效率。每批次硅片的膜厚和折射率都要通过椭偏仪进行抽样检测，合格后才能流入下一工序。钝化的效果则通过测量少子寿命来检测。硅片经较好地钝化后，其少子寿命会有明显的延长。另外，还需要定期检测减反射膜的附着力，更换反应气体或硅片批次后也要检测减反射膜的附着力，确保膜和硅片之间具有足够的黏合力。

丝网印刷工序在硅片的镀膜面（正面）印刷正电极、非镀膜面（背面）印刷背电场和背电极，完成晶硅电池片的制备。该工序中，首先是目测所有电极是否印刷到位，剔除断栅、虚印、堵网、漏浆等不合格电池片。其次是每片电池片都要经过 EL 缺陷检测仪，查看整片电池片的电致发光亮度，合格的电池片亮度较为均一。该检测能有效地发现原料硅片自身或者之前工序中存在的、目测或现有检测无法发现的问题。最后每片合格的电池片进行效率测试，根据电性能不同分档。生产过程中还需要定期进行电极拉力检测和背电场水煮实验，更换电极浆料和硅片批次后需加测，保证电极和背电场的质量。

产线上下来的合格电池片还需要经过严格的外观检测。根据外观检测和效率测试的结果将电池片分成不同的等级，将同等级的电池片包装、贴标签后入库保存。

3.4　晶硅太阳能电池的发展

晶硅太阳能电池的发展趋势是低成本、高效率，这是光伏技术的发展方向。低成本的实现途径包括效率提高、成本下降及组件寿命提升三方面。效率的提高依赖工艺的改进、材料的改进及电池结构的改进；成本下降依赖现有材料成本的下降、工艺的简化及新材料的开发；太阳能光伏组件寿命的提升依赖组件封装材料及封装工艺的改善。要想早日实现晶体硅太阳能电池发电平价上网，除了产业规模化的扩大外，最重要的是依赖产业技术（包括设备和原材料）的改进。工艺水平的改进对电池效率的提升空间已经越来越有限，电池效率的进一步提升将依赖新结构、新工艺的产生。具有产业化前景的新结构电池包括选择性发射极电池、异质结电池、背面主栅电池及 n 型电池等。这些电池结构采用不同的技术途径解决了电池的栅线细化、选择性扩散、表面钝化等问题，可以将电池产业化效率提升 2～3 个百分点。

3.4.1 晶硅电池材料技术发展

太阳能电池硅片技术发展趋势是薄片化，降低硅片厚度是减少硅材料消耗、降低晶硅太阳能电池成本的有效技术措施，是光伏技术进步的重要方面。30 多年来，太阳能电池硅片厚度从 20 世纪 70 年代的 450～500μm 降低到目前的 150～180μm，降低了一半以上，硅材料用量大大减少，对太阳能电池成本降低起到了重要作用，是技术进步促进成本降低的重要范例之一，如表 3-5 所示。

表 3-5 太阳能电池硅片厚度

年份	厚度/μm	硅材料用量/t
20 世纪 70 年代	450～500	＞20
20 世纪 80 年代	400～450	16～20
20 世纪 90 年代	350～400	13～16
2008 年	180～240	12～13
2010 年	150～180	10～11
2020 年	80～100	8～10

高效电池是光伏的突围之匙，近年来晶硅太阳能电池的转换效率取得重大进展，浆料及丝网印刷技术进步最快；但随之而来的是银的消耗日益突出，其成本已占到电池成本的 17%左右。

多晶硅太阳能电池成本远低于单晶硅太阳能电池，而效率高于非晶硅薄膜太阳能电池。从工业化发展来看，太阳能电池的发展重心已由单晶向多晶方向发展，主要原因可概括如下。

(1) 近十年单晶硅工艺的研究与发展很快，其工艺也被应用于多晶硅太阳能电池的生产，例如，选择腐蚀发射结、背表面场、腐蚀绒面、表面和体钝化、细金属栅电极等，其中快速热退火技术用于多晶硅的生产可大大缩短工艺时间。

(2) 多晶硅的生产工艺不断取得进展，全自动浇铸炉每生产周期可生产 200kg 以上的硅锭，晶粒的尺寸达到厘米级。

(3) 对太阳能电池来说，方形基片更合算，通过浇铸法和直接凝固法所获得的多晶硅可直接获得方形材料。

为了进一步降低成本、提高效率，各国光伏研究机构和生产商不断改进现有技术，开发新技术。如澳大利亚新南威尔士大学研究了近 20 年的先进电池系列 PESC、PERC、PERL 电池，2001 年，PERL 电池效率达到 24.7%。后来由此衍生了中电电气集团的 SE 电池与尚德的 PLUTO 电池。PLUTO 电池的本质是将实验室 PERL 电池进行量产，SE 电池可以算是 PLUTO 电池的一个简化，它们均含有 PERL 电池最典型的选择性发射极技术。SE 电池只选取了 PERL 系列收益最明显、产业化相对容易的前表面结构部分，如图 3-30 所示。

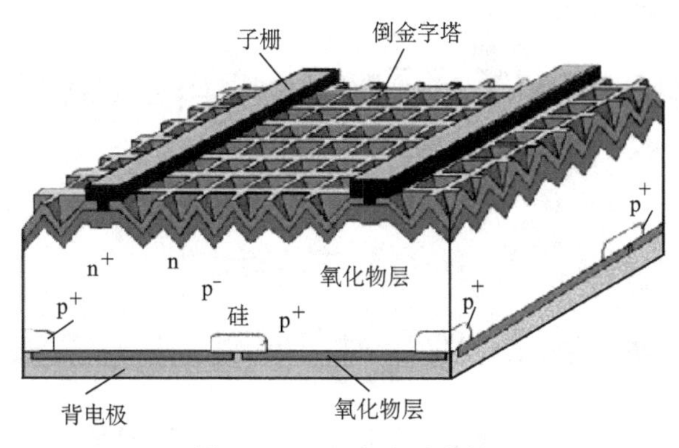

图 3-30　PERL 电池结构

（1）电池正面采用“倒金字塔”形。这种结构受光效果优于绒面结构，具有很低的反射率，从而提高了电池的短路电流密度 J_{SC}。

（2）淡磷、浓磷的分区扩散。栅电极下的浓磷扩散可以减少栅电极接触电阻；而受光区域的淡磷扩散能满足横向电阻功耗小且短波响应好的要求。

（3）背面进行定域、小面积的硼扩散 p^+ 区。这会减少背电极的接触电阻，又增加硼背面场，蒸铝的背电极本身又是很好的背反射器，从而进一步提高了电池的转换效率。

（4）双面钝化。发射极的表面钝化降低表面态，同时减少了前表面的少子复合。而背面钝化使反向饱和电流密度下降，同时光谱响应也得到改善。

但是这种电池的制造过程相当烦琐，涉及好几道光刻工艺，所以是一种成本较高的生产工艺。

高效电池还有如 SunPower 公司采用丝网印刷工艺的低成本背面点接触电池，效率已达 22%；松下公司（原三洋公司）的 HIT 电池，效率达到 24.7%；德国 Konstanz ISEC 采用 n 型 ZEBRA IBC 技术的双面电池达到了 21.1%的效率，背面的光照可得到 20%额外的输出功率；阿特斯阳光电力有限公司制备的高效表面结构——陷光结构的“黑硅”太阳能电池效率已经超过了 18%，并且还有较高的效率提升空间。

3.4.2　提高晶硅太阳能电池效率的方法

只有尽量减少损失才能开发出高效的太阳能电池，影响晶硅太阳能电池转换效率的原因主要来自两个方面：一是光学损失，包括电池前表面反射损失、接触栅线的阴影损失以及长波段的非吸收损失；二是电学损失，包括半导体表面及体内的光生载流子复合、半导体和金属栅线的接触电阻等损失，如图 3-31 所示。

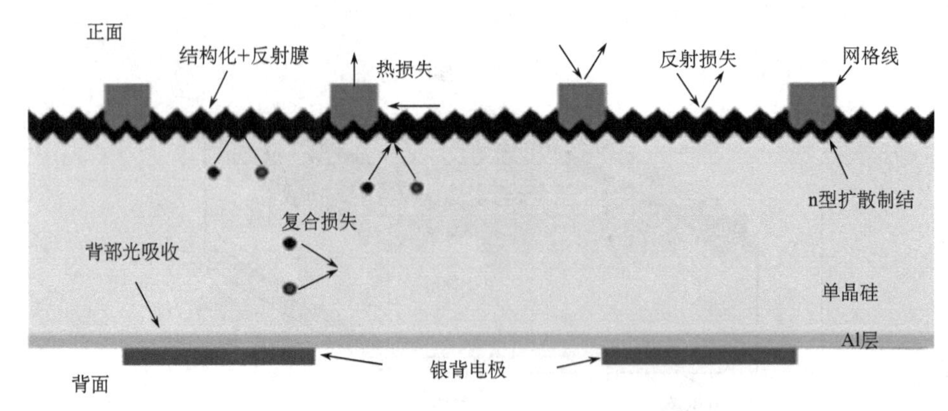

图 3-31 普通硅太阳能电池的多种损失机制

这其中最关键的是降低光生载流子的复合，它直接影响太阳能电池的开路电压。光生载流子的复合主要是由于高浓度的扩散层在前表面引入大量的复合中心。此外，当少数载流子的扩散长度与硅片的厚度相当或超过硅片厚度时，背表面的复合速度对太阳能电池特性的影响也很明显。

围绕提高晶硅太阳能电池的转换效率，目前正在采用的有效技术如下。

（1）优化晶体硅材料。太阳能电池的效率与硅材料的电阻率及少子寿命有着极其密切的联系，理论和实践都证明 0.5～3Ω·cm 的工业生产直拉单晶硅片及铸锭多晶硅片都可以有很好的效果。

（2）高方阻技术。采用均匀高方阻技术，高方阻 pn 结具有高表面活性磷浓度、低非活性磷浓度、深结的特点。

（3）先进的金属化技术。为了降低栅线遮挡造成的电池效率损失，可以缩小细栅的宽度，采用超细主栅或无主栅、背面接触、栅线内反射、选择性扩散、激光刻槽埋栅电池等技术。

（4）光陷阱结构。高效单晶硅太阳能电池采用化学腐蚀制绒技术，制得绒面的反射率可达到 10%以下。目前较为先进的制绒技术是反应等离子蚀刻（RIE）技术，该技术的优点是和晶硅的晶向无关，适用于较薄的硅片。

（5）减反射膜。晶硅太阳能电池一般可以采用 TiO_2、SiO_2、SnO_2、ZnS、MgF_2单层或双层减反射膜。在制好绒面的电池表面上蒸镀减反射膜后可以使反射率降至 2%左右。

（6）钝化层。钝化工艺可以有效地减弱光生载流子在某些区域的复合，一般高效太阳能电池可采用热氧钝化、原子氢钝化，或利用磷、硼、铝表面扩散进行钝化。如金属电极和硅界面处载流子的复合速度非常快，可以达到 10^6cm/s，而二氧化硅（SiO_2）膜和硅界面载流子的复合速度可减至 10～100cm/s，在太阳能电池表面和背面形成氧化膜能够减少载流子复合的损耗。

（7）增加背场。沉积金属接触之前，电池的背面 p 型材料上先扩散一层 p^+ 浓掺杂层，形成 p^+/p 的结构，在 p^+/p 的界面就产生了一个由 p 区指向 p^+ 的内建电场，如图 3-32 所示。由于内建电场所分离出的光生载流子的积累，形成一个以 p^+ 端为正、p 端为负的光生电压，这个光生电压与电池结构本身的 pn 结两端的光生电压极性相同，从而提高了开路电压 V_{OC}。同时由于背电场的存在，光生载流子加速，这也可以看成增加了载流子的有效扩散长度，因而增加了这部分少子的收集概率，短路电流密度 J_{SC} 也就得到提高。

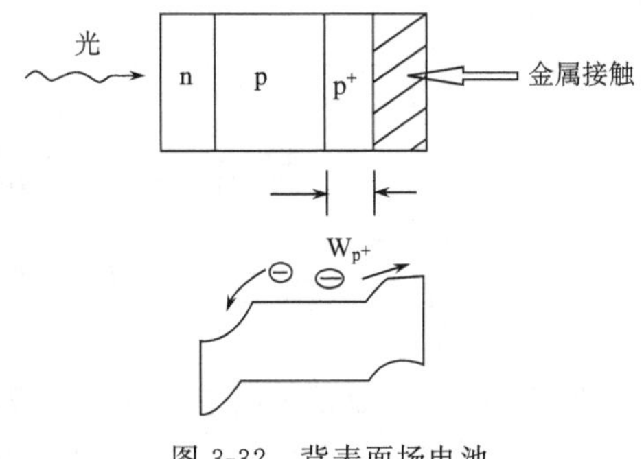

图 3-32　背表面场电池

（8）改善基体材料。选用优质硅材料，如 n 型硅具有载流子寿命长、制结后硼氧反应小、电导率好、饱和电流低等优点。

思　考　题

3.1　简述太阳能电池的分类。

3.2　为获得最高效率，设计单结太阳能电池时，应注意哪几项原则？

3.3　如何减少太阳能电池的光学损耗？

3.4　试述一个高效的太阳能电池应该从哪几方面进行优化设计。

3.5　试述影响太阳能电池转换效率的主要因素。

3.6　试述太阳能电池顶电极的作用和设计。

3.7　试用 TFcale 软件优化设计晶硅太阳能电池的单层、双层和三层减反射膜。

3.8　用 PC1D 软件模拟总结太阳能电池各参数对电池性能的影响。

第 4 章　薄膜太阳能电池

4.1　薄膜太阳能电池的特性

薄膜太阳能电池是可以使用价格低廉的玻璃、塑料、陶瓷、石墨、金属片等不同材料作为基底、完成光电转换、产生电压的薄膜。薄膜太阳能电池厚度仅需数微米，具有可挠性，可以制作成非平面构造，应用于太阳能背包、敞篷、手电筒、汽车、帆船甚至飞机上。薄膜太阳能电池的一个重要应用领域是光伏建筑，它可以集成在窗户、屋顶、外墙或内墙上，与建筑物结合或变成建筑体的一部分，应用非常广泛。

用于构成薄膜太阳能电池的材料很多，包括无机薄膜太阳能电池（如以非晶硅薄膜太阳能电池为代表的硅系薄膜太阳能电池、以铜铟镓硒太阳能电池为代表的黄铜矿系太阳能电池、以碲化镉太阳能电池为代表的Ⅱ-Ⅵ族太阳能电池、以砷化镓太阳能电池为代表的Ⅲ-Ⅴ太阳能电池）、有机薄膜太阳能电池（如有机小分子太阳能电池、聚合物太阳能电池）、染料敏化太阳能电池和正在研发中的各种新概念与新结构的高效太阳能电池等，用这些材料制备的太阳能电池厚度都在 1μm 左右。

吸收系数是各种半导体作为太阳能电池材料的重要参数，吸收系数越大，光吸收层越薄。薄膜太阳能电池材料的吸收一般都比较大，1μm 厚度的半导体薄层基本上就能吸收 90%以上的太阳光。一般薄膜太阳能电池材料都必须是直接带隙材料，具有间接带隙的晶硅不适合薄膜电池，因为要充分吸收太阳光需要 300μm 以

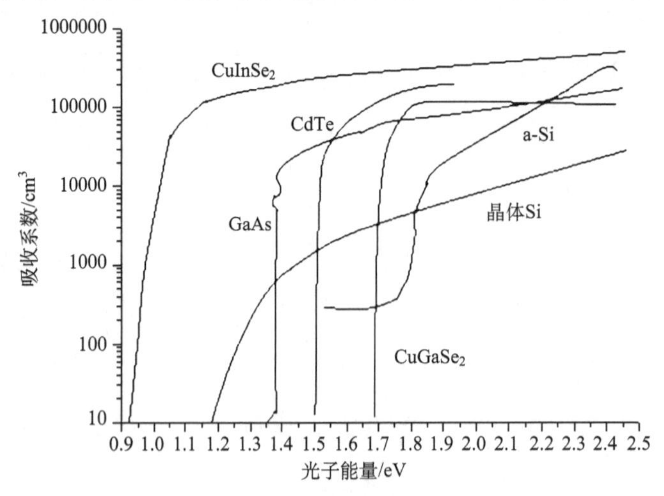

图 4-1　太阳能电池常用半导体材料的吸收系数

上的厚度。图 4-1 为太阳能电池常用的各种半导体材料的吸收系数。

薄膜太阳能电池和组件是由嵌在顶部的透明导电氧化物（transparent conducting oxide，TCO）涂层和后部背板之间一系列极薄的感光层组成的，感光层沉积在镀膜 TCO 玻璃和成本较低的基底材料之间。几乎所有薄膜太阳能电池都需要 TCO 薄膜或 TCO 镀膜玻璃，因为对于薄膜太阳能电池，中间半导体层几乎没有横向导电性能，必须使用透明导电氧化物薄膜收集电池的电流。

4.1.1 TCO 薄膜分类

衡量透明导电膜的质量主要有以下三个指标。

（1）电导率。透明导电膜本身是电池的正电极，为了收集从电池发出的电流，希望 TCO 有低的电阻值，减少焦耳热损耗。导电薄膜的导电原理是在原本导电能力很弱的本征半导体中掺入微量的其他元素，使半导体的导电性能发生显著变化。氧化铟锡（indium tin oxide，ITO）透明导电膜就是将锡元素掺入氧化铟中，提高导电率，它的导电性能在目前是最好的，最低电阻率达 $10^{-5}\Omega\cdot cm$ 量级。

（2）光透过率。透明导电膜作为光通过的窗口，必须具有高透和减反射的性能，能让大部分光进入吸收层。因此它在可视区域内必须是透明的，基础吸收端必须小于 0.4μm，即带隙在 3eV 以上。

（3）透明电导膜表面的绒面织构（texture）。为了有效利用太阳光，需要把表面做成凹凸织构，以减少反射损耗，绒面质量决定光的散射效果。

透明导电氧化物的镀膜原料和工艺很多，通过科学研究进行不断地筛选，目前主要有氧化铟（In_2O_3）、氧化锡（SnO_2）、氧化锌（ZnO）三种 TCO 与太阳能电池的性能要求相匹配，这些全都是带隙在 3eV 以上的材料。

①ITO。添加 Sn 后的 In_2O_3 为氧化铟锡（ITO），是氧化锰铁结构的 n 型半导体。在氧化物导电膜中，以 ITO 膜的透过率最高和导电性能最好，其透过率已达 90%以上，ITO 膜能得到 $10^{21}cm^{-3}$ 以上的高自由电子浓度，最佳成膜条件下可以得到 $1\times10^{-4}\Omega\cdot cm$ 的低电阻率，而且它容易在酸液中蚀刻出微细的图形。ITO 中其透过率和阻值分别由 In_2O_3 与 Sn_2O_3 的比例来控制，通常 $SnO_2:In_2O_3=1:9$。但它织构化比较困难、In 扩散导致电池特性降低、无法达到高效率，因此可用于计算器等民用太阳能电池。

②FTO。氟掺杂氧化锡 SnO_2（fluorine-doped tin oxide，FTO）是红宝石结构的 n 型半导体，自由电子浓度最大为 $5\times10^{20}cm^{-3}$，电阻率约为 $3\times10^{-4}\Omega\cdot cm$，比 ITO 高，易得到低自由电子浓度的膜且具有高透过率。其导电性能虽然比 ITO 略差，但具有成本相对较低、激光刻蚀容易、光学性能适宜等优点。

③AZO。氧化锌（ZnO）是近年来开发盛行的 n 型半导体，其电阻率在 ITO 膜和 FTO 膜之间，为 $2\times10^{-4}\Omega\cdot cm$。氧化锌在氢气等离子体条件下较为稳定，且透光率较高。本征氧化锌的主要问题是电导率不够高。为了解决这样的问题，人

们采用掺杂的方法来增加其电导率。常用的掺杂元素是铝（Al）或镓（Ga）。其中铝掺杂的氧化锌（AZO）薄膜研究较为广泛，它可以用不同种类的含有 ZnO 和 Al 的靶溅射而成，Al 在 ZnO 中作为施主。为了提高光的散射效应，人们利用化学刻蚀的方法增加氧化锌的粗糙度。它的突出优势是原料易得，制造成本低廉，无毒，易于实现掺杂，且在等离子体中稳定性好。氧化锌基薄膜的研究进展迅速，材料性能已可与 ITO 相比拟，结构为六方纤锌矿型，预计会很快成为新型的光伏 TCO 产品，目前主要存在的问题是工业化大面积镀膜时的技术问题。

4.1.2 TCO 玻璃

TCO（transparent conducting oxide）玻璃，即透明导电氧化物镀膜玻璃，是在平板玻璃表面通过物理或者化学镀膜的方法均匀镀上一层透明的导电氧化物薄膜，主要包括 In、Sn、Zn 和 Cd 的氧化物及其复合多元氧化物薄膜材料。TCO 玻璃是制造薄膜太阳能电池的关键原材料之一，薄膜太阳能电池的发展在一定程度上依赖光伏 TCO 玻璃的改进程度，两者相辅相成。

太阳能电池对 TCO 玻璃的性能要求除了上述提及的 TCO 薄膜应该具备的高光谱透过率和优良的导电性能外，还需要满足以下三点。

（1）雾度（haze）。为了增加薄膜太阳能电池半导体层吸收光的能力，光伏用 TCO 玻璃需要提高对透射光的散射能力，这一能力用雾度来表示。雾度即透明或半透明材料的内部或表面由于光漫射造成的云雾状或混浊的外观。以漫射的光通量与透过材料的光通量之比的百分数表示。一般情况下，普通镀膜玻璃要求膜层表面越光滑越好，雾度越小越好，但光伏用 TCO 玻璃则要求有一定的光散射能力。目前，雾度控制比较好的商业化 TCO 玻璃是 AFG 的 PV-TCO 玻璃，雾度值一般为 11%～15%。

（2）激光刻蚀性能。薄膜太阳能电池在制作过程中，需要将表面划分成多个长条状的电池组，这些电池组被串联起来用于提高输出能效。因此，TCO 玻璃在镀半导体膜之前，必须对表面的导电膜进行刻划，被刻蚀掉的部分必须完全除去氧化物导电膜层，以保持绝缘。

（3）耐气候性与耐久性。TCO 膜层必须具有良好的耐磨性、耐酸碱性。因为太阳能电池安装后，尤其是光伏一体化建筑安装在房顶和幕墙上时，不适于经常维修更换，这就要求太阳能电池具有良好的耐久性，目前，行业内通用的保质期是 20 年以上。因此，TCO 玻璃的保质期也必须达到 20 年以上。

TCO 镀膜玻璃按镀膜工艺可分为在线镀膜 TCO 玻璃和离线镀膜 TCO 玻璃。当前 TCO 镀膜玻璃的镀膜工艺主要采用的是化学气相沉积法（CVD）与磁控溅射法（MS）。化学气相沉积法又分为在线化学气相沉积法、离线化学气相沉积法与低压化学气相沉积法。在线化学气相沉积法是目前光伏 TCO 镀膜的主要方式，它是在浮法玻璃生产线锡槽的上方安装镀膜设备，在浮法玻璃生产过程中，当玻璃处于接近 700℃高温时，在玻璃表面沉积金属氧化物薄膜，通过化学键结合，成为玻璃表面一部分。其主要特点是生产过程中直接产生雾度，可以生产大尺寸的玻璃，膜层稳定性好，耐酸碱性能突出，易于搬运。

太阳能光伏玻璃按常用膜层成分可分为 ITO（氧化铟锡）TCO 玻璃、FTO（氟掺杂氧化锡）TCO 玻璃、AZO（铝掺杂氧化锌）TCO 玻璃。ITO 镀膜玻璃是一种非常成熟的产品，具有透过率高、膜层牢固、导电性好等特点，初期曾应用于光伏电池的前电极。但随着光吸收性能要求的提高，TCO 玻璃必须具备提高光散射的能力，而 ITO 镀膜很难做到这一点，并且激光刻蚀性能也较差。铟为稀有元素，在自然界中储存量少，价格较高。ITO 应用于太阳能电池时在等离子体中不够稳定，因此目前 ITO 镀膜已非光伏电池主流的电极玻璃。

氟掺杂 SnO_2 镀膜玻璃也简称 FTO 玻璃，目前主要用于生产建筑用 Low-E 玻璃（低辐射玻璃）。其导电性能比 ITO 略差，且 F 有毒。但具有成本相对较低、激光刻蚀容易、光学性能适宜等优点。通过对普通 Low-E 玻璃的生产技术升级改进，已经制造出导电性比普通 Low-E 玻璃好，并且带有雾度的产品。利用这一技术生产的 TCO 玻璃已经成为薄膜太阳能电池的主流产品。

AZO 玻璃由于原材料丰富，制造成本低廉无毒，易于实现掺杂，成为目前发展最迅速、前景最好的 TCO 玻璃，但 AZO 玻璃附着性差，易于潮解，制约它的应用推广。

为了增加光的吸收，可以把 TCO 薄膜和减反射膜（AR）依次镀在平板玻璃上，从而获得高的透过率和好的导电性，图 4-2 为镀制三层减反射膜的光伏玻璃图。三层膜中，ITO（$n=2$）厚度一定，只能靠调节 SiO_2（$n=1.4$）和 TiO_2（$n=$

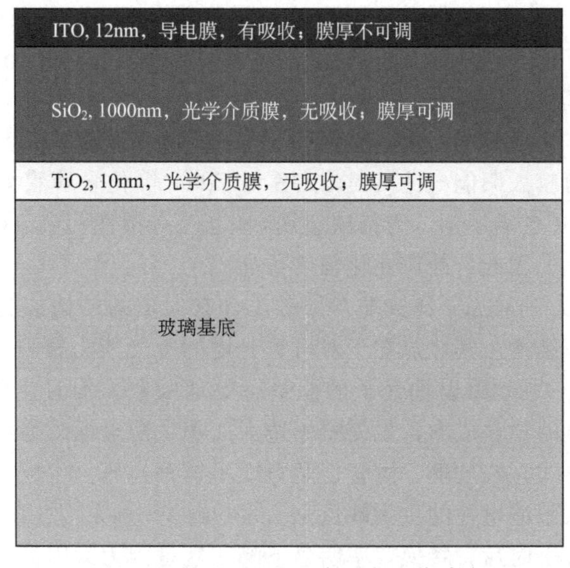

图 4-2　镀制三层减反射膜的光伏玻璃

2.4）厚度获得增透效果，但前提是保证 SiO_2 和 TiO_2 的折射率和极低的吸收率。

4.2 硅基薄膜太阳能电池

4.2.1 硅基薄膜太阳能电池的特点

硅基薄膜太阳能电池是所有以硅为主要材料的薄膜类太阳能电池的总称。硅基薄膜太阳能电池包括非晶硅薄膜太阳能电池、微晶硅薄膜太阳能电池、多晶硅薄膜太阳能电池和纳米晶硅太阳能电池等种类，目前市场上主要是非晶硅薄膜太阳能电池产品。硅基薄膜太阳能电池相对于晶硅太阳能电池优势如下。

（1）材料省，成本低。①硅基薄膜太阳能电池主要原材料是硅烷、硼烷等多种气体，硅用量是普通晶硅太阳能电池的1/100；②便于采用玻璃、不锈钢等廉价原材料作衬底，不会受到原料短缺的限制；③工艺集成度高，适宜大规模自动化生产，极大降低了成本。

（2）弱光性好。非晶硅电池弱光性好，尤其是其叠层结构设计可使光谱响应从可见光扩展到红外线区域，具有更加宽频的光谱能量吸收，使电池在弱光环境或散射光、阴、云、雨天环境条件下也能发电。

（3）高温适应性好。具有更低的耐高温衰减系数（仅为晶硅的一半），适用于高温、沙漠及潮湿地区等严苛条件下的应用环境，表现出耐高温、耐潮湿的品质稳定性。

（4）能源回收期短。其制备节省了许多流程工序，采用低温工艺技术，确保了品质稳定和一致性；便于使用廉价衬底，并极大节省了昂贵的半导体材料，有利于节能降耗，能量回收期短。

（5）应用范围广。可根据需要制作成不同的透光率，代替玻璃幕墙。既漂亮、能发电，又能很好地阻挡外部红外线进入和内部热能散失；由于弱光效应，对安装角度要求不强，既适用于强光、直射光，也适合散射光和反射光，在金太阳示范工程和光电建筑一体化项目应用上具有无可比拟的潜力和优越性。

此外，硅基薄膜太阳能电池相对CIGS和CdTe等化合薄膜太阳能电池，不存在原材料稀缺（CIGS需要铟，为稀缺金属），也没有毒性污染（CdTe中有镉，为有毒物质）等缺陷，因此目前产业化程度最高。

非晶硅（a-Si）的硅原子排列非常松散，含有大量的结构或键结上的缺陷，类似玻璃的非平衡态结构。其优点在于对可见光谱的吸光能力很强（比结晶硅强500倍），只需薄薄的一层就可以把光子的能量有效地吸收，而且生产技术非常成熟，不仅可以节省大量的材料成本，也使得制造大面积太阳电池成为可能。一般由溅射或化学气相沉积方式，在玻璃、陶瓷、塑料或不锈钢衬底上生成。

非晶硅薄膜太阳能电池的重大缺点是Staebler-Wronski效应（简称SWE）。即被太阳光照射数百小时后，转换效率明显下降。这是因为太阳光打断一些键结较弱的硅原子共价键，使得悬浮键的数目随着光照时间而增多。据研究，悬浮键缺陷的生成速度，会随着光照度的平方成比例增加，不过通常在经过1000h后，劣化程度达到饱和值，不会进一步劣化。据研究，一个单一结面的非晶硅薄膜太阳能电池在被太阳光照射1000h后，效率比起始值低30%左右，一个三层结面的则会下降15%左右。

不过这种光劣化现象并不会出现永久性的崩溃，而是一种可逆反应，将已发生光劣化的a-Si电池在160℃左右的温度进行数分钟的退火处理，即可回到原先状态。

4.2.2 硅基薄膜太阳能电池结构

硅基薄膜太阳能电池所用的材料通常是非晶或微晶材料，材料中载流子的迁移率和寿命，都比在相应的硅体材料中低很多，载流子的扩散长度也比较短，如果选用通常的pn结的电池结构，光生载流子在扩散到结区之前就会被复合。为了解决这一问题，硅基薄膜太阳能电池常含有一个本质层，鉴于掺杂层内缺陷态浓度很高，当太阳光照射到电池上时，光生载流子主要产生在本征层中。图4-3为非晶硅薄膜太阳能电池通常的两种结构，即p-i-n和n-i-p结构，p层和n层分别是硼掺杂和磷掺杂的材料，i层是本征材料。

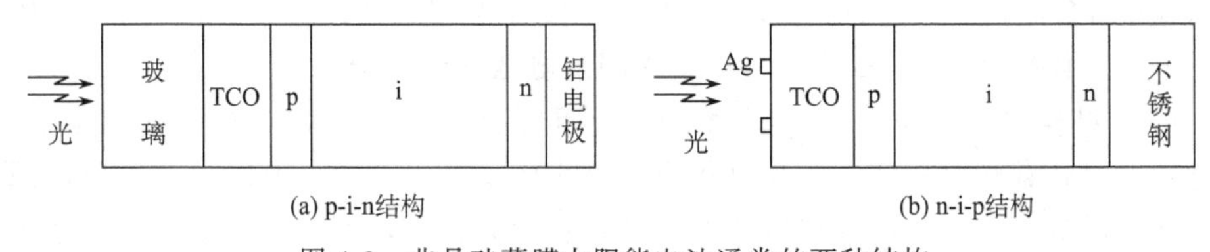

图4-3 非晶硅薄膜太阳能电池通常的两种结构

p-i-n结构一般在玻璃上，以p、i、n的顺序连续淀积各层而得。由于光是透过玻璃入射到太阳电池的，所以人们也将玻璃称为衬顶，在玻璃上先淀积一层透明导电膜（TCO）。透明导电膜有两个作用：其一是让光通过玻璃进入太阳能电池，其二是作提供收集电流的电极（称顶电极），如图4-3（a）所示。

p层通常采用非晶碳化硅合金（a-SiC∶H），因为开路电压Voc是太阳电池的重要参数之一，它除了取决于本征层的带隙和本征层的质量外，还取决于掺杂层的特性，特别是掺杂浓度，尤其是p层掺杂浓度。为了增加开路电压，人们通常采用非晶碳化硅合金（a-SiC∶H）或微晶硅（uc-Si∶H）作为p层材料。由于非晶碳化硅合金的带隙比非晶硅宽，其透过率比通常的p型非晶硅高，所以p型非晶碳化硅合金也称窗口材料。

使用p型非晶碳化硅合金可以有效地提高电池的开路电压和短路电流，但p型非晶碳化硅合金和本征非晶硅在p/i界面存在带隙的不连续性，在界面处容易产生界面缺陷，从而产生界面复合，降低电池的填充因子（FF）。为了降低界面缺陷密度，一般采用一个缓变的碳过渡层（buffer layer），这样可以有效降低界面态密度，提高填充因子。在过渡层上面可以直接沉积本征非晶硅层，然后沉积 n 层。

背电极可以直接沉积在 n 层上，常用的背电极是铝和银。银的反射率比铝高，使用银电极可以提高电池的短路电流，实验室中常采用银做背电极。但银的成本比铝高，而且在电流的长期可靠性方面存在一些问题，在大批量非晶硅太阳电池的生产中铝电极仍然是常用的。

为了提高光在背电极的有效散射，在沉积背电极之前可以在 n 层上沉积一层氧化锌（ZnO）。氧化锌有两个作用，首先它有一定的粗糙度，可以增加光散射，其次它可以起到阻挡金属离子扩散到半导体中的作用，从而避免由于金属离子扩散所引起的电池短路。

n-i-p 结构电池如图 4-3（b）所示，通常是沉积在不透明的衬底如不锈钢和塑料上。由于硅基薄膜中空穴的迁移率比电子的小近两个数量级，所以硅基薄膜太阳能电池的 p 区应该生长在靠近受光面的一侧。沉积顺序为先在衬底上沉积背反射膜，在背反射膜上依次沉积 n 型、i 型和 p 型非晶硅或微晶硅材料，然后在 p 层上沉积透明导电膜。常用的透明导电膜是氧化铟锡（ITO），很薄，一般仅为 70nm，在 ITO 上面添加金属栅线，以增加光电流的收集率。常用的背反射膜包括银/氧化锌（Ag/ZnO）和铝/氧化锌（Al/ZnO），同样考虑到成本因素，银/氧化锌常用在实验室中，而铝/氧化锌多用在大批量太阳能电池的生产中。

n-i-p 结构的优点为：①n 层沉积在背反射膜上，由于通常的背反射膜是金属/氧化锌，氧化锌相对稳定，不易被等离子体中的氢离子刻蚀，所以 n 层可以使用非晶硅或微晶硅。②电子的迁移率比空穴的迁移率高得多，所以 n 层的沉积参数范围比较宽。③p 层沉积在本征层上，可以用微晶硅。使用微晶硅 p 层有许多优点，如微晶硅对短波吸收系数比非晶硅小，电池的短波响应好；使用微晶硅 p 层可以有效地提高电池的开路电压。

n-i-p 结构也有缺点：①由于要在顶电极 ITO 上加金属栅电极以增加电流的收集率，所以电池的有效受光面积会减小。②由于 ITO 的厚度很薄，ITO 本身很难具有粗糙的绒面结构，所以这种电池的光散射效应主要取决于背反射膜的绒面结构，因此对背反射膜的要求比较高。

4.2.3 硅基薄膜太阳能电池制备

以玻璃为衬底的硅基薄膜太阳能电池和组件的生产分为以下几个步骤。

（1）制备透明导电膜。以玻璃为衬底的硅基薄膜太阳能电池的首道工序是制备透明导电膜。为了阻挡金属离子扩散到半导体材料中，在沉积透明导电膜之前要先在玻璃上沉积一层二氧化硅，厚度在 50nm 左右，然后用热分解或溅射等方法沉积透明导电膜（常用氧化锡）。由于太阳电池需要大量的透明导电膜，有专门的公司生产透明导电膜。

（2）透明导电膜的激光切割。在沉积非晶硅或微晶硅之前，先用激光将透明导电膜刻成相互绝缘的条形电极，如图 4-4 所示。电极宽度通常为 1cm 左右，激光刻蚀的刻痕宽度为 10～20μm，所用激光器常为 1064nm 波长的红外激光器。

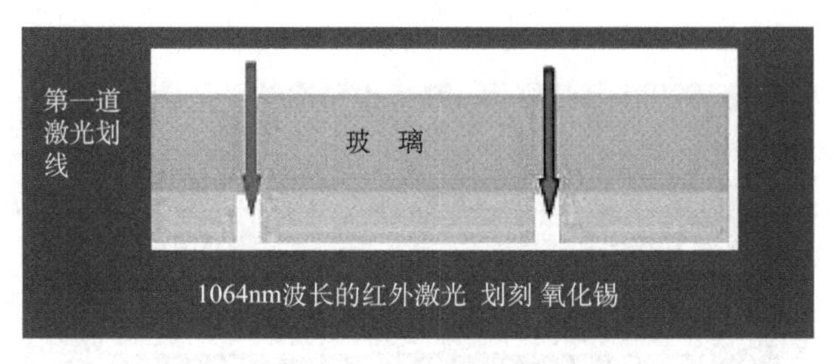

图 4-4　透明导电膜的激光切割

（3）非晶硅电池的沉积。非晶硅薄膜的沉积设备是整个生产线中最重要的设备，其中最简单的是单室设备，即非晶硅电池的 p-i-n 层都在同一反应室内沉积。如美国 EPV 公司设计的单室设备，可以同时装入 48 片玻璃衬底，太阳电池中所有不同层都在同一反应室内沉积。

单室沉积的优点是成本低，运行稳定，相应的太阳能电池的成本也低。缺点是反应气体的交叉污染，如 p 层的生长过程中需要含硼的气体，常用的气体是硼烷（B_2H_6）、三甲基硼（$B(CH_3)_3$）或三氟化硼（BF_3）。在沉积完 p 层后，反应室中总是会有一定含硼的残留气体，这些残留气体影响本征层的质量。同样 n 层的沉积过程需要含磷的气体，如磷烷（PH_3）。在沉积完 n 层后，残留的含磷气体也会对下结电池的 p 层产生一定的影响。为了将交叉污染的影响降低，在每层沉积后要用氢气对反应室进行冲洗。

多室反应系统是生产高效硅基薄膜电池的重要手段，如图 4-5 所示。多室系统可以有效避免反应气体的交叉污染，降低本征层中的杂质含量，提高太阳电池的效率。多室系统的缺点是设备成本高，需要维护的部件多。对于生产规模较大的企业，多室分离沉积系统是以玻璃为衬底的硅基薄膜太阳能电池的重要沉积设备。

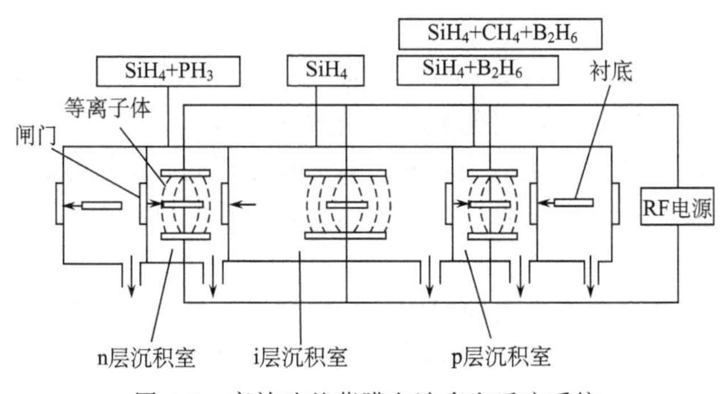

图 4-5　高效硅基薄膜电池多室反应系统

(4) 非晶硅层的激光切割。为了提高电池的电压，通常采用激光刻蚀的方法将大面积的电池分割成较窄的电池条，然后将每一条电池串联起来。薄膜硅的激光切割线要接近透明导电膜的切割线，如离透明导电膜的切割线 10μm 左右，如图 4-6 所示。

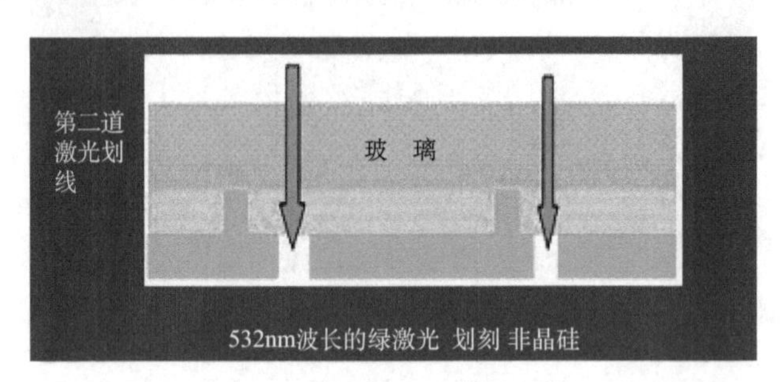

图 4-6　非晶硅层的激光切割

(5) 金属背电极的沉积。在完成第二次激光切割后，一般使用溅射法进行金属背电极的沉积。在被激光刻蚀的硅薄膜处，金属背电极与前面透明导电膜相连接。

(6) 金属背电极的激光切割。在完成背电极的沉积后，在靠近第二道激光划线处进行第三次激光切割，将背电极和薄膜硅层一同切开，这样就实现了每条电池间的串联，如图 4-7 所示。

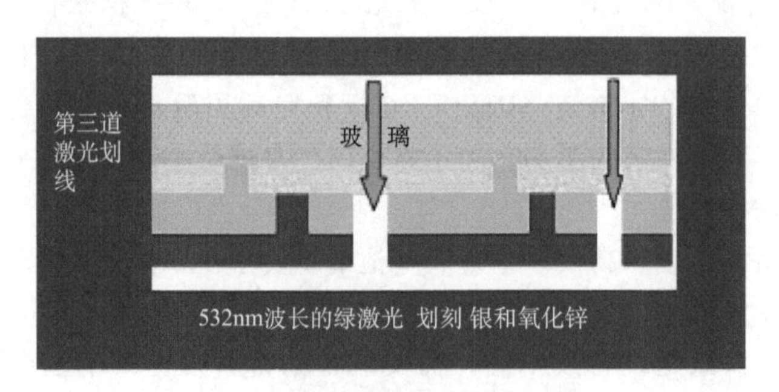

图 4-7　金属背电极的激光切割

(7) 边缘绝缘处理。在电池的边缘还要进行最后一次激光切割，将背电极、薄膜硅和透明导电膜一同切掉，实现电池与周边的绝缘。

(8) 清洗和漏电流的钝化。在完成所有的激光切刻后要进行超声波清洗，将激光切刻的残留物清除。之后还要进行电池的钝化，利用反向偏压产生的电流将所有的短路区烧掉。

(9) 测试。特性测试指在大面积太阳模拟器下测量电池的电性能参数，如短路电流、开路电压和填充因子，并将不合格的产品去除。

(10) 封装。电池的封装包括利用乙烯-醋酸乙烯共聚物（EVA）将另一块玻璃封装到电池板上，将电池接上引线，装上框架等。

（11）测试。在出厂之前还要进行电池特性的测量。

太阳能电池生产是一个复杂的过程，任何工艺过程中的失控都会影响产品的质量，因此生产过程中的在线监测和控制是非常重要的，特别是非晶硅和微晶硅各层的沉积过程必须严格稳定地控制，除了通常的监测等离子体的偏压外，人们还利用监测等离子体发光光谱（OES）来监测等离子体的稳定性。

4.2.4 多结硅基薄膜太阳能电池

太阳光具有很宽的光谱，一种带隙的半导体材料不能有效地利用所有太阳光子的能量。一方面光子能量小于半导体带隙的光在半导体中的吸收系数很小，对于太阳电池的转换效率没有贡献；另一方面光子能量远大于带隙的光，有效的能量只是带隙的部分，大于带隙的部分能量通过热电子的形式损失掉。基于这种原理，多结电池可以有效地利用不同能量的光子。在以非晶硅、非晶锗硅合金和微晶硅为吸收材料的太阳电池中，多采用双结或三结的电池结构。图 4-8 为某公司开发研究的单结、双结和三结非晶硅太阳能电池结构示意图。图 4-9为三结非晶硅太阳能电池的结构原理图。

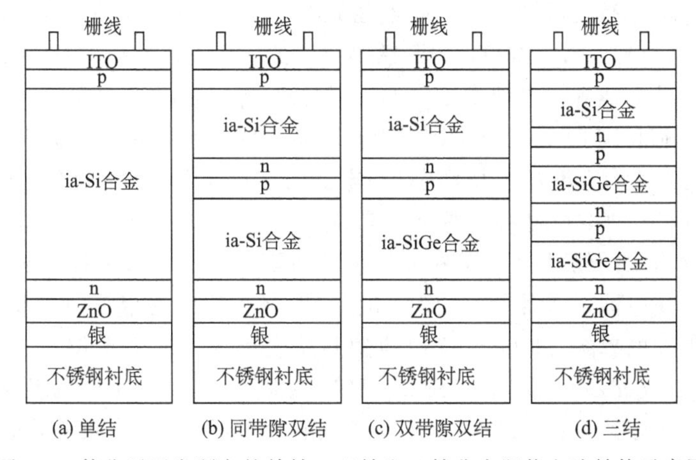

图 4-8 某公司开发研究的单结、双结和三结非太阳能电池结构示意图

其顶电池的本征层通常选择带隙较宽的非晶硅。在早期的研究中人们也曾采用过非晶碳化硅合金作为顶电池的本征层，但是由于其缺陷态密度太高，电池的转换效率太低，所以目前已经很少有人采用非晶碳化硅合金。底层电池的本征层理论上应选带隙小的材料，早期使用的窄带隙材料为非晶锗硅合金。自从微晶硅作为太阳电池的本征层以来，微晶硅作为多结电池中底电池的本征层得到了深入的研究。然而由于许多技术上的困难，目前微晶硅还处于实验室阶段。

非晶硅/非晶硅（a-Si：H/a-Si：H）双结太阳能电池不仅是最简单的多结电

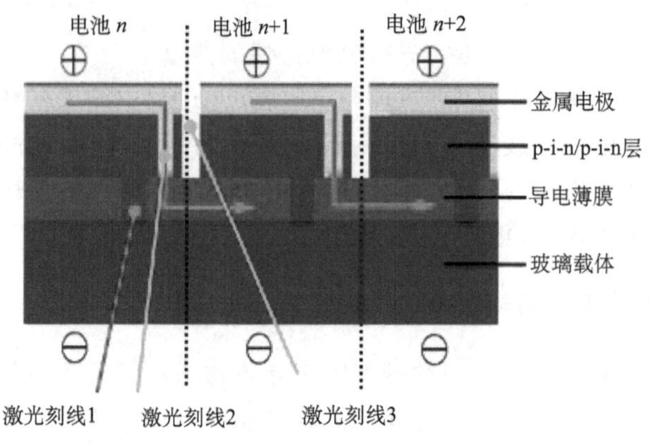

图 4-9　三结非晶硅太阳能电池的结构原理图

池，而且是目前大规模生产中被广泛采用的一种器件结构。虽然其顶电池和底电池都是非晶硅，但是通过调整本征层的沉积参数可以使其带隙有所不同。一般顶电池的本征层在较低的衬底温度下沉积，低温下材料中氢的含量较高，禁带较宽。底电池的本征层在相对高的衬底温度下沉积，高温材料中氢的含量较低，材料的带隙较小。为了使底电池有足够的电流，底电池的本征层要比顶电池的本征层厚得多，例如，镀有银/氧化锌（Ag/ZnO）的不锈钢衬底的 a-Si∶H n-i-p/a-Si∶H n-i-p 双结太阳能电池，顶电池和底电池本征层的厚度分别为 100nm 和 300nm 左右。

限制 a-Si∶H/a-Si∶H 双结太阳能电池转换效率的主要参数是短路电流，主要问题是底电池的波长响应不好，为了提高底电池的波长响应，非晶锗硅合金（a-SiGe∶H）是理想的底电池本征材料。通过调节等离子体中硅烷（或乙硅烷）和锗烷的比率可以调节材料中的锗硅比从而调节材料的带隙。对于 a-Si∶H/a-SiGe∶H 双结太阳能电池的底电池，最佳锗硅比为 15%～20%，相应的带隙为 1.6eV 左右。利用这种材料得到的单结 a-SiGe∶H 电池的开路电压为 0.75～0.8V，短路电流密度可达 21～22mA/cm^2。利用这种 a-SiGe∶H 底电池和 a-Si∶H 顶电池组成的双结太阳能电池的总电流密度为 22～23mA/cm^2。美国联合太阳能公司所报道的最佳 a-Si∶H/a-SiGe∶H 的初始和稳定转换效率分别为 14.4%和 12.4%。

为了进一步提高太阳能电池的效率，三结电池成为研究的对象。早在 20 世纪 80 年代，美国能源转换器件（ECD）公司就开始了 a-Si∶H/a-SiGe∶H/a-SiGe∶H 三结太阳能电池的研究。三结太阳能电池可以有效利用太阳光谱，光谱响应可以覆盖整个 300～950nm 光谱区。三结太阳能电池中三个单结电池的填充因子不同，顶电池是很薄的非晶硅电池，其本征层中的缺陷态密度比非晶锗硅中缺陷态密度低，而底电池的本征层中锗的含量比中间电池本征层的锗含量高，相应的缺陷态密度高，所以底电池的填充因子最低。因为 a-Si∶H/a-SiGe∶H/a-SiGe∶H 三结太阳能电池效率高、稳定性好，已被美国联合太阳能公司用在大规模太阳能电池的生产中。

4.3 无机化合物薄膜太阳能电池

元素半导体仅有锗、硅、碳、硒、碲五种，其中只有硅是优良的太阳能电池材料。化合物半导体的数量比元素半导体多得多，如二元系半导体的带隙变化范围大，砷化镓、锑化铝、磷化铟、碲化镉的能隙与太阳光匹配好，制备成同质结太阳能电池的理论转换效率高，是很有前景的光伏材料。三元系半导体能在较大范围内调制带隙，形成异质结时通过能隙的调制，能与太阳光有更好的匹配，既扩展了光谱响应范围，也有很好的结特性，在取得高转换效率上具有明显的优势。

化合物半导体材料多为直接带隙，光吸收系数高，仅数微米就可以制备高效率太阳能电池。它们的带隙一般比较大，做成的太阳能电池抗辐射能力高于晶硅电池。但作为太阳电池材料的化合物半导体薄膜几乎都是多晶薄膜，晶粒结构和化学组分两方面的复杂性，给研究开发带来一定的难度。

4.3.1 Ⅲ-Ⅴ族化合物太阳能电池

周期表中Ⅲ族元素与Ⅴ族元素形成的化合物简称Ⅲ-Ⅴ族化合物，是具有直接能隙的半导体材料，仅 2μm 厚的材料，就可以在 AM1 的辐射条件下吸光 97%左右，达到超过 30%以上的转换效率，特别适于在太空卫星的能源系统上使用。

Ⅲ族元素与Ⅴ族元素组合有许多种可能，因而种类繁多，其中最主要的是砷化镓（GaAs）及其相关化合物，称为 GaAs 基系Ⅲ-Ⅴ族化合物，其次是磷化铟（InP）基系Ⅲ-Ⅴ族化合物。但近年来在高效叠层电池的研制中，人们普遍采用三元和四元的Ⅲ-Ⅴ族化合物作为各个子电池材料，如 GaInP、AlGaInP 、InGaAs、GaInNAs 等材料，这就把 GaAs 和 InP 两个基系的材料结合在一起了。表 4-1 为常见的Ⅲ-Ⅴ化合物半导体的性质，该族化合物全是闪锌矿结构，具有 n、p 两种导电类型。

表 4-1　Ⅲ-Ⅴ化合物半导体的能隙

名称	分子式	带隙/eV	名称	分子式	带隙/eV
磷化铝	AlP	2.45	砷化镓	GaAs	1.42
砷化铝	AlAs	2.36	锑化镓	GaSb	0.72
锑化铝	AlSb	1.65	磷化铟	InP	1.35
磷化镓	GaP	2.26	砷化铟	InAs	0.36

GaAs 太阳能电池是Ⅲ-Ⅴ族化合物太阳能电池中研究最深入、应用最广泛的，是Ⅲ-Ⅴ族化合物太阳能电度池的典型代表。GaAs 的晶格结构与硅相似，属于闪锌矿晶体结构，与硅不同的是，Ga 原子和 As 原子交替占位于沿体对角线位移 1/4

(111) 的各个面心立方的格点上。具有以下优点。

(1) GaAs 具有直接带隙结构。带隙 $E_g=1.42\text{eV}$ (300K)，太阳能电池材料所要求的最佳带隙为 1.3～1.5eV。目前 GaAs 单结电池以及与其他相关材料组成的叠层电池所获得的效率是所有类型太阳能电池中最高的。

(2) 光吸收系数大。GaAs 的光吸收系数在光子能量超过其带隙后，剧升到 10^4cm^{-1}以上，如图 4-10 所示。

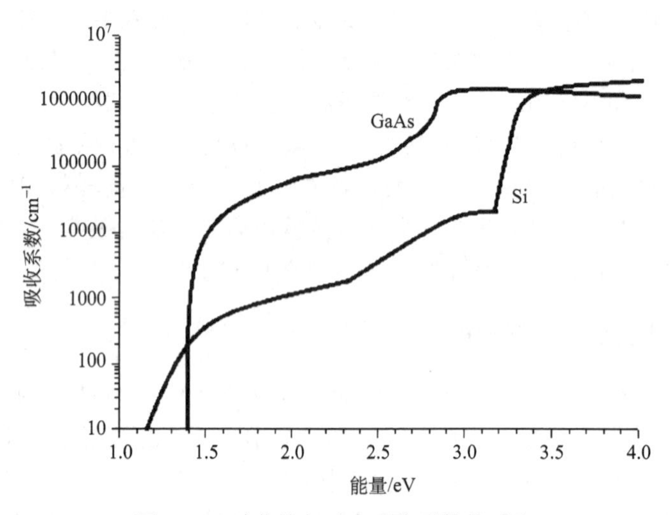

图 4-10 砷化镓与硅光吸收系数的对比

(3) GaAs 基系太阳能电池具有较强的抗辐照性能。大多数Ⅲ-Ⅴ族化合物太阳能电池的抗辐照性能都好于 Si 太阳能电池，抗辐照性能最好的是 InP 太阳能电池。Ⅱ-Ⅵ族化合物太阳能电池，如 CuInSe 太阳能电池的抗辐照性能超过 InP 太阳能电池，是抗辐照性能最好的太阳能电池。

(4) GaAs 太阳能电池的温度系数较小，能在较高温度下正常工作。GaAs 电池效率的温度系数约为−0.23%/℃，而 Si 电池效率的温度系数约为−0.48%/℃。GaAs 电池随温度升高效率降低比较缓慢，例如，当温度升高到 200℃时，GaAs 电池效率下降近 50%，而硅电池效率下降近 75%。这是因为 GaAs 的带隙较宽，要在较高温度下才会产生明显的载流子本征激发，因而 GaAs 材料的暗电流随温度的提高增长较慢，这就使与暗电流有关的开路电压减小较慢，因而效率降低较慢。

(5) Ⅲ-Ⅴ族化合物太阳能电池比较适合聚光技术。聚光技术是使用透镜去聚焦太阳光，使之照射在太阳能电池上增加效率。聚焦的太阳光会使太阳能电池的温度增加，而就Ⅲ-Ⅴ族化合物而言，太阳能电池的效率随着温度而下降的程度远比硅慢，Ⅲ-Ⅴ族化合物太阳能电池可以聚焦到 1000 倍或 2000 倍的程度，而硅则只能聚焦到200～300 倍。

GaAs 基系太阳能电池的上述优点正好符合空间环境对太阳能电池的要求：效

率高、抗辐照性能好、耐高温、可靠性好。因此，GaAs 基系太阳能电池在空间科学领域正逐渐取代 Si 太阳能电池，成为空间能源的重要组成部分。

但 GaAs 基系太阳能电池也有固有缺点，如 GaAs 材料的密度较大（为 Si 材料密度 $\rho=2.33g/cm^3$ 的 2 倍多）、机械强度较弱、易碎、材料价格昂贵（约为 Si 材料价格的 10 倍），因此多年来一直得不到广泛应用，特别是在地面领域的应用微乎其微。

Ⅲ-Ⅴ族化合物太阳能电池中 InP 基系电池也备受瞩目，其最引人注目的特点是抗辐射性能力强，不但远优于 Si 电池，也远优于 GaAs 基系电池。InP 具有直接能隙，对太阳光谱中最强的可见光及近红外光波段有很大的光吸收系数，有效厚度只需要 3μm 左右。InP 的带隙为 1.35eV，也处在匹配太阳光谱的最佳能隙范围内，理论能量转换效率和温度系数介于 GaAs 电池与 Si 电池之间。InP 的表面再结合速度远比 GaAs 的表面再结合速度低，使用简单的 pn 结结构即可得到高效率。但 InP 材料的价格比 GaAs 材料更贵，所以长期以来对单结 InP 太阳电池的研究和应用较少。但在叠层电池中，InP 基系材料得到了广泛应用，GaInP/GaInAs /Ge 三结叠层聚光电池已获得高达 40.7%的效率，并在空间能源领域获得了日益广泛的应用。

采用液相外延（LPE）技术制备 GaAs 太阳能电池，获得了高于 20%的效率。LPE 技术的优点是设备简单、价格便宜、生长工艺也相对简单、安全、毒性小。缺点是：①难以实现多层复杂结构的生长，如很难在 Si 衬底或 Ge 衬底上外延 GaAs；②LPE 生长的外延层的厚度不能精确控制，厚度均匀性较差，小于 1μm 的薄外延层生长困难；③LPE 外延片的表面形貌不够平整。由于 LPE 技术的上述缺点，近 10 年来已逐渐被金属有机化学气相沉积技术和分子束外延技术所取代。

金属有机化学气相沉积（MOCVD）技术，也称金属有机气相外延（MOVPE）技术，是目前研究和生产Ⅲ-Ⅴ族化合物太阳能电池的主要技术手段。同 LPE 技术相比较，MOCVD 技术的设备和气源材料的价格昂贵，技术复杂，而且这种气相外延生长使用的各种气源，包括各种金属有机化合物以及砷烷（AsH_3）、磷烷（PH_3）等氢化物都是剧毒气体，具有一定的危险性。但是 MOCVD 技术在材料生长方面有突出的优点，如生长出的外延片表面光亮、各层的厚度均匀、浓度可控，因而研制出的太阳电池效率高，成品率也高。用 MOCVD 技术容易实现异质外延生长，可生长出各种复杂的太阳电池结构，因而有潜力获得更高的太阳能电池转换效率。MOCVD 一般采用低压生长，生长系统要求有严格的气密性，以防止这些剧毒气体泄漏，同时避免系统被漏进的氧和水汽等沾污。

分子束外延（MBE）技术是另一种先进的Ⅲ-Ⅴ族化合物材料生长技术，特点是：①生长温度低，生长速度慢，可以生长出极薄的单晶层，甚至可以实现单原子层生长；②MBE 技术很容易在异质衬底上生长外延层，实现异质结构的生长；③MBE技术可严格控制外延层的层厚、组分和掺杂浓度；④MBE 生长出的外延片的表面形貌好，平整光洁。但 MBE 的设备复杂、价格昂贵、生长速率太慢、不易产业化，影响了它在太阳能电池研究领域的发展。但近两年来，随着量子阱、量子点太阳能电池研究的升温，MBE 技术在太阳能电池研究领域的应用已越来越多。

因为可以达到 30%左右的效率，GaInP/GaAs/Ge 成为目前最普遍的Ⅲ-Ⅴ族多结太阳能电池。其中 GaInP 的能隙为 1.8eV、GaAs 的能隙为 1.4eV、Ge 的能隙为 0.7eV，所以 GaInP 就必须在顶层，而 Ge 则放在底层。调整化合物中元素的组成比例，还可变化出很广范围的能隙。以三元化合物 GaInP 为例，GaP 能隙为 1.85eV，晶格常数为 5.65Å，如果想要得到较小的能隙，可以下降 Ga 的比例而增加 In 的比例，直到 Ga 的比率降到 0，这时得到的就是 InP，能隙为 1.3eV。GaInP、GaAs、Ge 三者的晶格常数非常接近，这是它们被广为采用的原因之一。其中，Ge 的光吸收系数最低，所以比较厚，比较常见的 Ge 层厚 150μm。

图 4-11 为三结 GaInP/GaAs/Ge 太阳能电池结构连接图，制造上利用 MOCVD 方法，在同一基板上一层接一层地长上这些不同成分的薄膜。因为 GaInP、GaAs、Ge 具有非常接近的晶格常数，异质外延的生长相对比较容易。下面分别介绍它的三个子电池。

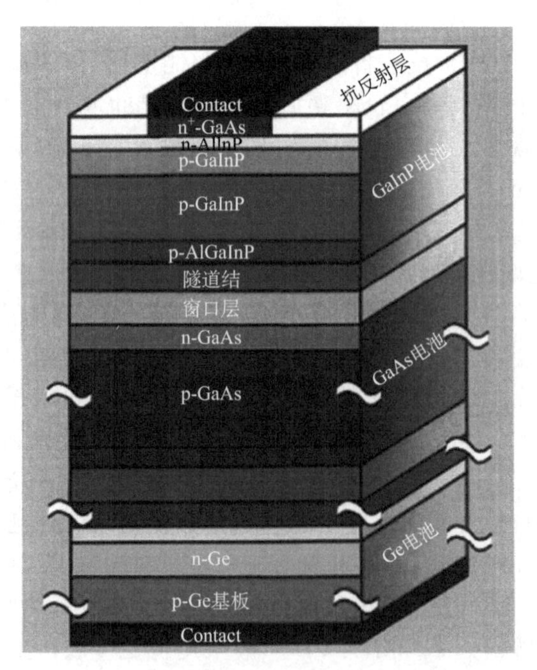

图 4-11　三结 GaInP/GaAs/Ge 太阳能电池

(1) Ge 电池。锗的制造成本较低，具有优于砷化镓的力学性能，其晶格常数非常接近砷化镓（Ge=0.5657906nm，GaAs=0.565318nm），具有很好的匹配性，所以Ⅲ-Ⅴ族多结太阳能电池通常以锗为基板。但锗也具有一些缺点，如锗为非直接能隙材料，开路电压 V_{OC} 仅能达到 300mV，且对温度很敏感。由于 Ga、As、In、P 都算是 Ge 的掺杂物，所以在锗电池上长 GaAs 及 GaInP 薄膜时，这些元素都难免会扩散进入 Ge 电池内，因此整个 Ge 电池技术的特性在于减少这些不必要的扩散现象，精确地控制导电率及形态，以及如何在其上面长出零缺陷的 GaAs 异质结外延层。

（2）GaAs 电池。虽然 Ge 与 GaAs 两者之间的晶格常数非常接近，但在 Ge 上长出的 GaAs 异质外延层的品质却是充满变化的。GaAs 外延层的品质指标在于薄膜表面的粗糙度及晶格缺陷。据研究，如果在 GaAs 中添加 1% In，形成的 $Ga_{0.99}In_{0.01}As$ 外延的品质会优于一般的 GaAs 外延。在 GaAs 电池上面的窗口层，通常可采用 $Al_xIn_{1-x}P$ 或 $Ga_xIn_{1-x}P$ 薄膜。理论上 $Al_xIn_{1-x}P$ 比 $Ga_xIn_{1-x}P$ 更适合当窗口层，因为其具有大的能隙。但由于 $Al_xIn_{1-x}P$ 对于大气污染相当敏感，所以比较难与 GaAs 形成好的接合品质。因此 $Ga_xIn_{1-x}P$ 薄膜反而比较常用来当窗口层。此外在 GaAs 电池下面的 $Ga_xIn_{1-x}P$ 薄膜作为背面效场层。

（3）GaInP 电池。利用 MOCVD 法在 GaAs 上面生长出的 $Ga_xIn_{1-x}P$ 薄膜，其能隙大小除了跟组成有关，也与 $Ga_xIn_{1-x}P$ 薄膜的生长条件及品质有关，如生长温度、生长速率、磷的分压及掺杂物的浓度等。位于 GaInP 电池上方的 AlInP 薄膜用来当成窗口层，它的目的在于钝化发射极表面的状态，以降低其对少数载流子的再结合影响。位于 GaInP 电池下方的 AlGaInP 薄膜用来当成背面效场层（BSF），它的作用在于钝化 GaInP 电池的基极与隧道结。

在 GaInP 与 GaAs 电池之间的隧道结的作用在于提供 GaInP 电池的 p 型 BSF 与 GaAs 电池的 n 型窗口层之间的低电阻连接。倘若没有这层隧道结，p 型 BSF 与 n 型窗口层所形成的 pn 结，会产生一个与电池受光所产生的光电压相反的顺向电压，因而抵消了光电压。

Ⅲ-Ⅴ族多结叠层电池的发展取得了巨大成功，大大提高了太阳能电池的效率。但由于多结叠层电池的结构复杂，各子结材料之间要求晶格常数匹配和热膨胀系数匹配，因而对各个子电池材料的选择和连接各个子电池的隧道结材料的选择都十分严格，MOCVD 外延生长工艺也十分复杂，因而Ⅲ-Ⅴ族多结叠层电池的成本较高，这一缺点限制了它的应用范围。人们企图寻找其他途径来提高太阳能电池的效率，目的是希望能采用相对较为简单的工艺实现高效率。在众多的技术路线中，量子阱、量子点结构太阳能电池比较新颖，已有了较好的进展，也可能是比较有成功希望的一种。

为了扩展对太阳光谱长波长范围的吸收，进而提高光电流，另外一个做法是 p-i-n 型太阳电池的 i 层中植入高浓度的深能阶的不纯物，这些不纯物在能隙中间形成一个或多个中间的能带。由于接合的能级 E_g 并不会改变，所以开路电压 V_{OC} 也不会改变。同时这些中间能带可以吸收低能量的长波长光子，而且所产生的电子-空穴对也不会随着温度而衰退。这样的太阳能电池称为量子阱太阳能电池。理论上量子阱的数目达到无限多时，太阳能电池的转换效率会达到86.8%的极限值。

Ⅲ-Ⅴ族量子点太阳能电池的原理与Ⅲ-Ⅴ族量子阱太阳能电池的原理是相似的。量子阱太阳能电池是在p-i-n型太阳能电池的i层（本征层）中植入多量子阱（MQW）结构，而量子点太阳能电池是在p-i-n型太阳能电池的i层（本征层）中植入多个量子点层，形成基质材料/量子点材料的周期结构。由于量子点具有量子尺寸限制效应，可通过改变量子点的尺寸和密度对量子点材料层的带隙进行调整，有效带隙E_{eff}由量子限制效应的量子化能级的基态决定。

分光谱太阳能电池也获得大量的研究，已获得42.3%的高效率。分光谱太阳电池的原理是入射的太阳光经聚光镜聚光后，投射到一个双色半反镜上，波长较短的光被半反镜反射，入射到一个带隙较宽的两结叠层电池上。而波长较长的光透过半反镜，入射到一个带隙较窄的两结叠层电池上。这两个电池分别吸收太阳光谱中不同波段的光，产生电能。如果两个叠层电池都是3端器件，计算叠层电池的效率时，只是简单地将顶电池的效率和底电池的效率相加。

GaAs及其他Ⅲ-Ⅴ族化合物太阳能电池具有直接能隙及高吸光系数，耐辐射损伤佳且对温度变化不敏感，所以Ⅲ-Ⅴ族太阳能电池特别适合用在热光伏系统、聚光系统及太空等领域。

（1）热光伏系统。指将红外光谱转换为电能的系统，主要是利用低能隙(0.4～0.7eV）的Ⅲ-Ⅴ族材料制造。GaSb的带隙为0.72eV，是适合这方面用途的材料。GaSb也可应用在多结太阳能电池，搭配聚光系统去吸收更多的红外光。热光伏（TPV）电池是太阳能电池在红外条件下的一种特殊应用类型。

（2）聚光系统。聚光技术是使用透镜去聚焦太阳光，使之照射在太阳能电池上以增加效率。Ⅲ-Ⅴ族化合物太阳能电池的效率随着温度增加而下降的程度远比硅慢，所以可以聚焦到1000～2000倍的程度。利用聚光技术，Ⅲ-Ⅴ族化合物太阳能电池的效率可达到30%以上。

（3）太空应用。由于Ⅲ-Ⅴ族化合物太阳能电池具有高转换效率及耐辐射损伤性佳，所以GaAs电池早已取代硅而成为最佳的太空及卫星领域用材料。而GaInP/GaAs/Ge多结太阳能电池，更具有可以在高电压、低电流下操作的优点，是更亮眼的新时代太空应用的太阳能电池。从“神舟一号”到“神舟六号”采用的是硅太阳能电池，“神舟八号”“神舟九号”和“天宫一号”采用的都是高效的三结砷化镓太阳能电池。

4.3.2 Ⅱ-Ⅵ族化合物太阳能电池

Ⅱ-Ⅵ族化合物半导体材料是重要的半导体材料，在重要性与应用方面仅次于Ⅲ-Ⅴ族化合物半导体材料，在太阳能光电转换方面得到了广泛的关注，碲化镉薄膜太阳能电池是其中的典型。它们的主要性质如表4-2所示。该族化合物的显著特点是全是直接带隙、具有相同的纤锌矿结构，能隙变化范围大，容易形成异质结。

表 4-2　Ⅱ-Ⅵ族化合物半导体的性质

名称	分子式	带隙/eV	密度/(g/cm^3)	导电类型
氧化锌	ZnO	3.2	5.6	n，p
硫化锌	ZnS	3.7	4.1	n，p
硒化锌	ZnSe	2.67	5.26	n，p
碲化锌	ZnTe	2.26	5.7	p
硫化镉	CdS	2.42	4.82	n
硒化镉	CdSe	1.7	5.81	n
碲化镉	CdTe	1.44	5.9	n，p

碲化镉（CdTe）属于Ⅱ-Ⅵ族的化合物半导体，具有直接能隙，能隙值为1.45eV，正好位于理想太阳能电池的能隙范围。CdTe也具有很高的光吸收系数（$>5\times10^5 cm^{-1}$），仅2μm厚的CdTe薄膜，就已足够吸收AM1.5条件下99%的太阳光。使得CdTe成为一个可以获得高效率的理想太阳能电池材料之一，是技术上发展较快的一种薄膜太阳能电池。CdTe可利用多种快速成膜技术制作，易沉积成大面积的薄膜，沉积速率也高，CdTe/glass已应用于大面积屋顶建材。

CdTe薄膜太阳能电池通常以CdS/CdTe异质结为基础。尽管CdS和CdTe和晶格常数相差10%，但它们组成的异质结电学性能优良，制成的太阳能电池的填充因子高达FF=0.75。几乎所有高效率CdTe太阳能电池都采用如图4-12所示的superstrate结构。它是在玻璃基板上依次生长透明导电氧化层（TCO）、CdS、CdTe薄膜，太阳光由玻璃基板上方照射进入，先透过TCO层，再进入CdS/CdTe界面。另一种substrate形态太阳能电池，是先在适当的基板上长上CdTe薄膜，再接着长上CdS及TCO薄膜。但是由于substrate形态太阳能电池的品质较差（如CdS/CdTe的界面品质不佳、欧姆接触性差等），效率远比不上superstrate结构的太阳能电池。

(1) 玻璃衬底。主要对电池起支架、防止污染和入射太阳光的作用，光通过玻璃衬底进入电池。在玻璃基板的选用上，使用耐高温（约600℃）的硼玻璃作为基板，转换效率可达16%，而使用不耐高温但是成本较低的钠玻璃作基板可达到12%的转换效率。一般玻璃基板的厚度在2～4mm，它除了用来保护太阳能电池活化层，使它不会受到外在环境的侵蚀外，也提供了整个太阳能电池的机械强度。在玻璃基板的外层，有时也会镀上一层抗反射层来增加对光线的吸收。

(2) 透明导电氧化层。起透光和导电的作用。用于CdTe/CdS薄膜太阳能电池的TCO必须具备在波长400～860nm的可见光下的透过率超过85%、低的电阻率（大约$2\times10^{-4}\Omega\cdot cm$）、在后续高温沉积其他薄膜层时的良好的热稳定性。在CdTe太阳能电池中所使用的透明氧化层（TCO）通常是SnO_2或In_2O_3：Sn（ITO），也有

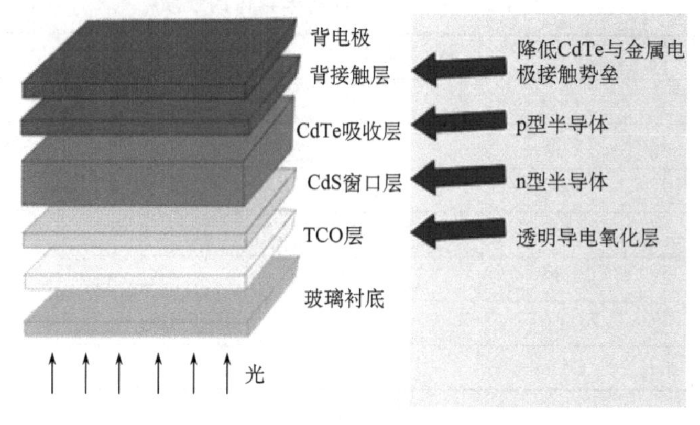

图 4-12　碲化镉电池的结构

人采用 Cd_2SnO_4，它是正面的电极。SnO_2 薄膜的面电阻率一般为 10Ω，光透过率为 70%～80%。ITO 不管电导率还是透过率都比纯 SnO_2 要好，但由于 In 的成本比较高，这种薄膜会贵得多。同时 In 会在高温处理过程中扩散进入 CdS/CdTe 层，引入并不需要的 n 型 CdTe，通常在 ITO 上沉积一层薄的纯 SnO_2 薄膜来防止 In 扩散。

$CdSn_4$ 化合物可以用 Cd 的氧化物与 Sn 共溅得到，这种薄膜表现出比 ITO 更好的性质。例如，同样的电阻率下透过率更好，或者同样的光透过率电阻率更小，使它成为工业化生产中值得注意的备选材料。

ZnO∶Al 通常用作铜铟锡（CIS）薄膜太阳能电池的透明接触层，不幸的是，ZnO∶Al 薄膜在 CdTe 沉积过程中（大于 550℃）会由于热应力而丧失掺杂性。但是由于这种材料成本比 ITO 低，所以人们最终希望得到更稳定的该种薄膜。

（3）CdS 窗口层。CdS 具有略宽的能隙，室温约为 2.4eV，在通常的沉积技术中生长成为 n 型材料，与 p 型 CdTe 组成 pn 结，CdS 的吸收边大约是 515nm，几乎所有的可见光都可以透过，所以在整个结构上它被视为窗口层。为了让整个太阳能电池获得最高的电流密度，CdS 必须相当薄（约 0.5μm）。

（4）CdTe 吸收层。CdTe 薄膜是电池的主体吸光层，CdTe 强烈趋向于生长成 p 型的半导体薄膜，它与 n 型的 CdS 窗口层形成 pn 结，是整个电池最核心的部分。多晶 CdTe 薄膜具有太阳能电池理想的带隙（$E_g=1.45$eV）和高的光吸收率，光谱响应与太阳光谱几乎相同。电子-空穴对在接近结区产生，电子在内建电场的驱动下进入 n 型 CdS 膜。空穴仍然在 CdTe 内，空穴的聚集会增强材料的 p 型电导，最终，不得不经由背接触离开电池。电流由与 TCO 薄膜和背接触连接的金属电极引出。由于 CdTe 对波长低于 800nm 的光有很强的吸收（$10^5 cm^{-1}$），几微米厚度的薄膜将足以完全吸收可见光。一些实际设计的应用，常常选用 3～7μm 的厚度。

（5）背接触层和背电极。背接触层和背电极的作用是降低 CdTe 和金属电极的接触势垒，引出电流，使金属电极与 CdTe 形成欧姆接触。CdTe 与大多数的金属都难以形成欧姆接触。一种可行的方法是先对 CdTe 薄膜表面进行化学刻蚀，再沉积高掺杂的背接触材料。背面电极通常使用 Ag 或 Al，它提供 CdTe 电池低电阻连接。

大部分形成背面电极技术，都包括以下几个步骤：①刻蚀 CdTe 表面，在 CdTe 与金属层之间产生 p^+ 的区域，这层 p^+ 区域可降低金属与 CdTe 之间的能量障碍；②镀上 Ag、Al 等金属层；③在 150℃以上，做热处理以促进电极的形成。

几乎所有淀积技术所用到的 CdTe 薄膜，都必须经过 $CdCl_2$ 处理，才能得到结构比较完美、晶粒比较大的薄膜。原因是：①能够在 CdTe 和 CdS 之间形成界面层，降低界面缺陷态浓度；②导致 CdTe 膜的再次结晶化和晶粒的长大，减少晶界缺陷；③热处理能够钝化缺陷、提高吸收层的载流子寿命。将 CdTe 薄膜置于约 400℃的 $CdCl_2$ 环境之下，$CdCl_2$ 促进了 CdTe 的再结晶过程。不仅比较小的晶粒消失了，连带着 CdTe 与 CdS 的界面结构也比较有次序。而未经过 $CdCl_2$ 处理的 CdTe 的太阳电池，仅能产生非常小的短路电流。硫化镉、碲化镉、复合背接触层三层薄膜的沉积和后处理是获得 CdTe 电池高效率技术的关键。

CdTe 太阳能电池的生产工艺流程如图 4-13 所示。其中激光刻划 TCO 膜指选择衬底玻璃，将 TCO 膜刻划成平行的条带，以此确定单元电池。含氯气氛后处理指在 $CdCl_2$ 的作用下，于 400℃左右活化膜层。封装测试包括焊接接触汇流条，使用恰当的塑料（如 EVA 或者热塑性薄膜）层压第二块玻璃（或塑料），事先将接触带穿过覆盖玻璃的小孔。安装电极盒作为商业化应用，在这个电极盒中，用一个合适的插座，将易断裂的组件引出带和稳定的电缆连接。用太阳模拟器测试每个组件的效率。其中 CdS 膜厚一般是 100nm。

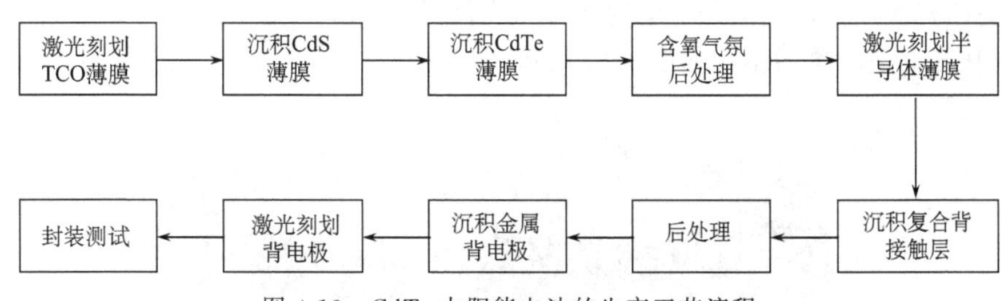

图 4-13　CdTe 太阳能电池的生产工艺流程

CdTe 太阳能电池的优点之一是制造 CdTe 和 CdS 薄膜的技术多，且大多适合大规模生产。以成熟技术制备的 CdTe 电池，电流密度达 $27mA/cm^2$，开路电压达 880mV，AM1.5 的效率为 18%。碲化镉和透明导电玻璃构成材料成本的主体，分别占到消耗材料总成本的 45.4%和 38.2%，如将碲化镉薄膜的厚度减薄 1μm，碲化镉材料的消耗将降低 20%，从而使材料总成本降低 9.1%。如使用 99.999%纯度的碲化镉，材料成本还将进一步降低。

发展碲化镉薄膜太阳能电池面临的首要问题是地球上碲的储藏量是否能满足工业化规模生产及应用。碲是地球上的稀有元素，据相关报道，地球上有碲 14.9 万吨，其中中国有 2.2 万吨，美国有 2.5 万吨。另外，镉元素可能对环境造成污染，使用受到限制。

目前，碲化镉薄膜太阳能电池的生产成本正在逐步接近，甚至低于传统发电系统，这种廉价的清洁能源在全世界范围内引起了关注，各国均在大力研究解决制约碲化镉薄膜太阳能电池发展的因素，相信存在的问题不久将会逐个解决，从而使碲化镉薄膜太阳能电池成为未来社会的主导新能源之一。

4.3.3 铜铟镓硒薄膜太阳能电池

铜铟镓硒系列太阳能电池可分为两类：一类是铜铟硒的三元化合物（copper indium diselenide，$CuInSe_2$，CIS)，另一类是含铜铟镓硒的四元化合物（copper indium gallium diselenide，CIGS)。这两种材料的吸光范围广，户外环境下的稳定性好。因高转换效率及低材料制造成本，被视为未来最有发展潜力的薄膜太阳电池种类之一。

CIS（$CuInSe_2$）材料属于Ⅰ-Ⅲ-$Ⅵ_2$族化合物直接带隙半导体，光吸收系数达 10^5cm^{-1}量级，带隙为 1.02eV。因为其能隙低于理想太阳能电池的 1.4～1.5eV，因此可以与能隙为1.6eV 的 $CuGaSe_2$混合形成 Cu（InGa）Se_2的混晶材料，改善这一缺点。铜铟镓硒（CIGS）是在铜铟硒（CIS）材料中添加一定量的ⅢA 族 Ga 元素替代相应的 In 元素形成的四元化合物。通过掺入适量的 Ga 替代部分 In，形成 $CuInSe_2$和 $CuGaSe_2$的固溶晶体，Ga 的掺入会改变晶体的晶格常数，改变了原子之间的作用力，通过控制不同的 Ga 掺入量，其带隙可在 1.02～1.68eV 调整，以达到最高的转换效率，为太阳能电池的带隙优化提供了好的途径。

CIGS 电池的典型结构如图 4-14 所示。

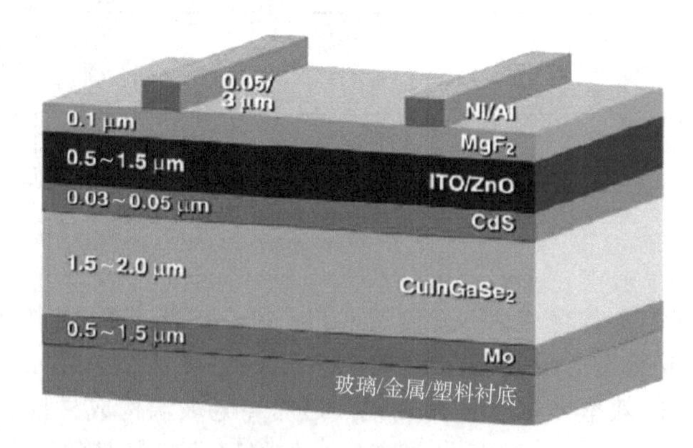

图 4-14　铜铟镓硒太阳能电池的结构

（1）衬底起支撑作用，可以是玻璃、金属或塑料薄片。

（2）金属背电极 Mo。使用 Mo 作背电极有很多优点：①Mo 金属与 $CuInSe_2$ 易形成欧姆接触，使接触电阻小，减少电流传输的损耗；②钼具有高的光反射率，使太阳光反复在 $CuInSe_2$ 主吸收层被吸收；③$CuInSe_2$ 生长在钼薄膜上能形成平整的表面，相对于生长在玻璃上，可降低表面粗糙度；④钼与 CIGS 的晶格失配较小且热膨胀系数与 CIGS 比较接近。

（3）光吸收层 CIGS 是主要吸收区，弱 p 型，其空间电荷区为主要工作区。p 型的 CIGS 或 CIS 薄膜设计上要考虑以下几点：①CIGS 薄膜的制造要容易得到单一相，且结晶品质要好；②必须可以与金属层间有良好的欧姆接触，且容易制造；③为了能有效地吸收太阳光，CIGS 层应有足够的厚度，但厚度又必须小于载子的扩散长度，使被激发的载子可以被收集；CIGS 或 CIS 吸收层的厚度一般在 1.5～2.0μm；④CIGS 层具有多晶结构，因此晶界处的缺陷要少，以降低载子发生再结合的概率；⑤CIGS 薄膜表面的平坦性要好，以促进良好的界面状态，才不会影响太阳能电池的光电特性；⑥随着铟镓含量的不同，CIGS 的能隙可以从 1.02eV 变化到 1.68eV；⑦制造富铟的薄膜（In-rich CIGS），可以改善太阳能电池的效率；⑧在富铜（Cu-rich）的区域，因为有 $Cu_{2-x}Se$ 相的析出，损坏了太阳能电池的功能；⑨有人使用 NaCN（氰化钠，有剧毒）或 KCN 溶液把 $Cu_{2-x}Se$ 从薄膜的表面或晶界移除，证明可以改良 Cu-rich CIGS 太阳能电池的效率。

（4）缓冲层 n 型或本征型 CdS 或 ZnS。缓冲层的主要目的是改善薄膜表面形态，降低 $CuInSe_2$ 与 ZnO 间因能隙值差异太大而造成的能带差，大的能带差会影响少数载流子的传输，使转换效率受影响。CdS 也是直接能隙的材料，在室温的能隙为 2.42eV。CdS 与 CIGS 薄膜之间的晶格匹配非常好，但随着 CIGS 薄膜中 Ga 含量的增加，晶格匹配性会降低。

（5）透明导电氧化物层。三种 TCO 中，SnO_2 必须在较高的温度下淀积产生，这点限制了它应用在 CIGS 太阳能电池上，因为已覆盖着 CdS 的 CIGS 薄膜，无法承受 250℃以上的高温。ITO 及 ZnO 都可被应用在 CIGS 太阳能电池上，其中 ZnO 因为材料成本低，普遍被采用。在 ZnO 中添加适当的 Al，形成 ZnO∶Al，ZnO 具有高的透光率，掺杂 Al 可降低其电阻值，且不影响其透光率。

（6）窗口层。作为前电极，最常用的材料是硼或铝掺杂的 ZnO。

（7）正面金属电极。在 TCO 层的上方还有金属电极，形状通常是网格状的（grid）。所占的面积越小越好，这样才可允许较多的光线进入太阳电池内。金属电极的材料通常为 Ni 及 Al，制备时先在 TCO 层上镀上数十纳米宽的 Ni，以避免形成高电阻的金属氧化物，接着再镀上数微米宽的 Al。Al 与 ZnO∶Al 能产生良好的欧姆接触，可充分收集光生电流。

（8）锌或镍金属层。铝电极接触到氧气易产生氧化铝绝缘层，引起电子流流经铝电极时产生阻抗，故在铝电极上再镀一层锌或镍金属层，使串联电阻降低到最小。

CIGS 电池的生产工艺流程如图 4-15 所示。CIGS 薄膜太阳能电池的底电极 Mo 和上电极 n-ZnO 一般采用磁控溅射的方法，工艺路线比较成熟。最关键的吸收层的制备有许多不同的方法，这些沉积制备方法包括蒸发法、溅射后硒法、电化学沉积法、喷涂热解法和丝网印刷法。

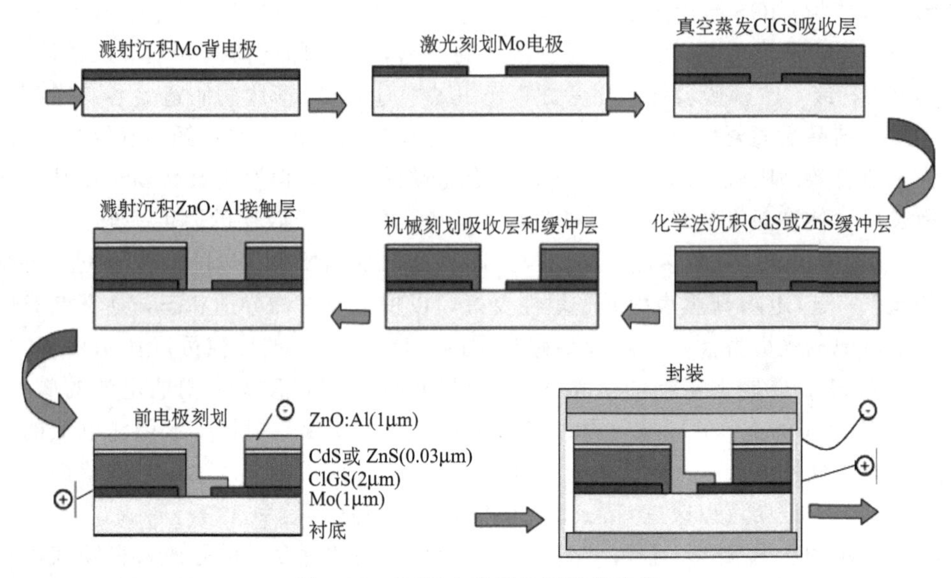

图 4-15　CIGS 电池的生产工艺流程

CIS 和 CIGS 的吸光范围广，户外环境下的稳定性也相当好。日本 NEDO（新能源产业技术开发机构）的太阳能发电首席科学家东京工业大学的小长井诚教授认为铜铟镓硒薄膜太阳能电池是单位重量输出功率最高的太阳能电池。其优点主要有以下几方面。

（1）材料吸收率高，吸收系数高达 $10^5 cm^{-1}$ 量级，直接带隙，适合薄膜化，电池厚度可做到 2～3μm，降低昂贵的材料成本。

（2）光学带隙可调。调制 Ga/In 比，可使带隙在 1.0～1.68eV 变化，使吸收层带隙与太阳光谱获得最佳匹配。

$Cu(InGa)Se_2$ 能隙 $E_g(x)=(1-x)E_g(CIS)+xE_g(CGS)-bx(1-x)$，$x$ 为 Ga 的含量，$1-x$ 为 In 的含量，b 值为 0.15～0.24eV。但 CIGS 的性能不是 Ga 越多越好，因为短路电流随着 Ga 的增加而减小。当 $x=Ga/(Ga+In)<0.3$ 时，随着 Ga 的增加，E_g 增加，V_{OC} 也增加；$x=0.3$ 时带隙为 1.2eV；当 $x>0.3$ 时，随着 x 的增加，E_g 减小，V_{OC} 也减小。G. Hanna 等认为 $x=0.28$ 时材料缺陷最少，电池性能最好。

（3）抗辐射能力强。通过电子与质子辐照、温度交变、振动、加速度冲击等实验，光电转换效率几乎不变，在空间电源方面有很强的竞争力。

（4）稳定性好，不存在很多电池都有的光致衰退效应。

（5）弱光特性好，对光照不理想的地区尤显其优异性能。

虽然 CIGS 太阳能电池具有高效率及低材料成本的优势，但它也面临三个主要的挑战：①工艺复杂，投资成本高；②关键原料的供应不足；③缓冲层 CdS 具有潜在毒性。

CIGS 光伏材料优异的性能吸引世界众多专家研究了 20 年 ，直到 2000 年才初步产业化，其主要原因在于工艺的重复性差，高效电池成品率低。CIS（CIGS）薄膜是多元化合物半导体，原子配比以及晶格匹配性往往依赖制作过程中对主要半导体工艺参数的精密控制。目前，该薄膜的基本特性及晶化状况还没有完全弄清楚，CIS 膜与 Mo 衬底间较差的附着性也是成品率低的重要因素。同时在如何降低成本方面还有很大空间。以上这些都是世界各国研究 CIS 光伏材料的发展方向。CIGS 太阳能电池的普及率仍不高，小规模的量产阶段并未明显看到人们所期待的成本优势，因此如何使 CIGS 太阳能电池量产技术的成熟化来大幅降低制造成本，是未来努力的一大课题。

其他二元化合物半导体还有很多，表 4-3 列出了几种能隙适用于太阳能电池但目前研究甚少的半导体材料。

表 4-3　其他二元化合物半导体的性质

名称	分子式	带隙/eV	名称	分子式	带隙/eV
硒化锑	Sb_2Se_3	1.2	碲化铟	In_2Te_3	1
磷化锌	Zn_2P_3	1.5	硫化铜	Cu_2S	1.2
硒化铟	In_2Se_3	1.3～2.5	硒化铜	Cu_2Se	1.2

薄膜太阳能电池的特性可以通过电池模拟软件进行模拟分析和设计，其中 AMPS 电池模拟软件是一款由美国宾夕法尼亚大学研究开发的太阳能电池模拟软件。AMPS-1D 软件基于第一性原理、半导体和太阳能电池基本方程（泊松方程、电子连续性方程和空穴连续性方程）。AMPS 首先从这三个方程出发，得到电子准费米能级（或电子浓度）、空穴准费米能级（或空穴浓度）和电势这三个状态变量，这些状态变量都是位置的函数，而后再由这三个状态变量出发得到太阳能电池的一系列特性。

AMPS 软件中材料相关的具体参数是来自用户自己实验室的测量数据，或者从文献中查询的；带隙等电气特性相关的参数，可以使用默认的，也可以用户自定义，用户自定义是输入实验测量的数据，软件会根据输入的特性表提取参数，常见材料的资料可以从官网上下载，相当详细，硅材料和其他材料都有。AMPS 官网为 http://www.ampsmodeling.org/default.htm。

4.4 有机太阳能电池

有机太阳能电池是由有机材料构成核心部分，基于有机半导体的光生伏特效应，通过有机材料吸收光子从而实现光电转换的太阳能电池。广泛地讲有机太阳能电池主要是利用有机小分子或有机高聚物来直接或间接将太阳能转变为电能的器件。从广义的角度来说，凡是涉及有机半导体材料的太阳能电池都可称为有机太阳能电池，但各类有机太阳能电池的激子分离和电荷传输的机理具有很大的不同，因而有机材料在该类电池中的作用也有很大差别。

以分子量的大小分类，有机太阳能电池可分为有机小分子太阳能电池和有机聚合物太阳能电池。有机小分子材料是一些含共轭体系的染料分子，它们能够很好地吸收可见光从而表现出较好的光电转换特性，具有化合物结构可设计性、材质较轻、生产成本低、加工性能好、便于制备大面积太阳能电池等优点。但由于有机小分子材料一般溶解性较差，因而在有机太阳能电池中一般采用蒸镀的方法来制备小分子薄膜层。有机太阳能电池器件中常用的小分子材料主要有酞著、叶琳、并五苯和富勒烯等。有机聚合物材料是导电高分子，导电性聚合物的分子结构含有大的 π 电子共轭体系，而聚合物材料的分子量影响着共轭体系的程度。主要的聚合物材料有聚对苯乙烯（PPV）、聚苯胺对（Nl）和聚唆吩（PTh）以及它们的衍生物等。

有机太阳能电池以光作用材料的不同可区分为四大类：①染料敏化太阳能电池（dye-sensitized solar cell，DSSC）；②全有机半导体材质的太阳能电池；③高分子掺混 C60 及其衍生物的太阳能电池；④ 高分子掺混无机纳米粒子的太阳能电池。

4.4.1 染料敏化太阳能电池

染料敏化太阳能电池是近年发展起来的一种太阳能电池，由瑞士的 Graktzel 教授领导的研究小组首次提出，基于自然界中的光合作用原理而发明。这种电池以廉价的 TiO_2 纳米多孔膜作为半导体电极，以 Ru 及 Os 等有机金属化合物作为光敏化染料，选用适当的氧化-还原电解质做介质，组装成染料敏化 TiO_2 纳米晶太阳能电池（简称 DSSC），其结构如图 4-16 所示。从结构上来看，DSSC 就像人工制作的树叶，只是植物中的叶绿素被染料敏化剂所代替，而纳米多孔半导体膜结构则取代了树叶中的磷酸类酯膜。

完全不同于传统硅系结太阳能电池的装置，染料敏化太阳能电池的光吸收和电荷分离传输分别是由不同的物质完成的，光吸收是靠吸附在纳米半导体表面的染料来完成的，半导体仅起电荷分离和传输载体的作用，它的载流子不是由半导体产生而是由染料产生的。

（1）导电基底材料。其又称导电电极材料，分为光阳极材料和光阴极材料（或称反电极）。目前作为导电基底材料的有透明导电玻璃、金属箔片、聚合物导电

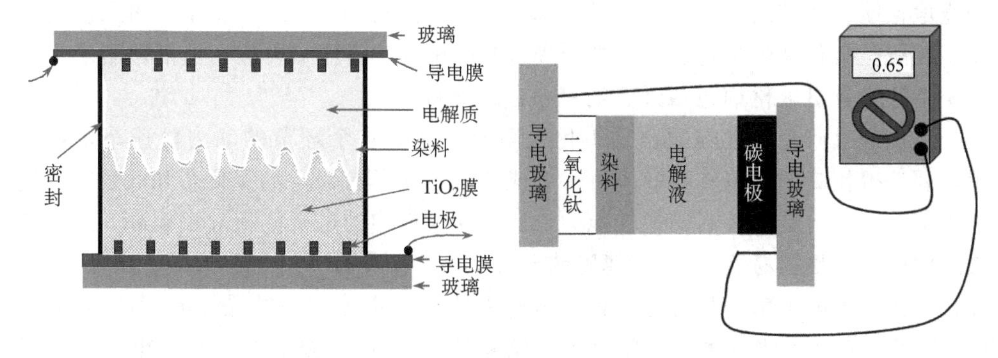

图 4-16　染料敏化太阳能电池结构示意图

基底材料等。其作用是收集和传输从光阳极传输过来的电子，并通过外回路传输到光阴极并将电子提供给电解质中的电子受体。DSSC 使用的导电基底材料主要是透明导电玻璃，是在厚度为 1～3mm 的普通玻璃表面镀上导电膜制成的。主要成分是掺 F 的透明 SnO_2膜（FTO）或 ITO。

（2）TiO_2光电阳极。纳米 TiO_2具有良好的光电转换能力，一般将其修饰到透明的导电玻璃上作为光阳极。TiO_2材料的带隙是 3.2eV，超过了可见光的能量范围（1.71～3.1eV），所以需要用光敏材料对其进行修饰。纳米 TiO_2膜表面具有多孔的结构，可以通过吸附作用把染料固定在纳米 TiO_2表面，以进一步提高电池的光电转换效率。纳米 TiO_2在电池中起着重要作用：①其结构性能决定染料吸附的多少，膜厚在 $10^{-15}\mu m$ 是一个最优化的厚度，光电转换效率能达到最大值；②纳米 TiO_2对光的吸收、散射、折射产生重要影响，光照下太阳光在薄膜内被染料分子反复吸收，大大提高染料分子的光吸收率；③纳米 TiO_2薄膜对染料敏化太阳能电池中电子传输和界面复合起着很重要的作用，影响光电流的输出。

高效染料敏化太阳能电池中的纳米多孔薄膜具有以下特点：

①大的比表面积和粗糙因子，大的比表面积能够吸附大量的染料，更好地利用太阳光，对于 8μm 的电极，粗糙因子可以达到 1000；②纳米颗粒之间的相互连接，构成海绵状的电极结构，使纳米颗粒和导电基底以及纳米半导体颗粒之间有很好的电学接触，使载流子在其中能有效地传输，保证大面积薄膜的导电性，减少薄膜中电子和电解质受主的复合；③氧化还原电对（一般为 I^{3-}/I^-）可以渗透到整个纳米晶多孔膜半导体电极，使被氧化的染料分子能够有效再生；④纳米多孔薄膜吸附染料的方式保证电子有效地注入薄膜导带，使得纳米晶半导体和其吸附的染料分子之间的界面电子转移快速有效；⑤对电极施加偏压，在纳米晶的表面能形成聚集层（厚度在几到几十纳米），对于本征和低掺杂半导体，在正偏压作用下，不能形成耗尽层。

（3）敏化剂。敏化剂吸收太阳光产生光致分离，它的性能直接决定太阳能电池的光电性能。按其结构中是否含有金属原子或离子，敏化剂分为有机和无机两大类。无机类敏化剂包括钌、锇类的金属多吡啶配合物、金属卟啉、金属酞菁和无机量子点等；有机敏化剂包括天然染料和合成染料。

人们通过研究钌吡啶配合物敏化太阳能电池中各个环节的动力学速率常数发现，要获得较高的光电转换效率：①合成的染料应具有稳定的氧化态和激发态，这样不但会使电池具有较高的逆转能力，还会使染料中的电子注入效率提高，从而使染料中的电子更容易注入 TiO_2 薄膜的导带中。②染料分子应含有大键、高度共轭，并且有强的给电子基，只有这样染料分子的能级轨道才能与纳晶 TiO_2 薄膜表面的 O^{2-} 离子形成大的共轭体系，使电子从染料转移到 TiO_2 薄膜更容易，电池的量子产率更高；③染料在可见光区有较强的吸收和尽可能宽的吸收带，从而吸收更多的太阳光，捕获更多的能量，提高光电转换效率；④要求染料能够快速吸附到 TiO_2 的孔道中，且不易脱附。

（4）电解液。在染料敏化太阳能电池中，电解液的作用是将电子传输给激发态染料，空穴传输到对电极，从而完成一个光路循环。

溶剂和金属离子的选择对太阳能电池的电流输出有很大的影响，因为薄膜电极吸附阳离子后，半导体的导带能级会发生变化，这种变化导致了激发态染料分子向半导体中注入电子的能力发生改变，因此可以通过调节金属离子和溶剂来改善染料分子的注入能力。

长期以来，染料敏化太阳能电池一直使用液态电解质。液态电解质种类繁多，电极电势容易控制。但液态电解质有以下性能：①容易导致吸附在薄膜上的染料解吸，影响电池的稳定性；②密封工艺复杂；③电解质本身不稳定，易发生化学变化，从而导致太阳能电池的失效；④载流子迁移速度慢，在强光下光电流不稳定；⑤除了氧化还原循环反应外，电解质还存在不可逆反应。这些都导致了电池的不稳定和使用寿命的缩短。

为了弥补液态电解质的不足，人们开始致力于固态电解质的研究。与液态电解质相比，固态染料敏化太阳能电池敏化剂的氧化还原电位，可以和空穴导体的工作函数更好地匹配，所以固态染料敏化太阳能电池获得的 V_{OC} 值很高，可以达到接近 1V。以固态电解质取代液态电解质应用于染料敏化太阳能电池，可以提高和改善电池的长期稳定性。

（5）阴极。阴极的制备一般用导电玻璃片作为基体，采用不同方法镀上石墨、铂或导电聚合物等不同材料，其中镀铂（Pt）的效果较好。Pt 覆盖的 TCO 或者碳常用来作为相反电极。

染料敏化太阳能电池工艺简单，成本低，有可能成为 21 世纪太阳能电池的新贵。

简易制备步骤包括调制纳米二氧化钛薄膜、利用天然染料把二氧化钛膜着色、制备反电极、注入电解质、组装电池五个步骤。

（1）二氧化钛薄膜的制备就是把二氧化钛胶体涂敷在透明导电玻璃上，包括溶胶的制备、基片的清洗与成膜和薄膜的烧结三个主要步骤。

①溶胶的制备。瑞士洛桑联邦高等工业学院的Gratzel等提出一套TiO_2薄膜的制备方案，他们将钛醇盐逐滴加入水中，通过控制加入的相应醇的量来调节溶胶浓度。钛醇盐在水中发生水解，生成沉淀，再将沉淀用去离子水清洗后，溶于硝酸。为了控制粒子的大小，还需控制水解的速度和溶胶的浓度，方法是将溶胶放入80℃烘箱烘8h。接下来是热压处理这些溶胶，热压处理可以控制粒子的生长与结晶。

制备溶胶的第二种方法是用二氧化钛粉体来制备。瑞士洛桑联邦高等工业学院的Gritzel和华侨大学的范乐庆等都使用过此种方法。其过程是称取二氧化钛粉（P25）放入研钵中，一边研磨，一边逐渐加入硝酸或乙酸（pH为3～4），每加入1ml酸都必须使其研磨得较均匀，如图4-17所示。

图4-17　溶胶的制备

第三种方法是将钛醇盐溶于部分无水乙醇中，然后加入二乙醇胺和浓盐酸，室温下用磁力搅拌器搅拌1h，混合均匀后再加入水和无水乙醇体积比为1∶10的乙醇水溶液，得到稳定、均匀、透明的浅黄色溶胶。此法制备溶胶比较简单易行。

②基片的清洗与成膜。制备完溶胶后，下一步是成膜。在成膜之前，先要对导电玻璃进行清洗。清洗的方法是将薄膜分别放入水和乙醇中进行超声清洗。在制备染料敏化太阳能电池中最常用的成膜方法是浸渍提拉法和胶带涂敷法。浸渍提拉法是将清洁的基片浸泡在溶胶中，然后以一定的速率将基片沿与液面垂直方向提拉，这样在基片表面就附着一层溶胶的薄膜。胶带涂敷法是直接在导电玻璃片上涂膜，如图4-18所示。

③薄膜烧结的过程是钛醇盐发生缩聚反应的过程，在此过程中脱掉薄膜中的水和有机物而生成二氧化钛。烧结过程要控制升温速率、保温时间、烧结温度。因为它们对薄膜的粒径、孔径和晶型影响非常大，如图4-19所示。

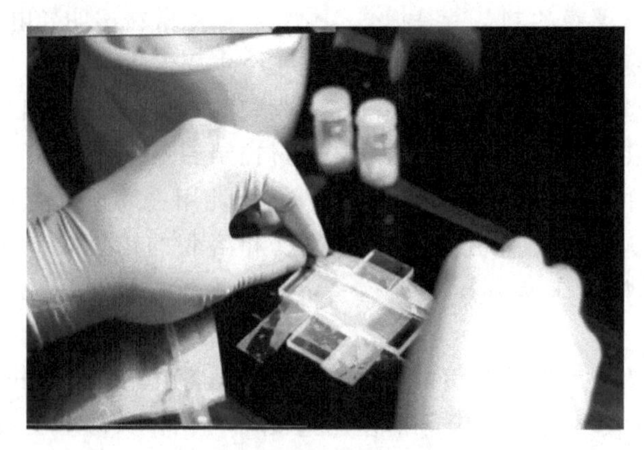

图 4-18 导电玻璃片上涂膜

图 4-19 用酒精灯烤干

(2) 利用天然染料把二氧化钛膜着色。在新鲜的或冰冻的黑莓、山莓和石榴籽上滴 3～4 滴水，再进行挤压、过滤，即可得到我们所需要的初始染料溶液；也可以把 TiO_2膜直接放在已滴过水并挤压过的浆果上，或在室温下把 TiO_2膜浸泡在红茶（木槿属植物）溶液中。有些水果和叶子也可以用于着色。如果着色后的电极不立即使用，必须把它存放在丙酮和脱植基叶绿素混合溶液中。把新鲜的或冰冻的黑莓、山莓石榴籽或红茶，用一大汤匙的水进行挤压，然后把二氧化钛膜放进去进行着色，大约需要 5min，直到膜层变成深紫色，如果膜层两面着色不均匀，可以再放进去浸泡 5min，最后用乙醇冲洗，并用柔软的纸轻轻地擦干，如图 4-20 所示。

(3) 制备反电极。电池既需要光阳极，又需要一个对电极才能工作。对电极又称反电极，是由涂有导电的 SnO_2膜层组成的。利用一个简单的万用表就可以判断玻璃的哪一面是导电的，利用手指也可以作出判断，导电面较为粗糙。

反电极是在导电玻璃上镀上白金、镍或者碳，范乐庆等比较了这几种电极的性

图 4-20　二氧化钛膜着色

能。结果表明，白金电极效果最佳，镍电极次之，碳电极活性较弱。

碳电极的制备可采用物理涂敷。把非导电面标上“+”，然后用 5B 铅笔在导电面上均匀地涂上一层石墨，尽量涂均匀，如图 4-21 所示。然后放入马弗炉中进行热处理，经过热处理后的碳电极用酒精进行冲洗后晾干即可获得所需要的碳电极。

图 4-21　制备碳电极

（4）注入电解质。注入含碘和碘离子的溶液作为太阳电池的电解质，它主要用于还原和再生染料，如图 4-22 所示。

（5）组装电池。把着色后的二氧化钛膜面朝上放在桌上，在膜上面滴 1～2 滴含碘和碘离子的电解质，然后把反电极的导电面朝下压在二氧化钛膜上。把两片玻

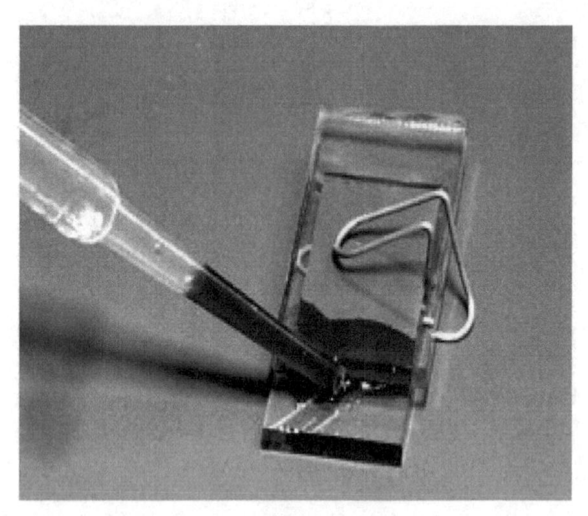

图 4-22 注入电解质

璃稍微错开，以便利用暴露在外面的部分作为电极的测试用。利用两个夹子把电池夹住，这样，太阳能电池就做成了，如图 4-23 所示。在室外太阳光下，可以测得其开路电压 0.43V，短路电流 $1mA/cm^2$。图 4-24 为染料敏化太阳能电池样品。图 4-25 为高效染料敏化太阳能电池的伏安曲线。

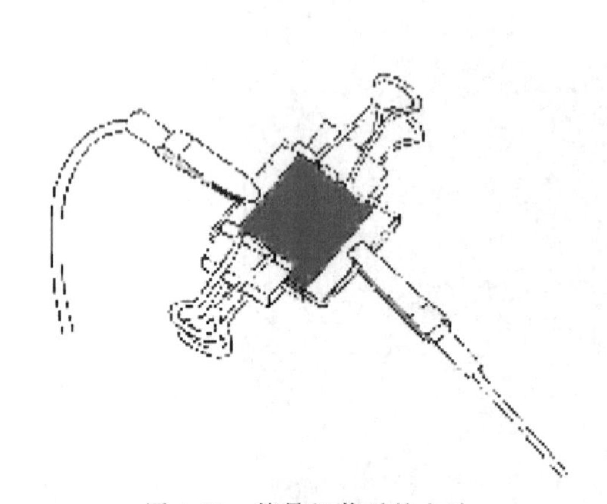

图 4-23 简易组装后的电池

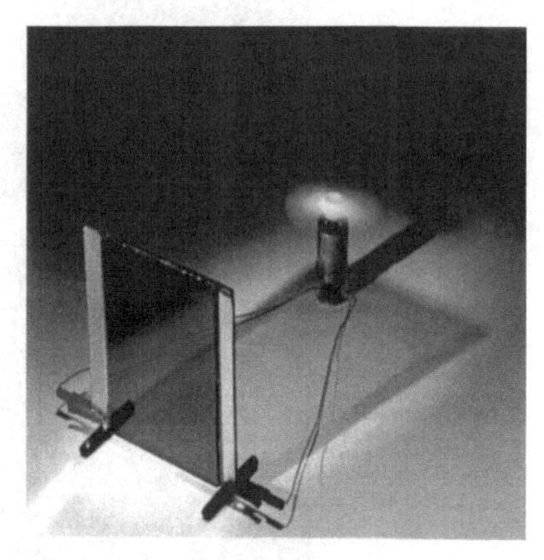

图 4-24 染料敏化太阳能电池样品

染料敏化太阳能电池低成本、原料丰富，在颜色的调控、适应消费者方面具有很大的潜力，无污染、可再生性好。虽然染料敏化太阳能电池与硅太阳能电池相比具有独特的优越性，但是它距实用阶段还有很大距离。如何进一步提高电池的光电转换效率、开发高效的固态电解质以及寻找更好的光敏感染料都是染料敏化纳米晶太阳能电池研究领域中有待解决的问题。

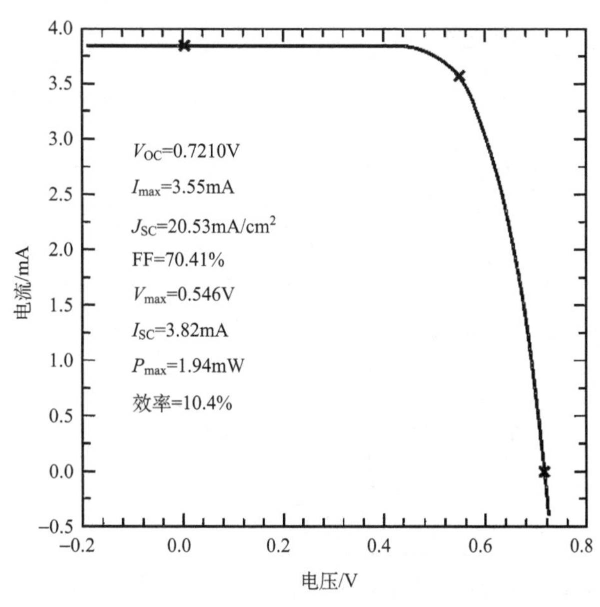

图 4-25 高效染料敏化太阳能电池的伏安曲线

4.4.2 聚合物太阳能电池

广泛地讲有机聚合物太阳能电池主要是利用有机高聚物来直接或间接地将太阳能转变为电能的器件。有机太阳能电池根据电荷的传输分为有机空穴传输材料（p型，电子给体，简称D，即Donor）和有机电子传输材料（n型，电子受体，简称A，即Acceptor）。其转换和损失机制如图4-26所示。一般认为有机聚合物太阳电池的光电转换过程包括光的吸收与激子的形成、激子的扩散和电荷分离、电荷的传输和收集。

(1) 光子吸收与激子的形成。当太阳光透过ITO电极照射到聚合物层上时，能量$h\nu$大于材料带隙的光子被材料吸收，激发电子从聚合物的最高占据轨道(HOMO)跃迁到最低未占轨道(LUMO)，留在HOMO中的空位通常称为空穴，这样就形成了激子。在大部分有机太阳能电池中，因为材料的带隙过高，只有一小部分入射光被吸收，吸收只能达到30%左右。

(2) 激子扩散。激子由于库仑力的作用，具有较大的束缚能而绑定在一起，这导致激子寿命短，扩散长度短。

(3) 电荷分离。光激发产生的激子要经过一定的路径，传输到合适的位置才能进行解离。激子的扩散长度应该至少等于薄膜的厚度，否则激子就会发生复合，造成吸收光子的浪费。当束缚的激子扩散到由半导体/金属、有机层/有机层、有机层/无机层所形成的界面处可以完成激子的解离。但是激子的扩散长度是有限的，一

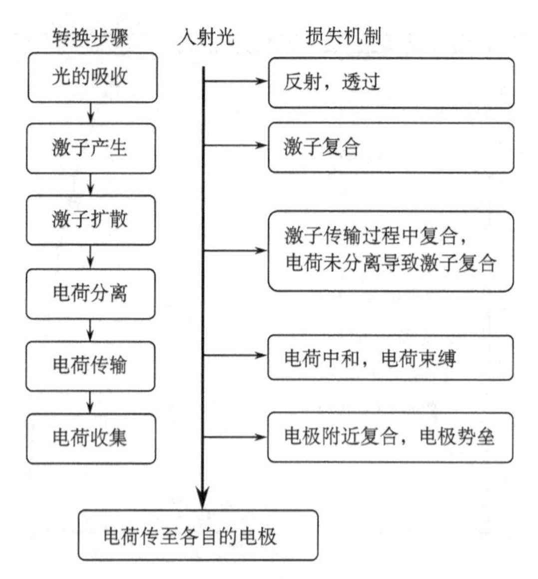

图 4-26　聚合物太阳能电池光电转换过程和入射光子损失机理

般在 10nm 左右，距离界面 10nm 以外的激子是得不到解离的，对光电流没有贡献。当激子迁移到界面处，并在界面处解离成功才能形成自由的载流子（正、负电荷），自由的载流子在内建电势或是外加电场力的作用下，会产生定向的运动，从而使两种载流子分开。对于单层器件，激子在电极与有机半导体界面处离化，对于双层器件，激子在施主-受主界面形成的 pn 结处离化。

（4）电荷传输。电子在聚合物中的传输是以跳跃的方式进行的，迁移率比较低。在有机材料中，电荷的传输是定域态间的跳跃，而不是能带内的传输，这意味着有机材料和聚合物材料中载流子的迁移率通常都比无机半导体材料的低。

（5）电荷收集。向两个电极传输的正负电荷，最终会传输到电极处被各自的电极收集。因而电荷的收集效率也是影响光伏器件功率转换效率的关键因素。主要影响电荷收集的因素是电极处的势垒，金属与半导体接触时会产生一个阻挡层，阻碍电荷顺利地到达金属电极。再有就是激活层与电极界面的接触情况。

有机聚合物太阳能电池的结构分为单层、双层和体异质结构。单层器件激子的分离效率低。光激发形成的激子，只有在肖特基结的扩散层内，依靠节区的电场作用才能得到分离。而有机染料内激子的迁移距离相当有限，通常小于 10nm，如图 4-27 所示。

双层异质结结构的有机太阳能电池由给体和受体两种材料组成活性层。器件结构如图 4-28 所示。这种结构将内建场存在的结合面与金属电极隔开，有机半导体和电极的接触为欧姆接触，形成异质结的 D/A 界面为激子的解离阱。图中可以看到，在 D/A 接触面，存在内建电场，于是在这个薄层中，库仑势能可以用于激子

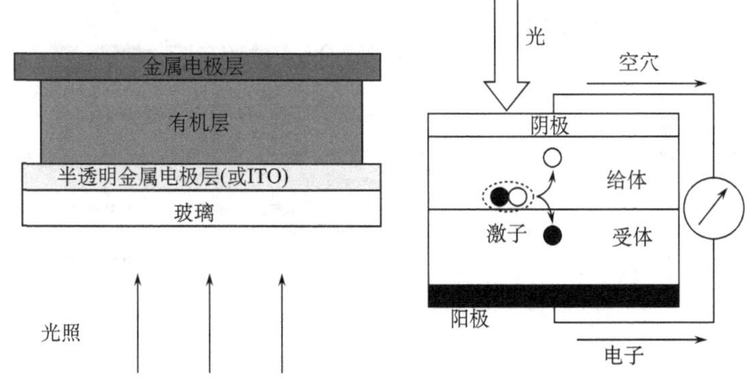

图 4-27　单层有机太阳能电池（肖特基型）的结构

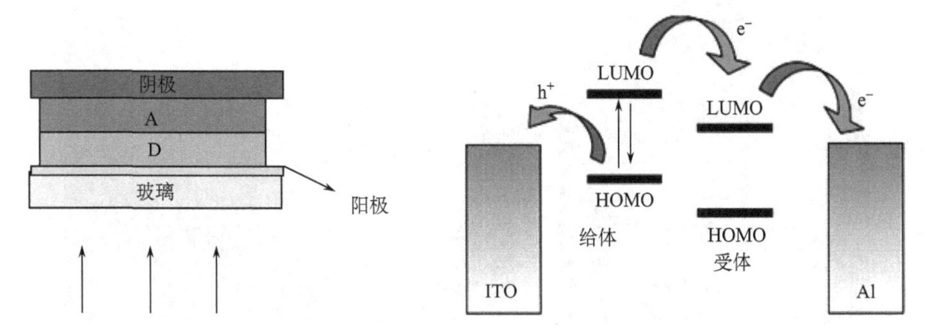

图 4-28　双层有机太阳能电池的结构

分离，产生的电子和空穴分别被电极收集，形成光电流。

为了解决双层异质结结构的太阳能电池中的 D/A 接触面小的问题，后来把给体、受体材料同时溶于有机物，再制成薄膜方法，制成了体异质结结构（给体受体电荷互穿网络结构），如图 4-29 所示。体异质结将施主材料和受主材料混合分布在同一层中，大大增加了施主/受主界面的面积，使得激子能够运动短的距离就可以得到有效分离。另外，两种材料混合在一起，若其中一种材料具有良好的成膜性，则可通过旋涂、喷墨打印等方式制备活性层，不需要真空过程，很大程度上简化了器件的制备过程，降低了器件成本。

有机聚合物太阳能电池的制造工艺灵活多样，旋涂技术是利用高速旋转基片和离心力使滴在基片上的溶液均匀地涂在基片上，溶剂挥发，留下溶质形成均匀的薄膜，其厚度则根据不同溶液和基片间的黏滞系数而不同，也和旋转的速度和时间有关，如图 4-30 所示。

热蒸发（thermal evaporating）技术是物理气相沉积方法中的一种，是在真空中运用电阻电流加热的方法，采用钨、钼、铂等高熔点化学性能稳定的金属，加工成为适当形状的加热源（图 4-31），或加上石英舟使加热更均匀，在上面装入所需

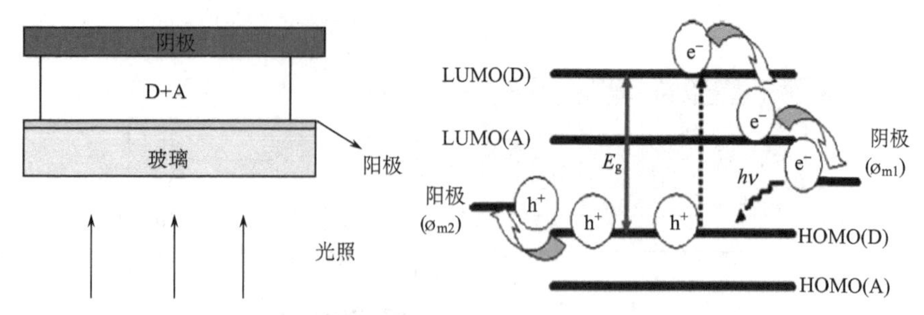

图 4-29　体异质结结构聚合物太阳能电池

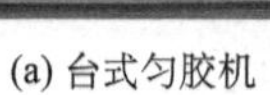

(a) 台式匀胶机　　(b) 旋涂

图 4-30　太阳能电池制造工艺

蒸镀的材料，利用电流的热效应使加热器温度达到材料蒸发的温度，使镀膜材料气化，并在一定条件下使气化的原子或分子牢固地凝结在所需蒸镀的基片上形成薄膜。

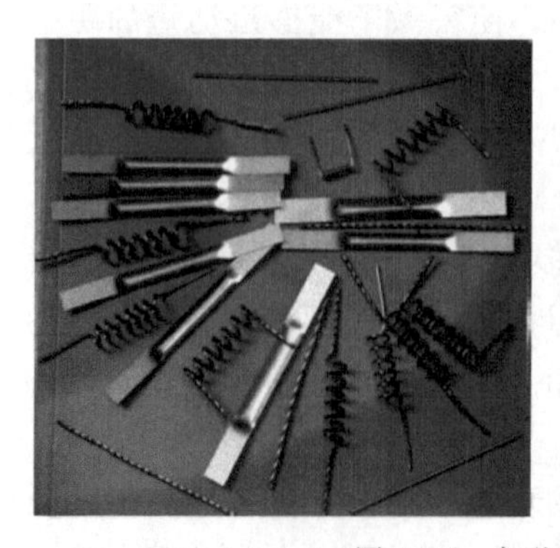

图 4-31　各种加热源和真空镀膜机

热退火是指在真空干燥的条件下，将基片缓慢加热到高于或低于临界点（通常为聚合物的玻璃化转变温度），保持一定时间，随后以适宜速度冷却，从而获得接近平衡状态的组织和性能的一种热处理工艺。有机聚合物太阳能电池在退火处理后，薄膜在纳米尺度内的形貌规整程度得到提高，半导体聚合物的结晶度也有所增加，同时改善了电极与光敏层薄膜的接触，这些改进有助于载流子的产生、转移及电荷在电极处的收集，从而降低了聚合物太阳能电池的串联电阻，提高了器件的光电转换效率。

喷雾涂布（spray-coating）技术是通过喷枪或碟式雾化器，借助压力或离心力，分散成均匀而微细的雾滴，施涂于被涂物表面的涂装方法，如图 4-32 所示。喷涂作业需要环境要求有百万级到百级的无尘车间，喷涂设备有喷枪、喷漆室、供漆室、固化炉/烘干炉、喷涂工件输送作业设备、消雾及废水、废气处理设备等。

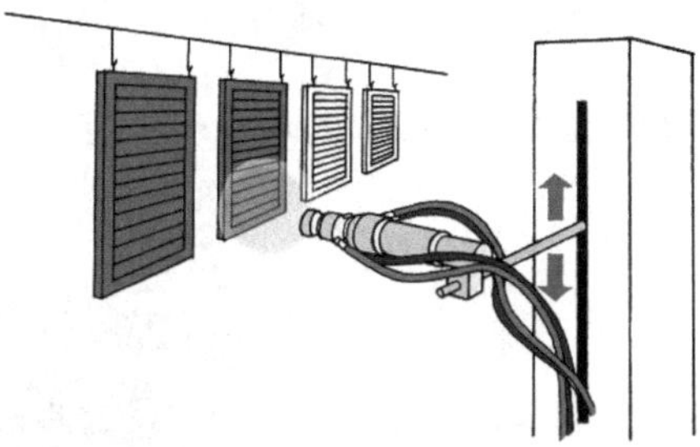

图 4-32　喷雾涂布技术

丝网印刷技术利用丝网印版部分网孔透油墨、部分网孔不透油墨的基本原理进行印刷。印刷时在丝网印版一端上倒入油墨，用刮印刮板在丝网印版上的油墨部位施加一定压力，同时朝丝网印版另一端移动。油墨在移动中被刮板从图文部分的网孔中挤压到承印物上。由于油墨的黏性作用而使印迹固着在一定范围之内，印刷过程中刮板始终与丝网印版和承印物呈线接触，接触线随刮板移动而移动，由于丝网印版与承印物之间保持一定的间隙，使印刷时的丝网印版通过自身的张力而产生对刮板的反作用力，这个反作用力称为回弹力。由于回弹力的作用，使丝网印版与承印物只呈移动式线接触，而丝网印版其他部分与承印物为脱离状态，使油墨与丝网发生断裂运动，保证了印刷尺寸精度和避免蹭脏承印物，如图 4-33 所示。

图 4-33　丝网印刷技术

狭缝挤压涂布层印刷技术是当今效率最高的有机太阳能电池印刷技术，工艺流程如图 4-34 所示。印刷方式多样，如图 4-35 所示。印刷好的电池薄膜如图 4-36 所示。图 4-37 为某公司生产的聚合物太阳能电池的测量参数图。

相对于无机太阳能电池，有机太阳能电池具有如下优点。

（1）有机半导体材料的原料来源广泛、易得、廉价，环境稳定性高，有良好的光伏效应、材料质量轻、有机化合物结构可设计且制备提纯加工简便、加工性能

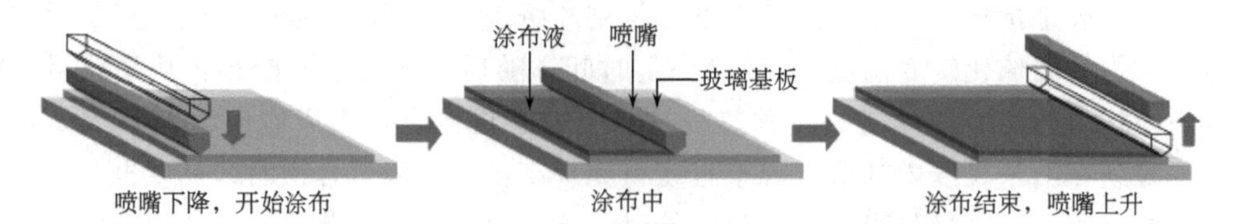

图 4-34 狭缝挤压涂布层印刷技术工艺流程简图

图 4-35 狭缝挤压涂布层印刷方式

图 4-36 印刷好的电池薄膜

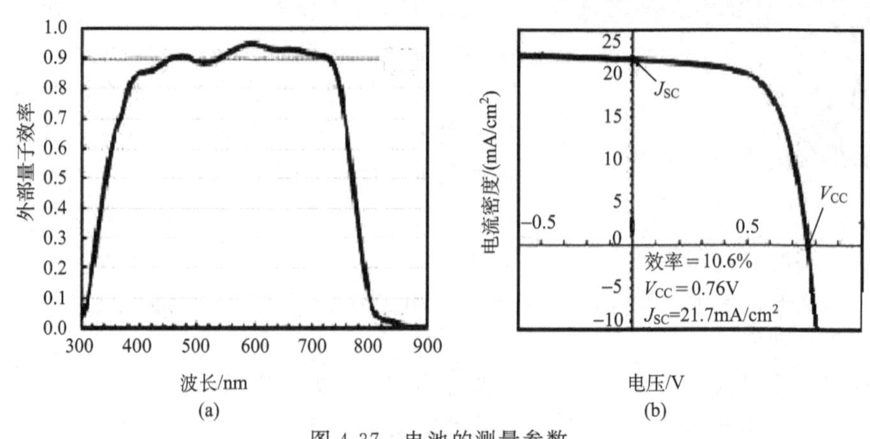

图 4-37 电池的测量参数

好，易进行物理改性。

(2) 有机太阳能电池制备工艺更加灵活简单，可采用真空蒸镀或涂敷的办法制备成膜，还可用旋转涂膜（spin coating）、喷墨打印（ink jet printing）、丝网印刷（screen printing）等简易方法制备；生产中的能耗较无机材料更低，生产过程对环境无污染，具有制造面积大、超薄、廉价、简易、柔韧性良好等特点。

(3) 有机太阳能电池产品是半透明的，便于装饰和应用，色彩可选。

虽然有机太阳能电池具有廉价、易加工、可大面积成膜等优点，但与无机硅太阳能电池相比，在转换效率、光谱响应范围、电池的稳定性方面，还有很大的差距，原因主要如下。

(1) 有机物材料本身所具有的缺陷。①高分子材料大都为无定型，即使有结晶度，也是无定型与结晶形态的混合，分子链间作用力较弱，使得高分子材料载流子的迁移率一般都很低。②高分子材料的带隙 E_g 相较于无机半导体材料要大得多。有机高分子的光生载流子不是直接通过吸收光子产生，而是先产生激子，然后再通过激子的离解产生自由载流子，这样形成的载流子容易成对复合，最后使光电流降低。③共轭聚合物掺杂均为高浓度掺杂。这样虽然能保证材料具有较高的电导率，但载流子的寿命与掺杂浓度成反比，随着掺杂浓度的提高，光生载流子被陷阱俘获的概率增大，导致电池的光电转换效率很小。④有机物本身易与水和空气起反应，以及其光化学稳定性较差都是影响其效率的重要因素。

(2) 光伏器件制作工艺方面。在电极的选取、半导体表面和前电极的反射、掺杂层复合材料相分离的互穿网络的微观结构、制作过程中的氧气和水分的影响以及器件的封装方面工艺都不成熟。

以有机材料制备太阳能电池的研究刚开始，不论使用寿命，还是电池效率都不能和无机材料特别是硅电池相比。它能否发展成为具有实用意义的产品，还有待于进一步研究和探索。但是相对于制造无机电池的高昂代价来讲，有机小分子及聚合物太阳能电池的研究仍旧有很强大的潜力。

4.5 钙钛矿太阳能电池

钙钛矿太阳能电池（perovskite solar cells）是利用钙钛矿型的有机金属卤化物作为吸光材料的太阳能电池。钙钛矿是以俄罗斯矿物学家 Perovski 的名字命名的，最初单指钛酸钙（$CaTiO_3$）这种矿物，后来把结构与之类似的晶体统称为钙钛矿物质。

钙钛矿太阳能电池中常用的光吸收层物质是甲氨铅碘（$CH_3NH_3PbI_3$），这种材料既含有无机成分，又含有有机分子，所以称杂化钙钛矿太阳能电池。

4.5.1 钙钛矿太阳能电池的结构

钙钛矿晶体为 ABX_3 结构，一般为立方体或八面体结构。该结构中，金属 B 原

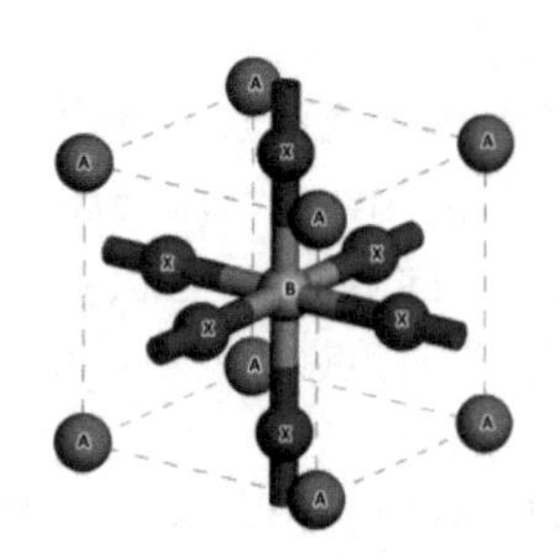

图 4-38　钙钛矿 ABX_3 结构示意图

子位于立方晶胞体心处，卤素 X 原子位于立方体面心，有机阳离子 A 位于立方体顶点位置，如图 4-38 所示。相比于以共棱、共面形式连接的结构，钙钛矿结构更加稳定，有利于缺陷的扩散迁移。

钙钛矿结构吸收光线的效率比硅高，成本低，可溶解到溶剂中，也可直接喷涂到基底上面。

4.5.2　钙钛矿太阳能电池的工作原理

在接受太阳光照射时，钙钛矿层首先吸收光子产生电子-空穴对。由于钙钛矿材激子束缚能的差异，这些载流子或者成为自由载流子，或者形成激子。此外，这些钙钛矿材料往往具有较低的载流子复合概率和较高的载流子迁移率，因此载流子的扩散距离和寿命较长。然后，这些未复合的电子和空穴分别被电子传输层和空穴传输层收集，即电子从钙钛矿层传输到等电子传输层，最终被 FTO 收集；空穴从钙钛矿层传输到空穴传输层，最终被金属电极收集，当然，这些过程中总不免伴随着一些载流子的损失，如电子传输层的电子与钙钛矿层空穴的可逆复合、电子传输层的电子与空穴传输层的空穴的复合（钙钛矿层不致密的情况）、钙钛矿层的电子与空穴传输层的空穴的复合。要提高电池的整体性能，这些载流子的损失应该降到最低。最后，通过连接 FTO 和金属电极的电路而产生光电流。

4.5.3　钙钛矿太阳能电池的发展

钙钛矿太阳能电池满足稳定性、效能和可扩展性的基本商业化标准，2018 年 6 月，英国牛津光伏公司公布了其里程碑式的最新效能，达到 27.3%，而商用硅板的效能还要低得多。

短短 10 年间，钙钛矿已经从刁钻、低效的实验设备发展为达到或超越传统太阳能电池性能的商业级产品。除有机发光二极管、染料敏化或量子点太阳能电池外，没有其他太阳能光伏技术可以与之相媲美。

4.6　石墨烯太阳能电池

石墨烯指从石墨材料中提取出来的二维晶体，它在许多方面可以用来替代硅材料。石墨烯质地轻薄，具有超强的韧性，密度极高的石墨烯被提取之后几乎是透明的，有学者称它将成为改造世界发展的主要材料之一。

石墨烯的透光度高达 97%以上，几乎对所有红外线具有高透明性，有利于提升光能利用率。它具有非常高的载流子迁移率，即使载流子密度非常小，也能确保一定的导电率，还可以制备成柔性透明薄膜电极，克服了氧化铟锡易碎的弱点。

石墨烯具有良好的电学性能，可以和有机材料复合成大的给受体界面，利于电池中激子的扩散速率和载流子迁移率的提高，消除由于电荷传输路径被破坏产生的二次聚集。

2018年，中国首条全自动量产石墨烯有机太阳能光电子器件的生产线在山东启动，生产可在弱光下发电的石墨烯有机太阳能电池，破解了应用局限、对角度敏感、不易造型三大太阳能发电难题。想象未来无论窗户和墙壁，还是手机和笔记本电脑，太阳能电池无处不在。麻省理工学院利用石墨烯研发的可弯曲透明太阳能电池，就让这一梦想中的场景离现实更近了一步。这种太阳能电池无需单独安装，可集成到手机和计算机屏幕内，有望大幅降低这些电子产品的制造成本。

4.7 高效太阳能电池探索

研究太阳能电池的目的在于改变现有能源结构，以清洁、可再生能源替代高污染、高消耗、不可再生的化石能源。但只有光伏发电的成本降低到与现有能源相比拟，才能被广泛应用。因此，提高太阳能电池和系统的效率，同时降低其制造成本，是光伏领域的最终目标。但目前，以晶硅为代表的第一代太阳能电池原材料消耗多、制备工艺复杂；薄膜太阳能电池中，非晶硅薄膜太阳能电池效率低、稳定性差；硫化镉、碲化镉薄膜太阳能电池中镉有剧毒，硒和铟是储量很少的稀有元素；以砷化镓为代表的Ⅲ-Ⅴ族化合物薄膜太阳能电池成本相对较高；有机太阳能电池效率低下，且稳定性有待提高。

除了通过电池产品生产的标准化、自动化和规模化来降低电池的成本外，从科研角度主要有两个途径解决：一是降低现有电池生产的成本，主要降低原材料与能耗成本；二是发展低温、低成本的薄膜太阳能电池制备技术。

从效率分析，现有电池效率不高的主要原因是光子的能量不能充分利用，其次是光生载流子的能量不能完全输出。太阳能转换成电能的卡诺循环效率可达95%，而目前太阳能电池效率远低于这个值，说明太阳能电池的光电转换效率还有很大潜力。太阳能电池能量损失可归结为三个主要因素：①热损失，光生载流子对能很快地将能带多余的能量以热的形式散发；②电子-空穴对复合损失，很多电子-空穴对还没有有效收集就复合掉了；③还有一部分是由pn结和接触电压损失引起的。为减少热损失，可设法让通过电池的光子能量恰好大于能带能量，使光子的能量激发出的光生载流子无多余的能量可损失；或者在光生载流子对能损失之前充分收集和利用。为减少电子-空穴对的复合损失，可设法延长光生载流子寿命，这可通过消除不必要的缺陷来实现。减少pn结和接触电压损失，可通过聚集太阳光以加大光子密度的方法实现。

4.7.1 高效太阳能电池的研发方向

为了提高和改善太阳能电池的光伏性能，科研人员从拓宽光谱的吸收范围和减少材料与结构自身的能量损失方面开展高效（>50%）太阳能电池的理论研究工作及科学实验工作。这就需要从材料选择、结构设计、制作工艺、测试分析及理论模拟等诸多方面进行综合探讨。从提高效率分析，有效措施有：充分吸收太阳光谱，实现电池吸收光谱与太阳光谱尽可能匹配；充分利用每个光子的能量，提高量子效率；通过光子能量的再分布，拓宽电池的吸收光谱范围。

基于上述措施，目前研发中的高效电池主要有以充分吸收太阳光谱为主的多能带电池，包括多结叠层电池、中间带电池、上转换电池和下转换电池。上/下转换电池通过光子能量的上转换和下转换改变入射光子的能量分布以利于电池对光的充分吸收。另一种以提高每个光子的转换功率为宗旨，如提高输出电压的热载流子电池、提高输出电流的碰撞离化电池。还有一类是建立在热光电和热光子基础上的能量转换器。目前存在的若干技术有多结叠层电池、超晶格电池、热载流子电池、碰撞电离电池、中间带及多能带太阳能电池、热太阳能电池、聚光电池、量子阱太阳能电池、Si/Ge 薄膜太阳能电池、纳米复合 Si 薄膜太阳能电池、石墨烯太阳能电池、纳米天线太阳能电池等技术，也可以是以上技术的综合利用。

4.7.2 聚光太阳能电池

聚光太阳能电池通过聚光器而使较大面积的阳光会聚在一个较小的范围内，形成焦斑或焦带，并将太阳能电池置于这种焦斑或焦带上，以增加光强，克服太阳辐射能流密度低的缺点，从而获得更多的电能输出。因此，聚光太阳能电池首先要考虑聚光器的结构、跟踪装置和散热措施。

聚光太阳能电池与普通太阳能电池略有不同，因其需要耐高倍率的太阳辐射，特别是在较高温度下的光电转换性能要得到保证，故在半导体材料选择、电池结构和栅线设计等方面都要进行一些特殊考虑。最理想的制造聚光太阳能电池的材料为砷化镓，因为它的带隙和载流子浓度均适用于在强光下工作。对单晶硅聚光材料，pn 结结构要求较深，普通太阳能电池多用平面结构，而聚光太阳能电池常采用垂直结构，以减少串联电阻的影响。同时，聚光太阳能电池的栅线也较密，典型的聚光太阳能电池的栅线约占电池面积的 10%。

随着跟踪器等关键技术的成熟，稳定性和可靠性的逐渐提升，发电成本的持续下降，聚光技术将会越来越受到重视。但聚光太阳能电池的缺点也不能忽视。目前，生产聚光太阳能电池的成本大大高于前两代太阳能电池的生产成本，严重制约聚光太阳能电池的普及运用；另外，生产聚光太阳能电池耗能较大。

4.7.3 多结太阳能电池

高效多结太阳能电池一直是太阳能光伏技术中的热点之一，多结太阳能电池采用不同带隙的电池组合成新的结构，从而拓宽电池对太阳光谱的吸收范围。不同带隙电池的组合方式有两种：一种是光谱分离模式，将入射光在空间上分离成不同的波长，并被具有相应能隙的电池吸收，每个电池有独立的输出负载回路。由于每个电池是独立输出，理想情况下开路电压接近入射光子的能量，具有高带隙的电池输出高的开路电压，总体提高了电池的电压、电流和电池效率。这类电池组合概念上很简单，但实现上比较困难。另一种是电池的叠层连接，将不同带宽的半导体材料做成多个太阳能子电池，最后将这些子电池串联形成多结太阳能电池。这种串联连接在实验上容易实现，输出电压是各子电池电压之和，但要求各子电池的电流匹配。电流匹配比较难满足，难以优化每个子电池，会损失一些效率。目前研究较多的Ⅲ-Ⅴ族材料体系，如 InGaP/GaAs/Ge 三结电池所报道的转换效率可达 42.8%。

4.7.4 热载流子太阳能电池

前面提到太阳能电池能量损失第一位的是热损失，即光生载流子对能很快地将能带多余的能量以热的形式散发。光生热电子在很短的时间内与晶格相互作用，发射声子，失去能量。因此不论入射光子的能量是多大，由材料的带隙决定的输出电压都是一样的，即使能量大于带隙 2 倍甚至更多倍的入射光子也仅仅产生一个电子-空穴对，能量的损失是显而易见的。

如果设计电池将热载流子直接输出，即热载流子在冷却之前热量被电极收集，就能获得较高的开路电压。这实际上是载流子的热化时间与抽出时间快慢的竞争。热载流子太阳能电池是通过晶格内声子的相互作用，降低光生载流子冷却的速率，使其在被收集前保持较高的能量状态。这种结构的电池具有较高的开路电压，也解决了光伏器件载流子热能化损失的问题。由于不需要带边来减缓光激发载流子的能量弛豫，在太阳光谱相当宽的区域中，载流子吸收都是可以进行的，为了避免光生载流子的热能化损失，采用很窄带隙的半导体材料或者金属均可获得这种大范围的吸收。热载流子太阳能电池的结构相对其他多结叠层电池，在维持高转换效率的条件下具有相对简单的结构。

热载流子太阳能电池虽然很有前景，但该技术的研究尚处于理论初级阶段，要得到高转换效率的电池还需走很长的路。

4.7.5 碰撞离化太阳能电池

碰撞电离是热载流子可能提高输出的另一个途径。一个光子通常只能激发一个自由电子，这是因为在光子作用下产生的自由电子往往会与其周围的原子发生碰撞，消耗了电子多余的能量，不能激发更多的自由电子。热载流子碰撞电离是指光激发的高能离子碰撞晶格原子使其离化，产生第二个电子-空穴对，例如，材料由于吸收了一个高能量光子，激发一对高能量的电子-空穴对，当导带中的高能量电子跃迁到导带底部时，其释放的能量又会激发产生另一对电子-空穴对，这样一个光子的吸收就能产生 3 对电子-空穴对。通过增加光生载流子密度，增大了太阳能电池的光电流，从而提高了电池的转换效率。2006 年，洛斯阿拉莫斯国家实验室的维克多克勒默通过实验发现，PbSe 的量子点被高能紫外线轰击时能使一个光子产生 7 个电子。

碰撞离化效应在体材料中很微弱，在量子点超晶格结构中碰撞离化效应较为明显。碰撞离化太阳能电池目前的研究主要集中在电子-空穴对的分离、输运和收集等方面。

4.7.6 杂质带和中间带太阳能电池

杂质带和中间带太阳能电池均是在材料中掺入一种或几种能级位于半导体禁带之间的杂质，从而吸收不同能量的光子，通过多步吸收将若干个光子激发成一对载流子，减少热能化损失。与叠层电池相比，它的极限效率与三叠层电池的一样，非聚光条件下为 48%。这两种结构器件均可吸收能量小于带宽的光子，激发出电子-空穴对，而中间带的连续性避免了光子能量被同一电子重复吸收，这可延长中间能级的寿命，使第二个光子能够被吸收。为了最大限度地利用这一优点，中间带必须处于半满状态，即要求费米能级位于带宽的中间位置，从而使价带电子的吸收概率和导带电子的发射概率相等。杂质太阳能电池是在电池中引入深能级缺陷，杂质能级的最佳位置位于带宽的 1/3 处。引入的缺陷同样增加了辐射和非辐射复合的概率，可通过调整缺陷能级使其远离结的位置来弥补这一缺点。这种结构的电池既可吸收短波长的光又可吸收长波长的光。目前中间带太阳能电池是第三代太阳能电池研究的活跃领域之一，虽然还没有取得较好的转换效率，但不久的将来这一难题将会被攻克。

4.7.7 上下转换太阳能电池

与多结太阳能电池和中间带太阳能电池一样，上下转换太阳能电池也是为了拓宽光谱响应，减少低能光子透过电池导致的损失和高能量光子的热化损失。上转换通常是吸收 2 个以上能量小于带隙的光子，然后发射出一个能量大于带隙的光子，如吸收两个红光光子，发射一个能量大于电池带隙的光子；下转换即吸收太阳光谱中远大于电池能带宽度的高能光子，发射两个或两个以上能量大于电池带隙的光子。

下转换电池通常是将下转换材料（下转换器）置于单结电池的上面，通过把高能量的紫外线转换成可见光来增加光生电流，这就要求它的量子效率大于 1。上转换电池是将上转换材料（上转换器）置于电池的背面，由于上转换材料不会干扰前面单结太阳能电池的入射光，所以即便是低效率的上转换材料亦可增加光生电流，提高电池的转换效率。

上下转换太阳能电池在结构上虽然与中间带太阳能电池类似，但有明显区别。上下转换器与电池之间仅有光学上的耦合，电学上是完全隔离的，因此，转换器和电池可独立优化。

4.7.8 量子点太阳能电池

量子点结构也是新材料开发方面的热点，主要理念是将量子点层放在pn结的耗尽区内，在光生载流子复合之前被集中起来。这其实是一种使用中间带的方法，通过提高量子效率来获得高效率。很容易看出，必须有足够多的高质量量子点作为吸收层才能达到提高效率的目的，这就对量子点材料生长方面提出了很高的要求。同时，超晶格结构导致量子点之间产生结合后，在传导带上形成微带，使各种波长的光吸收成为可能。量子点太阳能电池的理论转换效率可达60%以上，是颇受瞩目的高效太阳能电池的候选者之一。

4.7.9 下一代太阳能电池

根据Shockley-Queisser极限（S-Q极限），单结太阳能电池的极限效率为31%，全聚焦条件下是40.8%。世界光伏研究和产业界十分关注如何突破S-Q极限，从而大幅度地提高对太阳光的利用率，这是新一代太阳能电池的热点研究方向。新一代太阳能电池是在克服第一代、第二代电池缺点的基础上研发的，因此应该具备以下优势：①高效。效率可能是第一代（晶体硅）和第二代（薄膜光伏）电池的2倍甚至3倍。②低成本。可以使用价格较低的高通量印刷和涂层技术，该技术在制造期间耗能较少、设备投资较低、无须像第一代和第二代电池那样清洁的室内环境，因此会比之前几代的成本大大降低。③灵活性好。其厚度只有几微米，透明度高，可通过丝网印刷印在窗户上或直接安装在建筑物内，这意味着未来的建筑物以及桥梁等都可变成大型发电厂，毫不费力地获取太阳能来满足我们不断增长的需求。④3D技术。相对于平面太阳能板（2D）反射阳光，3D太阳能板可捕获到几乎所有照射在太阳能板上的阳光，大大提高能量转换效率。

AMPS-1D软件是一款由美国宾夕法尼亚大学研究开发的太阳能电池模拟软件。AMPS采用牛顿-拉普拉斯方法在一定边界条件下求解联立的泊松方程、电子和空穴的连续性方程，可以用来计算太阳能电池器件的结构与输运物理特性。AMPS首先从泊松方程、电子连续性方程和空穴连续性方程这三个方程出发得到三个状态变量：电子准费米能级（或电子浓度）、空穴准费米能级（或空穴浓度）和电势。这些状态变量都是位置的函数；而后再由这三个状态变量出发得到太阳能电池的一系列特性。

思 考 题

4.1 简述薄膜太阳能电池的特点。

4.2 简述透明导电膜的作用和分类。

4.3 试述硅系薄膜太阳能电池的分类和特点。

4.4 试述非晶硅薄膜太阳能电池的优缺点。

4.5 简述碲化镉薄膜太阳能电池的优缺点。

4.6 简述 CIS 和 CIGS 电池的优缺点。

4.7 试述Ⅲ-Ⅴ族化合物太阳能电池的特点和应用。

4.8 简述有机太阳能电池的分类和特点。

4.9 如何降低电池的成本?

4.10 现有电池效率不高的原因是什么?

4.11 试述高效太阳能电池的研发方向。

4.12 用 AMPS-1D 软件模拟薄膜电池的结构参数对其性能的影响。

第 5 章　太阳能光伏组件设计

5.1　太阳能光伏组件概述

太阳能电池是将太阳光直接转换为电能的最基本元件，一个单体太阳能电池的单片为一个 pn 结，需根据使用要求将若干单体电池进行适当的连接封装，组成一个可以单独对外供电的最小单元，即组件。

太阳能光伏组件（俗称太阳能电池板）是将性能一致或相近的太阳能电池，或由激光机切割开的小尺寸的太阳能电池，按一定的排列串、并联后封装而成的。由于单片太阳能电池的电流和电压都很小，把它们先串联获得高电压，再并联获得高电流后，通过一个二极管（防止电流回流）输出。电池串联的片数越多电压越高，面积越大或并联的片数越多则电流越大。例如，一个组件上串联太阳能电池的数量是 36 片，这意味着这个太阳能光伏组件大约能产生 17V 的电压。

当应用领域需要较高的电压和电流，而单个组件不能满足要求时，可把多个组件通过串联或并联进行连接。根据负荷需要，将若干组件按一定方式组装在固定的机械结构上，形成直流发电的单元，即太阳能电池阵列，也称为光伏阵列或太阳能电池方阵。一个光伏阵列包含两个或两个以上的太阳能光伏组件，具体需要多少个组件及如何连接组件与所需电压（电流）及各个组件的参数有关。

太阳能电池并、串联组成太阳能光伏组件；太阳能光伏组件并、串联构成太阳能电池阵列。太阳能电池互联系统或阵列系统最主要的损耗有不匹配的电池之间的互联引起的损耗、电池板的温度和电池板的故障模式引起的损耗。

5.2　光伏组件的封装密度

在太阳能光伏组件中，太阳能电池的封装密度指的是被电池覆盖的区域面积与空白区域面积的比。封装密度影响着电池的输出功率以及电池温度。而封装密度的大小则取决于所使用电池的形状。例如，单晶硅电池一般为圆形或半方形，而多晶硅电池则通常为正方形。因此，如果单晶硅电池不是切割成方形，单晶硅组件的封装密度将比多晶硅的低，如图 5-1 所示。

当组件中电池排列较稀疏时，因为“零深度聚光”效应的影响，露出的空白背面同样能够少量增加电池的输出，如图 5-2 所示，一些射到电池与电池之间的空白区域和射到电极上的光，被散射后又传到电池表面。

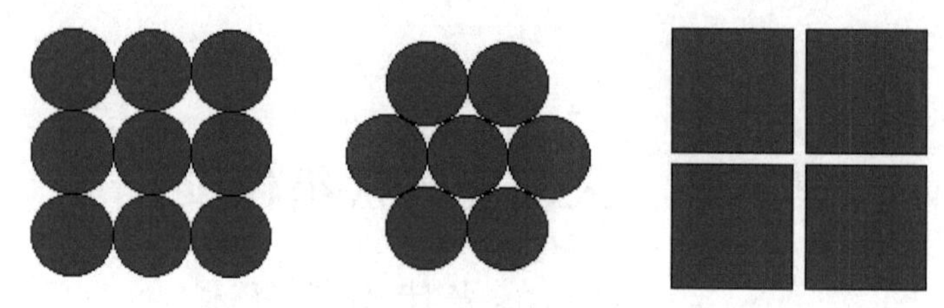

图 5-1　圆形电池和方形电池的封装密度

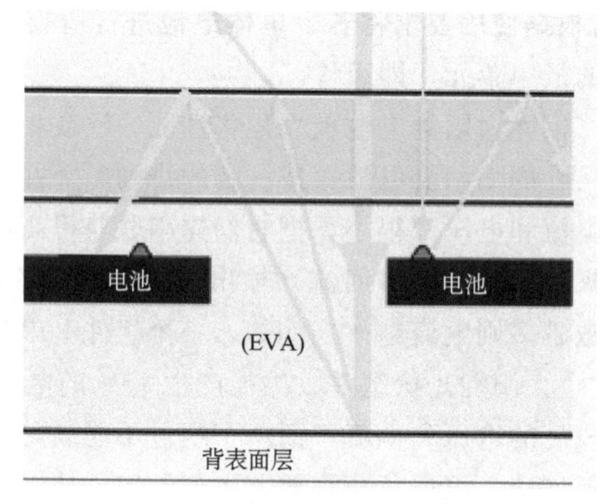

图 5-2　电池封装的零深度聚光

5.3　光伏组件的电路设计

一块硅太阳能光伏组件通常是由多块太阳能电池串联而成的，以提高输出电压和输出电流。光伏组件的输出电压通常被设计成与 12V 蓄电池相容的形式。而在 25℃和 AM1.5 条件下，单个硅太阳能电池的输出电压约为 0.6V。考虑到由于温度造成的电池板电压损失和蓄电池所需要的充电电压可能达到 15V 或者更多，大多数光伏组件由 36 块电池片组成，如图 5-3 所示，36 块太阳能电池串联起来以使输出的电压足以为 12V 的蓄电池充电。这样，在标准测试条件下，输出的开路电压将达到 21V，在工作温度下，最大功率点处的工作电压大约为 17V 或 18V。剩余的电压包括由光伏系统中的其他因素造成的电压损失，例如，电池在远离最大功率输出点处工作和光强变弱。

虽然光伏组件的电压取决于太阳能电池的数量，但是光伏组件的输出电流却取决于单个太阳能电池的尺寸和它们的转换效率。在 AM1.5 和最优倾斜角度下，商用电池的电流密度为 30～36mA/cm^2。单晶硅电池的面积通常为 100cm^2，则总的输出电流大约为 3.5A。多晶硅电池片面积更大但电流密度较低，因此输出的短路

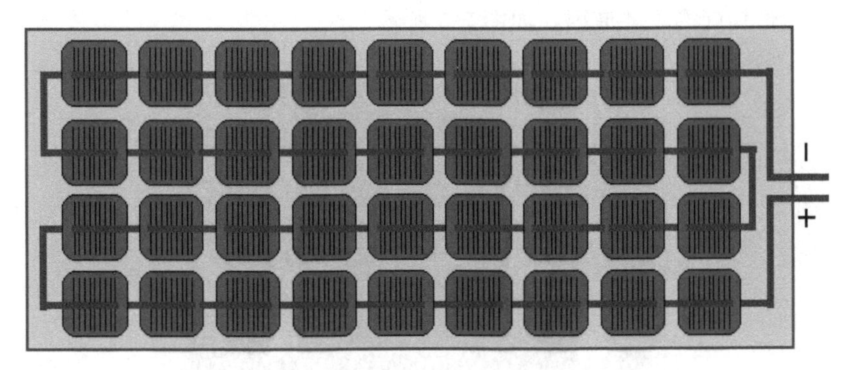

图 5-3　典型的光伏组件由 36 块太阳能电池串联而成

电流通常为 4A 左右。但是，多晶硅电池的面积可以有多种变化，因此电流也可以有多种选择。组件的输出电流和电压并不受温度的影响，但却容易受组件的倾斜角度的影响。

如果组件中的所有太阳能电池都有相同的电特性，并处在相同的光照和温度下，则所有的太阳能电池都将输出相等的电流和电压。在这种情况下，光伏组件的 I-V 曲线的形状将和单个太阳能电池的形状相同，只是电压和电流都增大了。则输出电流为

$$I_T = M \cdot I_L - M \cdot I_O\left\{\exp\left[\frac{q(V_T/N)}{nkT}\right] - 1\right\} \tag{5-1}$$

式中，N 表示串联电池的个数；M 为并联电池的个数；I_T 为电路的总电流；V_T 为电路的总电压；I_O 是单个电池的饱和电流；I_L 是单个电池的短路电流；n 是单个电池的理想填充因子；而 q、k 和 T 则为常数。由一系列相同的电池连接而成的总电路的 I-V 曲线如图 5-4 所示。

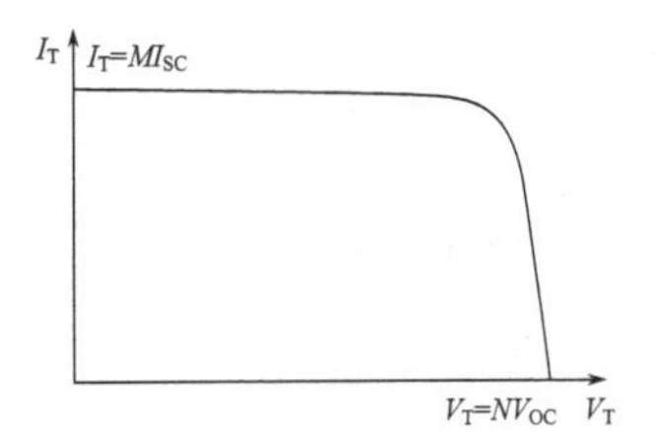

图 5-4　N 个电池串联，M 个电池并联的电路 I-V 曲线

5.4　光伏组件中的错配效应

错配损耗是由互相连接的电池或组件没有相同的性能或者工作在不同的条件下造成的，当组件中的一个太阳能电池的参数与其他的明显不同时，错配现象就会发生。由错配造成的影响和电能损失取决于光伏组件的工作点、电路的结构布局和受影响的太阳能电池的参数。例如，电池串中如果有一块电池片被阴影遮住，由那些“好”电池所产生的电能将被表现差的电池所消耗，还可能会导致局部电能的严重

损失，产生的局部加热也可能引起对组件无法挽回的损失。组件局部被阴影遮住是引起光伏组件错配的主要原因，如图 5-5 所示。

图 5-5　组件局部被阴影遮住

一个太阳能电池与其余太阳能电池在 I-V 曲线上的任何一处的差异都将引起错配损耗。图 5-6 展示了理想太阳能电池和非理想太阳能电池的比较，最大的错配差异是当电压被反向偏压时造成的。尽管错配现象可能由太阳能电池参数的任何一

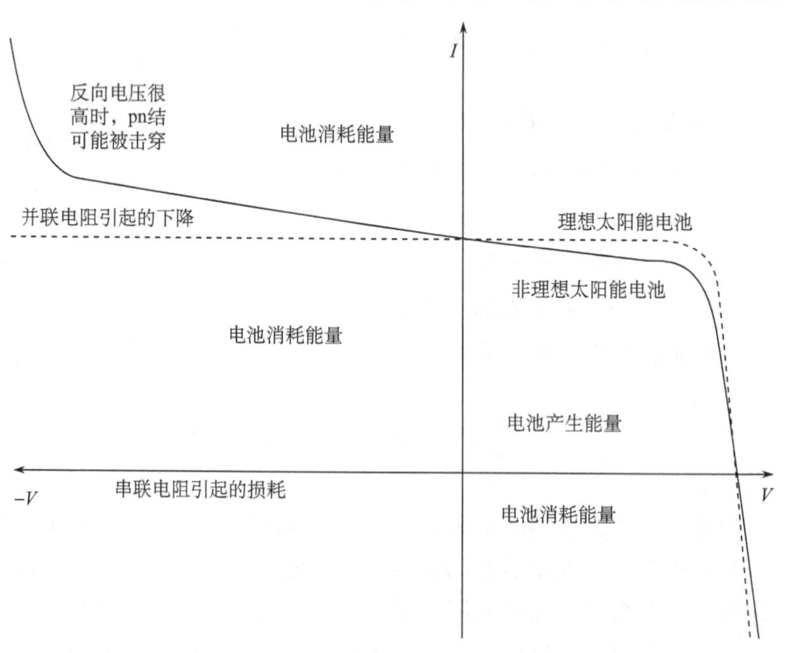

图 5-6　理想太阳能电池和非理想太阳能电池的比较

部分所引起，但是严重的错配通常都是由短路电流或开路电压的差异所引起的。错配的影响大小同时取决于电路的结构和错配的类型。

5.4.1 太阳能电池串联错配

因为大多数光伏组件都是串联形式的，所以串联错配是人们最常遇到的错配类型。在两种最简单的错配类型中（短路电流的错配和开路电压的错配），短路电流的错配比较常见，它很容易由光伏组件的阴影部分引起。同时，这种错配类型也是最严重的。

对于两个串联的电池，流过两者的电流大小是一样的。产生的总电压等于每个电池的电压的总和。因为电流大小需要一致，如图 5-7 所示。所以在电流中出现错配就意味着总的电流必须大小等于最小的值。

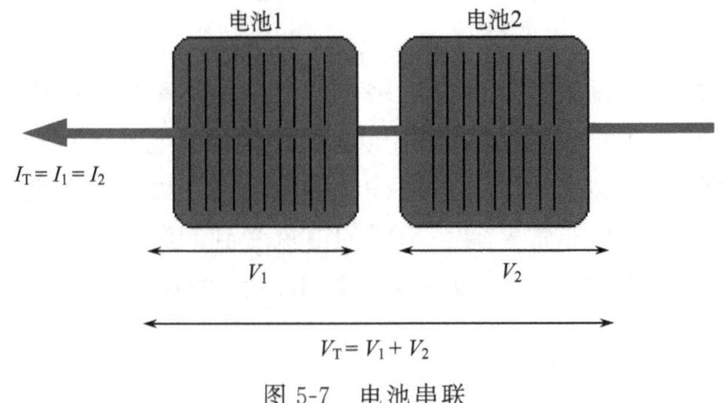

图 5-7　电池串联

串联电池的开路电压错配是一种比较不严重的错配类型，如图 5-8 所示。在短路电流处，光伏组件输出的总电流是不受影响的。而在最大功率点处，总的功率却减小了，因为问题电池产生的能量较少。因为两个电池是串联起来的，所以流经两个电池的电流是一样的，而总的电压则等于每个电池的电压之和。

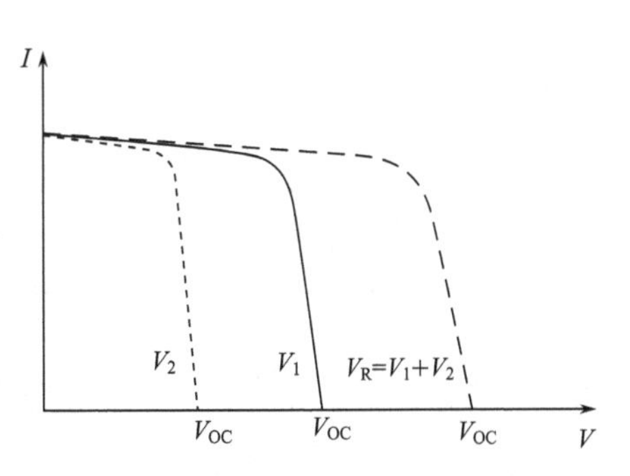

图 5-8　串联错配对电压的影响

串联电池的短路电流错配取决于组件所处的工作点，以及电池错配的程度。短路电流错配对光伏组件有重大影响，如图 5-9 所示。在开路电压处，短路电流的下降对电池影响相对较小。即开路电压只产生了微小的变化，因为开路电压与短路电流呈对数关系。然而，由于穿过电池的电流是一样的，所以两者结合的总电流不能超过有问题电池的电流，这种情况在低电压处比较容易发生，好电池产生的额外电流并不是被每一个电池所抵消，而是被问题电池所抵消了（通常在短路电流处也会发生）。

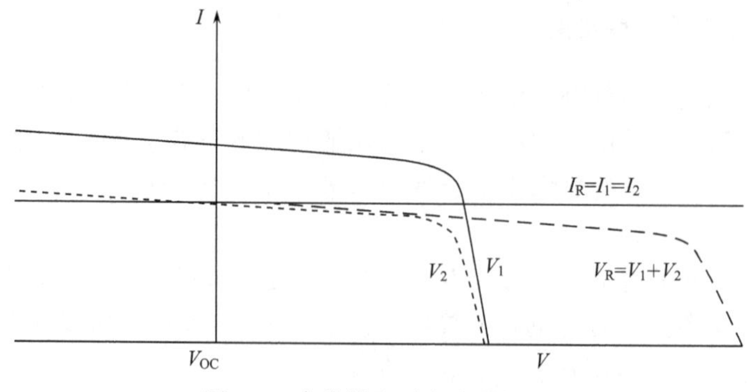

图 5-9　串联错配对电流的影响

总体来说，在有电流错配的串联电路中，严重的功率损失一般发生在问题电池产生的电流小于好电池在最大功率点的电流时，或者当电池工作在短路电流或低电压处时，问题电池的高功率耗散会对组件造成无法挽回的伤害。两个串联电池的电流错配有时会相当严重且非常普遍。串联的电流受到问题电池的电流限制。

图 5-10 展示了两线交点的电流表示串联电路的短路电流，这是计算串联电池错配短路电流的一个简单方法。

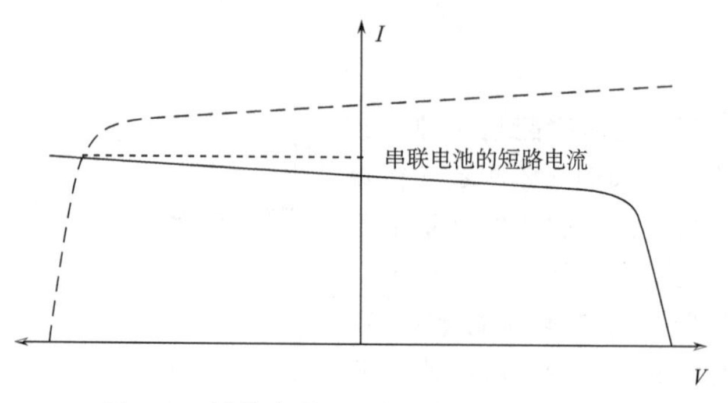

图 5-10　计算串联电池错配短路电流的方法

5.4.2　串联电池的热点加热

热点加热现象发生在几个串联电池中出现了一个问题电池时，如图 5-11 所示，如果光伏组件的首尾都连接起来，来自那些未被阴影遮挡的电池的电能将被问题电池所抵消。电路中，一个被阴影遮住的电池减少了电路电流，使得好电池提高电压，并常常导致问题电池的电压反置。

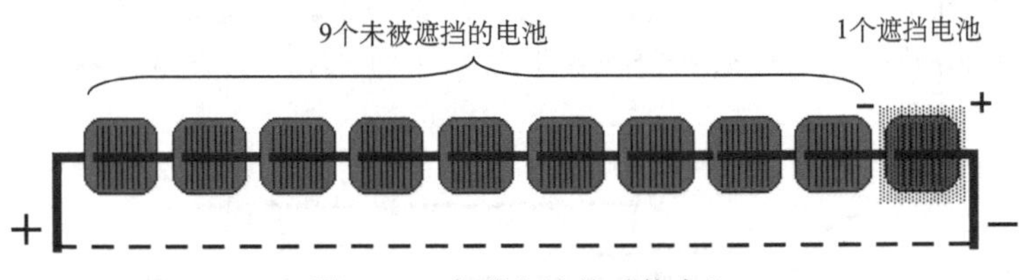

图 5-11　串联电池的“热点”

如果串联电路的工作电流大小接近于问题电池的短路电流，电路总电流将受到问题电池的限制，则好电池产生的额外电流（比问题电池高出的那部分电流）将变成好电池的前置偏压。如果串联电池被短路，则所有好电池的前置偏压都将变成问题电池的反向电压。当数量很多的串联电池一起把前置偏压变成问题电池的反向电压时，在问题电池处将会有大的能量耗散，这就是热点加热现象。基本上所有好电池的总的发电能力都被问题电池给抵消了。巨大的能量消耗在一片小小的区域，局部过热就会发生，或者称为热点，它反过来也会导致破坏性影响，例如，电池或玻璃破碎、焊线熔化或电池的退化。如图 5-12 所示，问题电池的热耗散导致组件破碎。

图 5-12　问题电池的热耗散导致组件破碎

通过使用旁路二极管可以避免热点加热效应对组件造成的破坏。二极管与电池并联且方向相反，在正常工作状态，每个太阳能电池的电压都是正向偏置的，所以旁路二极管的电压为反向偏置，相当于开路。然而，如果串联电池中有一个电池因此发生错配而导致电压被反向偏置，则旁路二极管就会立即导通，因此来自好电池的电流能流向外部电路而不是变成每个电池前置偏压。穿过问题电池的最大反向电压将等于单个旁路二极管的管压降，由此限制了电流大小并阻止了热点加热，如图5-13所示。

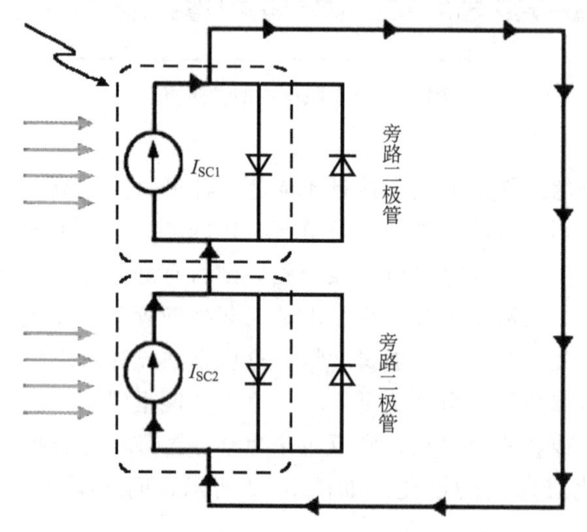

图 5-13　旁路二极管避免热点加热

要测算出旁路二极管对 *I-V* 曲线的影响，首先找出单个太阳能电池（带有旁路二极管）的 *I-V* 曲线，然后与其他电池的 *I-V* 曲线相结合。旁路二极管只在电池出现电压反向时才对电池产生影响。如果反向电压高于电池的膝点电压（knee voltage），则二极管将导通并让电流流过。图 5-14 为接有二极管的电池的*I-V*曲线。二极管能阻止热点加热。为了便于观测，图中使用了 10 个电池，其中 9 个好电池，一个问题电池。典型的光伏组件由 36 个电池组成，如果没有旁路二极管，错配效应的破坏将更严重，但连接二极管后的影响却比 10 个电池的更小。

然而，实际上若每个太阳能电池都连接一个二极管，成本会很高，所以一般改

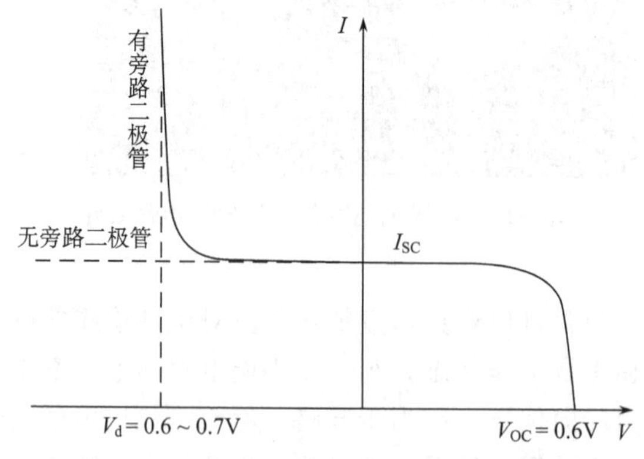

图 5-14　接有二极管的太阳能电池的 *I-V* 曲线

为一个二极管连接几个电池。穿过问题电池的电压大小等于其他串联电池（即与问题电池共享一个二极管的电池）的前置偏压加上二极管的电压，图 5-15 为连接电池组的旁路二极管。图中 0.5V 只是任意取的数值。穿过好电池的电压大小取决于问题电池的问题严重程度。例如，如果一个电池完全被阴影遮住了，那些没有阴影的电池会因短路电流而导致正向电压偏置，而电压值大约为 0.6V。如果问题电池只是部分被阴影遮住，则好电池中的一部分电流将穿过电路，而剩下的则被用来对每个电池产生前置偏压。问题电池导致的最大功率耗散几乎等于那一组电池所产生的所有能量。在没有引起破坏的情况下，一个二极管能连接电池的数量最多为 15 个（对于硅电池）。因此，对于通常的 36 个电池的光伏组件，需要 2 个二极管来保证组件不会轻易被热点破坏。

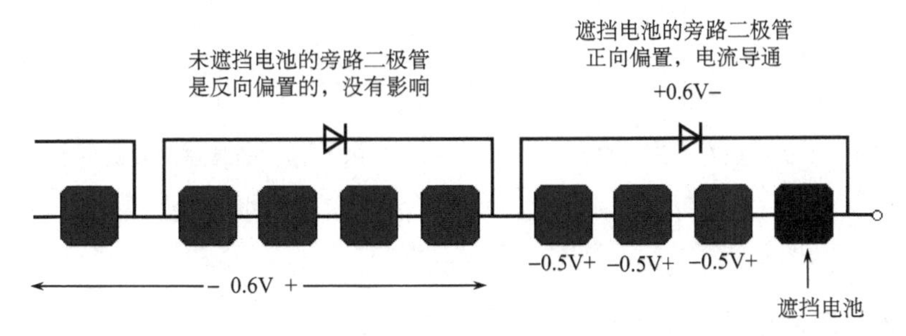

图 5-15　连接电池组的旁路二极管

5.4.3　太阳能电池并联错配

在小的电池组件中，电池都以串联形式相接，所以不用考虑并联错配问题。通常在大的光伏阵列中组件才以并联形式连接，所以错配通常发生在组件与组件之间，而不是电池与电池之间。

两个太阳能电池之间并联，穿过每个电池的电压总是相等的，电路的总电流等于每个电池之和，如图 5-16 所示。错配对电流的影响不大，总的电流总是比单个电池的电流高，如图 5-17 所示。

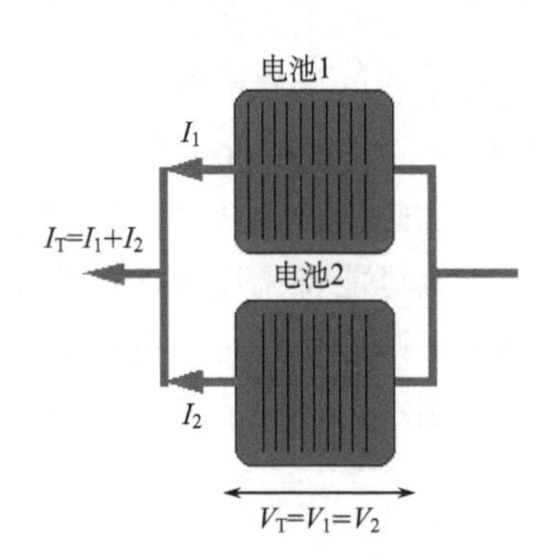

图 5-16　并联电池的电压和电流

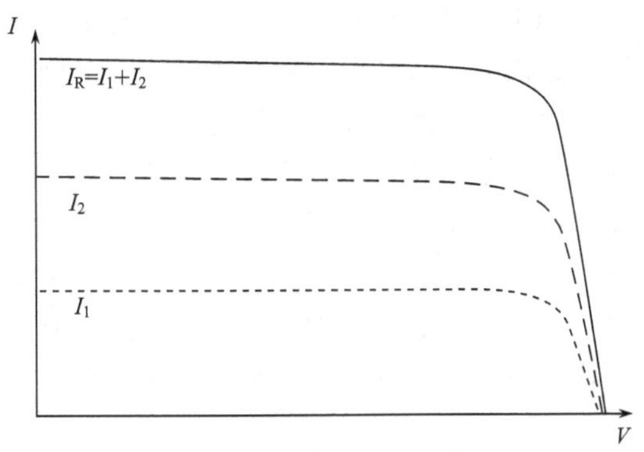

图 5-17　并联错配电流的影响

错配会降低好电池的开路电压，如图 5-18 所示。有一个简单的方法可以计算错配并联电池的开路电压，即在坐标图中以电压为自变量画出 I-V 曲线，则两线的交点就是并联电路的开路电压，如图 5-19 所示。

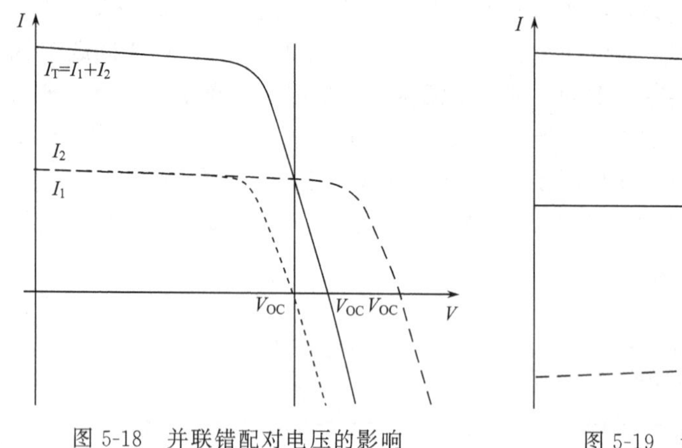

图 5-18　并联错配对电压的影响

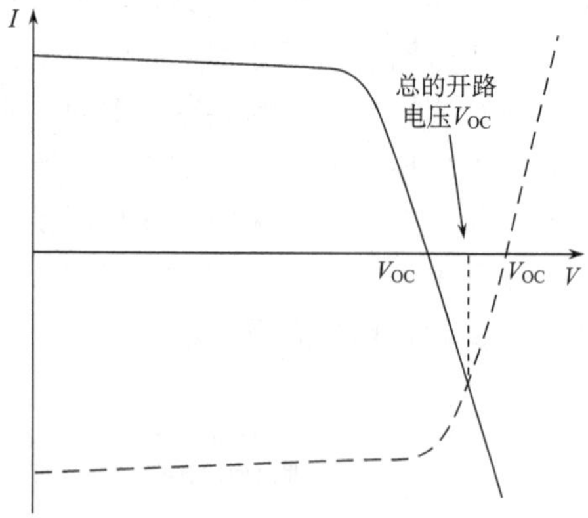

图 5-19　计算错配并联电池的开路电压的示意图

5.4.4　光伏阵列中的错配效应

在大型光伏阵列中，单个光伏组件既以串联形式又以并联形式与其他组件连接。一系列串联的电池或组件称为“一串”。串联与并联相结合可能会导致光伏阵列中出现几个问题。一个潜在的问题来自于“一串”电池中的一个发生了开路，则来自这串电池的电流要小于组件中其余的电池串。这种情况与串联电路中有一个电池被阴影遮挡的情况相似，即输出自整个电池组的能量将会下降。如图 5-20 所示，尽管所有的组件都是一样的，且阵列中没有电池被阴影遮住，但仍然可能出现热点加热现象。图 5-20 中的阵列在电路结构上相当于右边的电路，右边每个电池的电压等于左边每个电池的 2 倍，电流为 4 倍。

如果旁路二极管的额定电流与整个并联电路的输出电流大小不匹配，则并联电路的错配效应同样会导致严重的问题。例如，由串联组件组成的并联电路中，每个串联组件的旁路二极管也以并联形式连接，如图 5-21 所示。串联组件中的一个错配将会导致电流从二极管流过，从而加热二极管。然而，加热二极管会减少饱和电流和有效电阻，以至于组件中的另一串电池也受影响。电流可能将流过组件中的每一个二极管，但也一定会流过与二极管相连的那一串电池，则这些旁路二极管变得更热，将大大降低它们的电阻并提高电流。如果二极管的额定电流小于电池组件的并联电流，二极管将会被烧坏，光伏组件也将会损坏。

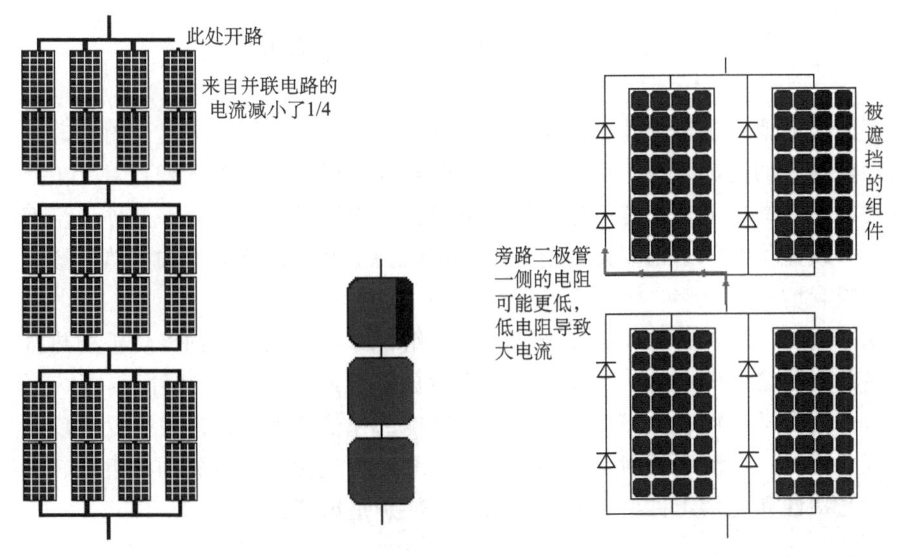

图 5-20　阵列中的错配效应与等效电路　　　图 5-21　并联组件中的旁路二极管

除了使用旁路二极管来阻止错配损失外，通常还会使用阻塞二极管来减小错配损失。阻塞二极管如图 5-22 所示，通常被用来阻止晚上蓄电池的电流流到光伏阵列上。在互相并联的组件中，每个组件都串联一个阻塞二极管。这不仅能降低驱动阻塞二极管的电流，还能阻止电流从一个好的电池板流到有问题的电池板，也因此减小了并联组件的错配损失。

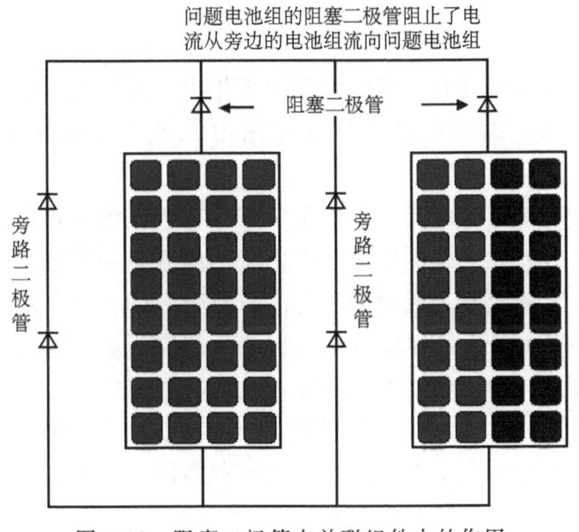

图 5-22　阻塞二极管在并联组件中的作用

5.5 光伏组件的温度效应

太阳能电池封装进光伏组件中所产生的一个多余的边际效应是，封装改变了光伏组件内热量的进出状况，因此增加了光伏组件的温度。温度的增加对太阳能电池的主要影响是减小了太阳能电池的输出电压，从而降低输出功率。此外，温度的增加也会导致光伏组件中出现几个电池恶化，因为上升的温度会增加与热扩散有关的压力，或者增加恶化率，即每上升 10℃恶化量就增加 2 个。

太阳能光伏组件的工作温度取决于光伏组件产生的热量、向外传输的热量和周围环境的温度之间的平衡。而光伏组件产生的热量取决于光伏组件所在的工作点、光伏组件的光学特性和太阳能电池的封装密度。光伏组件向外散发热量可以分为三个过程：传导、对流和辐射。这些散发过程取决于光伏组件材料的热阻抗、光伏组件的发光特性和光伏组件所处的环境条件（特别是风速）。

5.5.1 光伏组件的热生成

晒在阳光下的太阳能电池既产生热又产生电。对于工作在最大功率点处的商业光伏组件，只有 10%～15%的太阳光被转换成电，而剩下的大部分都变成了热。影响组件热生成的因素包括光伏组件表面的反射、光伏组件所处的工作点、光伏组件中没有被太阳能电池片占据的空白部分对阳光的吸收、光伏组件或太阳能电池对低能光（红外光）的吸收、太阳能电池的封装密度。

(1) 组件表面的反射。被组件表面反射出去的光对电能的产生没有贡献。这些光也被看成能量损失的因素，因此要尽量减少。当然，反射光也不会使组件加热。对于典型玻璃表面封装光伏组件，反射光中包含了大约 4%的入射能量。

(2) 组件的实际工作点和效率。电池的工作点和效率决定了电池吸收的光子中能转换成电能的数量。如果电池工作在短路电流或开路电压处，则产生的电能为零。

(3) 组件空白区域吸收的光。光伏组件中没有被电池片占据的部分同样也会加热组件。吸收和反射的光的比例取决于组件背面的材料与颜色。

(4) 对低能光子的吸收。能量低于电池材料带隙的光将不能产生电能，相反会变成热量使电池温度上升。而电池背面的铝线也趋向于吸收红外光。如果电池的背面没有被铝完全覆盖，则部分红外光将穿过电池并射出组件。

(5) 太阳能电池的封装密度。太阳能电池被特别地设计吸收太阳辐射。电池将产生显著的热量，通常要高于组件的封装层和背面层。因此，太阳能电池的封装密度越高，单位面积产生的热越高。

5.5.2　光伏组件的热损失

光伏组件的工作温度是组件所产生的热量与向外界传输的热量之间的动态平衡。向外界传输热量的过程有三个，即传导、对流和辐射。热传导是由于光伏组件与其他相互接触的材料（包括周围空气）存在热梯度，材料之间的温度差异驱使热量从高温流向低温区域。光伏组件向外传导热的能力可以通过电池封装材料的热阻抗和材料结构来描述。热对流就是从组件表面流过的物质把组件表面的热量带走。对于光伏组件，热对流是由组件表面吹过的风引起的。组件向外部环境传输热量的最后一种方式是向外辐射电磁波。任何物体都会向外辐射电磁波，辐射的波由温度决定。黑体辐射的功率强度由下面方程给出：

$$P=\sigma T^4 \tag{5-2}$$

式中，P 为光伏组件产生的热能；σ 为斯特藩-波尔兹曼常数；T 为电池组件的温度（K）。然而，光伏组件并不是一个理想的黑体，所以要计算非理想黑体的辐射，需要引入一个被称为发射率 ε 的参数。物体的发射率一般可以通过它的吸收特性测量出来，因为这两种特性非常相似。例如，金属，吸收率很低，同样发射率也很低，通常只有 0.03。引入发射率之后的方程变为

$$P=\varepsilon\sigma T^4 \tag{5-3}$$

组件热量的净损失等于组件向外辐射的热量与外部环境向组件辐射的热量的差，即

$$P=\varepsilon\sigma(T_{SC}^4-T_{amb}^4) \tag{5-4}$$

式中，T_{SC}为电池的温度；T_{amb}为电池外部环境的温度，其他的则为常量。

5.5.3　电池的额定工作温度

在 $1kW/m^2$的光照下，光伏组件的典型温度大约为 25℃。然而，在实际的光伏发电站中，太阳能电池通常在温度更高且光强更低的环境中工作。为了估算出太阳能电池的功率输出，关键的一步是要测算出光伏组件可能的工作温度。太阳能电池额定工作温度（NOCT）被定义为在太阳能电池表面的辐照度为 $800W/m^2$、空气温度为 20℃、风速为 1m/s、支架结构为后背面向外敞开、开路时太阳能电池的温度。在风速一定的情况下，热对流和热传导损失的大小都与太阳辐照度呈线性关系（假设温度对热阻抗和热传导率影响不大）。

图 5-23 将分别展示后背面打开，风速约为 4m/s 情况下太阳能电池在最佳条件、最坏条件和平均条件下的 NOCT，可见，组件与外部环境的温度差随着太阳光照强度的增加而变大。最佳情况包括组件背部安装铝散热片以降低温度，因为散热片能减小热阻抗同时增大表面的对流面积。由图可知，最好的组件、最差的组件以及典型的组件的额定工作温度（NOCT）分别为 33℃、58℃和 48℃。计算电池

温度的近似方程为

$$T_{cell}=T_{air}+\frac{NOCT-20}{80}\cdot S(℃) \tag{5-5}$$

式中，S 为光强（mW/cm^2）。风速更高时，组件温度将会下降，反之，当风速为零时温度将更高。

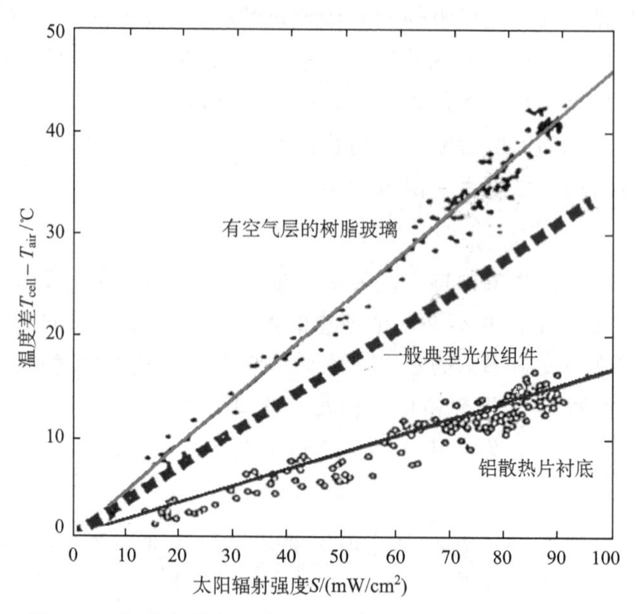

图 5-23　组件与外部环境的温度差与太阳光照强度的关系

组件设计包括组件材料和封装密度，是影响 NOCT 的主要因素。例如，低封装密度和低热阻抗的背表面能够使组件温度降低 5℃。

热传导和热对流都很容易受到光伏组件安装条件的影响。当组件背面不能与外界环境传输热量时（例如，电池组件直接安放在地面上，中间不留空隙），其热阻抗可能为无限大。类似的，在这种安装条件下，组件表面的热对流也将受到限制。因此，当光伏组件安装在屋顶时，组件温度通常能提高 10℃。

5.5.4　热膨胀与热压力

热膨胀效应是在设计组件时需要考虑的另一个重要温度效应。温度上升时，使用“应力环”能调节电池之间的膨胀，如图 5-24 所示。

通常，电池之间的连接线是圆形的，以尽量减小周期应力。连接线一般为双层以防止被这种应力破坏。除了这种互联压力外，几乎所有的组件交界面都会受到与温度有关的周期应力的影响，且可能最终导致组件脱落。

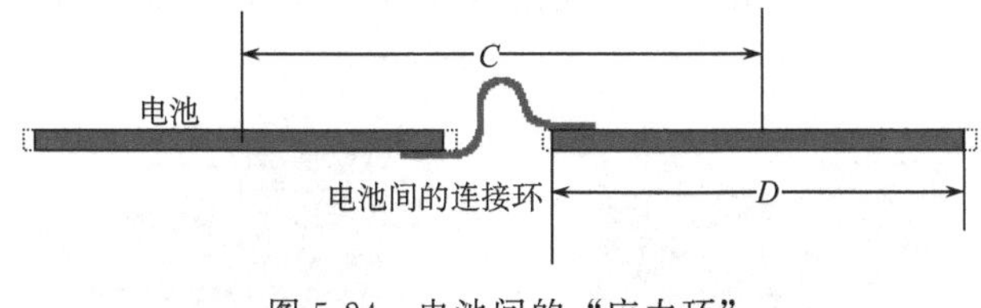

图 5-24 电池间的“应力环”

5.6 光伏组件的电力保护和机械保护

光伏组件的电力保护指组件的电绝缘，组件封装系统必须能够承受系统的电势差。金属框架也应该接地，因为组件的内部和终端的电势都大大高出大地电势。任何漏到大地上的电流都应尽量减小。

机械保护指太阳能光伏组件必须有足够的硬度和刚度以承受正常安装时的应力。如果电池表面的封装材料为玻璃，则玻璃必须通过钢化，因为组件中心部位的温度要比周围框架区域的温度高。这将在周围产生张力，并有可能导致玻璃破裂。在光伏阵列中，组件必须能够承受其本身一定程度的弯曲，以及能够承受风流动产生的振动和雪、冰等施加的压力。

5.7 光伏组件的退化机制

太阳能光伏组件的工作寿命主要取决于组件材料的稳定性和抵抗被腐蚀的能力。太阳能光伏组件一般要保证寿命达到 20 年以上。但几种损坏和退化机制可能会降低太阳能光伏组件的功率输出或降低使用寿命。几乎所有的机制都与水侵蚀和温度应力有关。

退化机制既可能是由于时间的流逝而导致整体输出功率的减小，也可能是由于组件中个别太阳能电池的恶化而导致总输出功率的减小。

引起太阳能电池和组件整体退化的因素有电极接触面积的减小和腐蚀（通常由水蒸气引起）导致 R_S增加、穿过 pn 结的金属漂移使 R_{SH}减小、减反射膜的退化。

光伏组件的输出功率减退也可能是由可逆转的因素导致的。例如，部分表面被从地上长出的树给遮住了，或者表面粘有泥土（光伏组件通常会因表面的泥土而损失大约 10%的输出功率）。一个组件可能已经退化了，或者组件之间的互联可能改变了光伏阵列的工作点。但是，在那些因素被改正后，这些功率退化都是可逆的。

5.7.1 太阳能电池短路

短路可能发生在太阳能电池的连接处，如图 5-25 所示。短路现象也是在薄膜太阳能电池中普遍出现的退化机制，因为薄膜太阳能电池的前表面和背面靠得非常近，此外，针孔、腐蚀区域和损坏区域这些因素一同增加了太阳能电池被短路的机会。

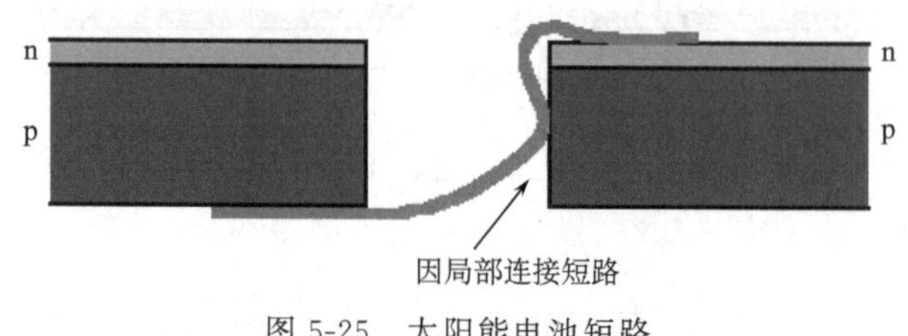

图 5-25　太阳能电池短路

5.7.2　太阳能电池开路

太阳能电池开路是普遍存在的退化机制。太阳能电池开路可能是因为热应力、冰雹或者制造和封装过程的破坏导致潜在的碎裂而引起的电池破碎。很多情况下太阳能电池虽然断裂，但剩余的连接点加上互联母线的存在，能使太阳能电池继续工作。图 5-26 显示互联母线阻止了断裂电池开路现象的出现。

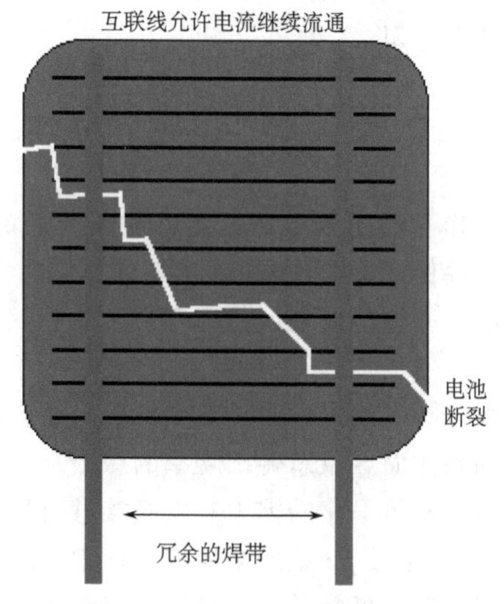

图 5-26　互联线阻止了断裂电池开路

5.7.3　其他退化机制

周期性热应力和风荷载引起的机械疲惫，可能会导致光伏组件互联开路现象的发生。太阳能光伏组件之间同样会发生开路现象，通常在母线或接线盒处。尽管在出售之前每个组件都经过检测，但是多数的组件短路都是制造缺陷引起的。绝缘物质的风化降解导致绝缘层脱落、碎裂或电化学腐蚀，也会引起光伏组件短路。

光伏组件表面玻璃的破损可能由肆意破坏、热应力、操作失误、风或冰雹的因素引起。光伏组件脱落是早期生产的电池中常见的现象，但现在已经比较少见。通常因键合强度的降低引起，或者因湿气和光热导致老化，或者不同的热膨胀和湿膨胀引起破坏。错配、破裂或遮蔽的电池可导致如前所述的热点失效。

旁路二极管被用来克服错配问题的元件，其本身也同样会出现问题，通常是由于规格不匹配而导致过热。如果二极管的温度能保持在 128℃以下，这个问题将能减到最小。

带有紫外线吸收和其他稳定材料的封装零部件能够保证组件的长寿命。然而，侵蚀和扩散同样会引起缓慢损耗，一旦浓度下降到一个关键水平，则封装材料就将迅速退化。特别是 EVA 层发生褐变并伴随着乙酸的产生时，将会引发光伏阵列输出功率的整体下降，尤其是聚光太阳能电池系统。

5.8 光伏组件的功率设计

太阳能光伏组件包含的太阳能电池的组成数量通常是由系统电压（或蓄电池电压）来决定的，通常组件电压是蓄电池电压的 1.4～1.5 倍。例如，蓄电池电压为 12V，组件工作电压一般为 16.8～18V，那么电池数量为 18V/0.5V，也就是 36 片。所以常用数量为 36 片或 40 片，大功率组件为 72 片。

在实际设计中主要是确定组件的工作电压和功率这两个参数，按照输出电压要求以一定数量（n）的电池（或根据需要切割成相应大小）用互连条相互串联起来，以满足用户所需求的输出电压，然后按功率要求以一定数量（m）的电池汇流条并联起来，并通过层压封装而成为太阳能光伏组件。

要提升电压需要串联电池，缺点是电流值趋向于最小电流；提高功率一般需要并联电池，缺点是电压趋向于最小电压。因此在同一个组件中，尽量选用性能一致的电池。

设计举例：用 Φ40mm 的单晶硅太阳能电池（效率为 8.5%，工作电压 0.41V）设计一工作电压为 1.5V，峰值功率为 1.2W 的组件。

（1）单太阳能电池的工作电压为 $V=0.41$V，则串联电池数：$N_s=1.5/0.41=3.66$ 片，取 $N_s=4$ 片。

（2）单体电池面积：$s=\pi d^2/4=\pi\times 4^2/4=12.57$（cm²），单体电池封装后功率：$P_m=100\text{mW/cm}^2\times 12.57\times 8.5\%\times 95\%=100\text{mW}=0.1\text{W}$。（标准测试下，太阳辐照度$=1000\text{W/m}^2=100\text{mW/cm}^2$）式中 95%是考虑封装时的失配损失。

（3）需太阳能电池总的片数：$N=1.2/0.1=12$ 片。

（4）太阳能电池并联数：$N_P=N/N_s=12/4=3$ 组。

故用 12 片 Φ40mm 的单晶硅太阳能电池四串三并，即可满足要求。

5.9 制约组件输出功率的因素

由于太阳能电池的输出功率取决于太阳光照强度、太阳能光谱的分布和太阳能电池的温度、阴影、晶体结构。因此太阳能光伏组件的测量是在标准条件下（STC）进行的，测量条件被欧洲委员会定义为101号标准，其条件是：光谱辐照度为1000W/m^2；光谱AM1.5；电池温度25℃。在该条件下，太阳能光伏组件所输出的最大功率被称为峰值功率，其单位表示为峰瓦（Wp）。在很多情况下，组件的峰值功率通常用太阳模拟仪测定并和国际认证机构的标准化的太阳能电池进行比较。

1. 温度对太阳能光伏组件输出特性的影响

太阳能光伏组件温度较高时，工作效率下降。随着太阳能电池温度的增加，开路电压减小，在20～100℃，大约每升高1℃每片电池的电压减小2mV；而光电流随温度的增加略有上升，大约每升高1℃每片电池的光电流增加千分之一，或0.03mA/(℃·cm^2)。总体来说，温度升高太阳能电池的功率下降，典型温度系数为−0.35%/℃。也就是说，如果太阳能电池温度每升高1℃，则功率减少0.35%。因此，使组件上下方的空气流动非常重要，因为这样可以将热量带走，避免太阳能电池温度升高。

2. 光照强度对太阳能光伏组件输出特性的影响

光照强度与太阳能光伏组件的光电流成正比，在光强为100～1000W/m^{2}时，光电流始终随光强的增长而线性增长；而光照强度对光电压的影响很小，在温度固定的条件下，当光照强度在400～1000W/m^{2}变化时，太阳能光伏组件的开路电压基本保持恒定。正因为如此，太阳能电池的功率与光强也基本成正比。组件的最大

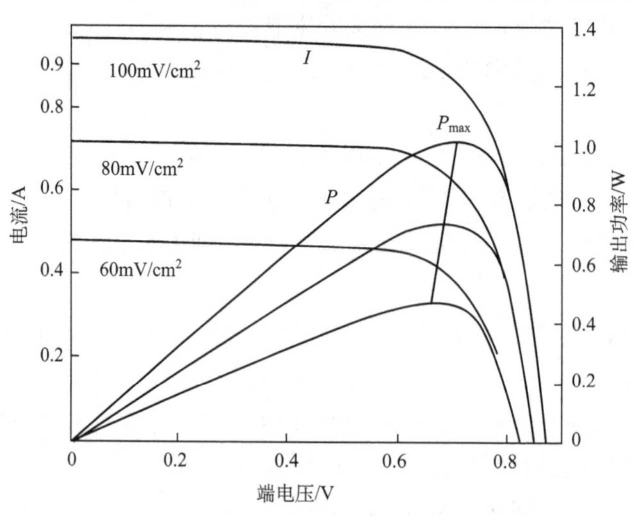

图5-27 最大输出功率随着太阳辐射强度的变化

输出功率随着太阳辐射强度的增强而增大；随着太阳辐射强度的减弱而减小，如图 5-27 所示。

3. 阴影对太阳能光伏组件输出特性的影响

阴影对太阳能光伏组件性能的影响不可低估，甚至太阳能光伏组件上的局部阴影也会引起输出功率的明显减少。有时仅仅一个单电池上的小阴影就会产生很大影响。一个单电池被完全遮挡时，太阳能光伏组件可减少输出 75%，所以阴影是场地评价中非常重要的部分，虽然组件安装了二极管以减少阴影的影响，但如果低估了局部阴影的影响，建成的光伏系统性能和用户的投资效果都将大打折扣。

5.10 太阳能光伏阵列

5.10.1 光伏阵列的基本构成

太阳能光伏阵列（solar cell array）是由若干个太阳能光伏组件或太阳能电池板，在机械和电气上按一定方式组装在一起并且由固定的支撑结构而构成的直流发电单元。太阳能电池阵列的基本电路构成是由太阳能光伏组件集合体的太阳能光伏组件串、防止逆流元件、旁路元件和接线箱等构成的。

光伏阵列的任何部分不能被遮阴，如果有几个电池被遮阴，则它们便不会产生电流且会成为反向偏压，这就意味着被遮电池消耗功率发热，久而久之，造成故障。但是有些偶然的遮挡是不可避免的，所以需要用旁路二极管来起保护作用。如果所有的组件是并联的，就不需要旁路二极管，即如果要求阵列输出电压为 12V，而每个组件的输出恰为 12V，则不需要对每个组件加旁路二极管，如果要求 24V 阵列（或者更高），那么必须有 2 个（或者更多的）组件串联，这时就需要加上旁路二极管，如图 5-28 所示。

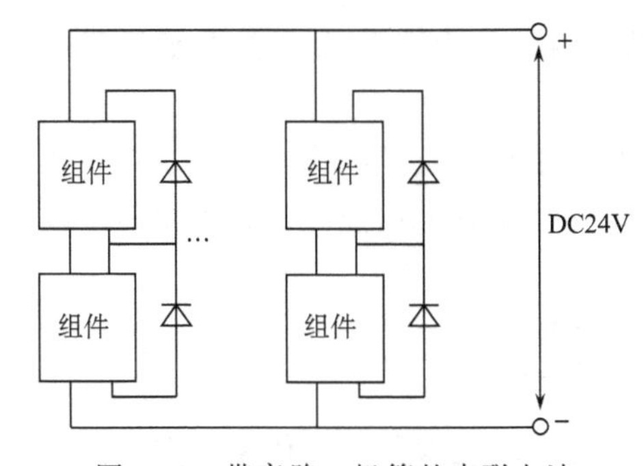

图 5-28　带旁路二极管的串联电池

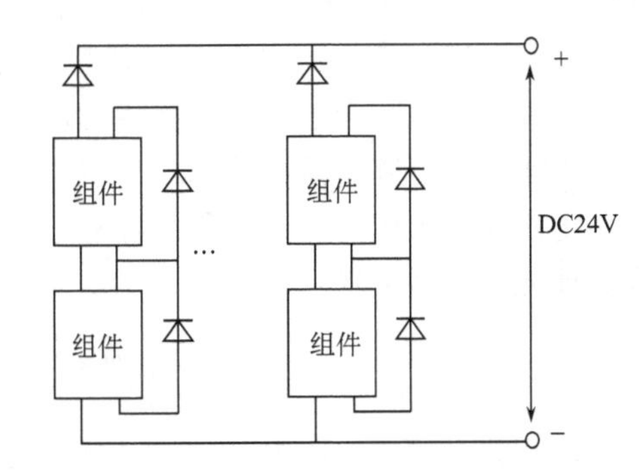

图 5-29　对于 24V 阵列阻塞二极管的接法

阻塞二极管是用来控制光伏系统中电流的，任何一个独立光伏系统都必须有防止从蓄电池流向阵列的反向电流的方法或有保护未失效的单元的方法。如果控制器没有这项功能，就要用到阻塞二极管，如图 5-29 所示。阻塞二极管既可在每一并联支路，又可在阵列与控制器之间的干路上，但是当多条支路并联成一个大系统，则应在每条支路上用阻塞二极管以防止由于支路故障或遮蔽引起的电流由强电流支路流向弱电流支路的现象。在小系统中，在干路上用一个阻塞二极管就够了，不要两种都用，因为每个二极管会降压 0.4～0.7V，是一个 12V 系统的 6%，这也是一个不小的比例。

5.10.2 光伏阵列设计

一般独立光伏系统电压往往被设计成与蓄电池的标称电压相对应或者是它的整数倍，而且与用电器的电压等级一致，如 220V、110V、48V、36V、24V、12V 等。交流光伏发电系统和并网光伏发电系统中太阳能电池阵列的电压等级往往为 110V 或 220V。对于电压等级更高的光伏发电系统，则采用多个太阳能电池阵列进行串并联，组合成与电网等级相同的电压等级，如组合成 600V、10kV 等，再通过逆变器后与电网连接。

太阳能光伏阵列所需要串联的组件数量主要由系统工作电压或逆变器的额定电压来确定，同时要考虑蓄电池的浮充电压、线路损耗以及温度变化等因素。一般带蓄电池的光伏发电系统方阵的输出电压为蓄电池组标称电压的 1.43 倍。对于不带蓄电池的光伏发电系统，在计算光伏阵列的输出电压时，一般将其额定电压提高 10%，再选定组件的串联数。光伏阵列的设计，就是按照用户的要求和负载的用电量及技术条件，计算太阳能光伏组件的串联、并联数。串联数由太阳能电池阵列的工作电压决定，应考虑蓄电池的浮充电压、线路损耗以及温度变化对太阳能电池的影响等因素。

在太阳能光伏组件串联数确定之后，即可按照气象台提供的太阳能年总辐射量或年日照时数的 10 年平均值计算，确定太阳能光伏组件的并联数。太阳能电池方阵的输出功率与组件的串联、并联数量有关。组件的串联是为了获得所需要的电压，组件的并联是为了获得所需要的电流。

太阳能电池阵列设计的基本思想就是满足年平均日负载的用电需求。将系统的标称电压除以太阳能光伏组件的标称电压，就可以得到太阳能光伏组件需要串联的太阳能光伏组件数量：

$$\text{串联组件数量}=\frac{\text{系统电压(V)}}{\text{组件电压(V)}}$$

用负载平均每天所需要的能量（安时数）除以一块太阳能光伏组件在一天中可以产生的能量（安时数），这样就可以算出系统需要并联的太阳能光伏组件数量：

$$\text{并联的组件数量}=\frac{\text{日平均负载(A·h)}}{\text{组件日输出(A·h)}}$$

在实际情况工作下，太阳能光伏组件的输出会受到外在环境的影响而降低。根据上述基本公式计算出的太阳能光伏组件，在实际情况下通常不能满足光伏系统的用电需求，为了得到更加正确的结果，有必要对上述并联的组件数量公式进行修正。

$$并联的组件数量=\frac{日平均负载(A\cdot h)}{库仑效率\times[组件日输出(A\cdot h)\times 衰减因子]}$$

衰减因子是考虑泥土、灰尘的覆盖和组件性能的慢慢衰变都会降低太阳能光伏组件的输出，通常的做法就是在计算时减少太阳能光伏组件输出的10%来解决上述的不可预知和不可量化的因素。可以将这看成光伏系统设计时需要考虑的工程上的安全系数。

库仑效率指在蓄电池的充放电过程中，铅酸蓄电池会电解水，产生气体逸出，这也就是说，太阳能光伏组件产生的电流中将有一部分不能转化并储存起来而是耗散掉。所以可以认为必须有一小部分电流用来补偿损失，用蓄电池的库仑效率来评估这种电流损失。不同的蓄电池其库仑效率不同，通常可以认为有5%～10%的损失，所以保守设计中有必要将太阳能光伏组件的功率增加10%以抵消蓄电池的耗散损失。

在独立的光伏系统或者光伏产品中，一般都要配备蓄电池，蓄电池的作用主要是储存能量，在晚上或多云等气候情况下，光伏阵列不能提供足够的能量时，蓄电池供给负载，保证系统的正常运行。它是仅次于太阳能光伏阵列的重要组成部分，也是对系统性能可靠性、系统成本影响最大的部分之一。因此阵列设计必须考虑蓄电池的容量设计和蓄电池的选择。

一般的阵列设计步骤如下。

（1）蓄电池容量（battery capacity）B_c。

$$B_c = AQ_L N_L T_o/CC \quad (A\cdot h) \tag{5-6}$$

式中，A为安全系数，其值在1.1～1.4；Q_L为负载日平均耗电量，等于日工作小时乘以工作电流；N_L为最长连续阴雨天数；T_o为温度修正系数，0℃上为1，0～−10℃为1.1，−10℃下为1.2；CC为放电深度，铅酸电池为0.75，碱性镍镉电池为0.85。

（2）电池组件串联数N_s。

太阳能光伏组件按一定数目串联起来，就可获得所需要的工作电压，但是，太阳能光伏组件的串联数必须适当。串联数太少，串联电压低于蓄电池浮充电压，阵列就不能对蓄电池充电；如果串联数太多，输出电压远高于浮充电压时，充电电流也不会有明显的增加。因此，只有当太阳能光伏组件的串联电压等于合适的浮充电压时，才能达到最佳的充电状态。计算方法如下：

$$N_s = U_R/U_{OC} = (U_f + U_D + U_c)/U_{OC} \tag{5-7}$$

式中，U_R为太阳能电池光伏方阵输出最小电压；U_{OC}为太阳能光伏组件的最佳工作电压；U_f为蓄电池浮充电压；U_D为二极管压降，一般取0.7V；U_c为其他因数引起的压降。

（3）电池组件并联数N_p。

太阳能光伏组件并联数N_p的计算如下。

①将太阳能电池光伏方阵安装地点的太阳能日辐射量H_t，转换成在标准光强下的平均日辐射时数H：

$$H = H_t \times 2.778/10000(\mathrm{h}) \tag{5-8}$$

式中，2.778/10000（$\mathrm{h \cdot m^2/kJ}$）为将日辐射量换算为标准光强（1000W/$\mathrm{m^2}$）下的平均日辐射时数的系数。

②太阳能光伏组件日发电量Q_p：

$$Q_p = I_{OC} H K_{op} C_z (\mathrm{A \cdot h}) \tag{5-9}$$

式中，I_{OC}为太阳能光伏组件最佳工作电流；K_{op}为斜面修正系数；C_z为修正系数，主要为组合、衰减、灰尘、充电效率等的损失，一般取0.8。

③最长连续阴雨天需要补充的蓄电池的容量B_{cb}为

$$B_{cb} = A Q_L N_L (\mathrm{A \cdot h}) \tag{5-10}$$

④太阳能光伏组件并联数N_p：

$$N_p = (B_{cb} + N_w Q_L)/(Q_p N_w) \tag{5-11}$$

并联的太阳能电池组组数，在两组连续阴雨天之间的最短间隔天数内所发电量，不仅供负载使用，还需补足蓄电池在最长连续阴雨天内所亏损电量。

（4）阵列的功率计算。

根据太阳能光伏组件的串并联数，即可得出所需太阳能电池光伏方阵的功率P：

$$P = P_o N_s N_p (\mathrm{W}) \tag{5-12}$$

式中，P_o为太阳能光伏组件的额定功率。

以兰州某地面卫星接收站为例，负载电压为12V，功率为25W，每天工作24h，最长连续阴雨天为15d，最长连续阴雨天最短间隔天数为30d，太阳能电池采用云南半导体器件厂生产的38D975×400型组件，组件标准功率为38W，工作电压为17.1V，工作电流为2.22A，蓄电池采用铅酸免维护蓄电池，浮充电压为(14±1)V。其水平面的年平均日辐射量为12110kJ/$\mathrm{m^2}$，K_{op}值为0.885，最佳倾角为16.13°，计算太阳能电池阵列功率及蓄电池容量。

解决方法如下。

（1）蓄电池容量B_c。

$$\begin{aligned} B_c &= A Q_L N_L T_o / CC \\ &= 1.2 \times (25/12) \times 24 \times 15 \times 1/0.75 = 1200(\mathrm{A \cdot h}) \end{aligned}$$

（2）太阳能光伏组件串、并联个数。

$$N_s = U_R/U_{OC} = (U_f + U_D + U_C)/U_{OC}$$
$$= (14 + 0.7 + 1)/17.1 = 0.92 \approx 1$$

$$Q_p = I_{OC}HK_{op}C_z$$
$$= 2.22 \times 12110 \times (2.778/10000) \times 0.885 \times 0.8 \approx 5.29(\mathrm{A \cdot h})$$

$$B_{cb} = AQ_LN_L = 1.2 \times (25/12) \times 24 \times 15 = 900(\mathrm{A \cdot h})$$

$$Q_L = (25/12) \times 24 = 50(\mathrm{A \cdot h})$$

$$N_p = (B_{cb} + N_wQ_L)/(Q_pN_w)$$
$$= (900 + 30 \times 50)/(5.29 \times 30) \approx 15$$

（3）太阳能电池光伏方阵功率。

$$P = P_oN_sN_p = 38 \times 1 \times 15 = 570(\mathrm{W})$$

（4）计算结果。

该地面卫星接收站需太阳能电池光伏方阵功率为 570W，蓄电池容量为 1200A·h。

5.10.3 光伏阵列安装角度

太阳能电池阵列应该安装在周围没有高大建筑物、树木、电杆等遮挡太阳光的处所，以便充分地获得太阳光。我国地处北半球，光伏方阵的采光面应朝南放置，并与太阳光垂直。

1. 阵列安装方位角

太阳能电池方阵的方位角是方阵的垂直面与正南方向的夹角（向东偏设定为负角度，向西偏设定为正角度）。

一般情况下，光伏方阵朝向正南（即光伏方阵垂直面与正南的夹角为 0°）时，太阳能电池发电量是最大的。在偏离正南（北半球）30°时，光伏方阵的发电量将减少 10%～15%；在偏离正南（北半球）60°时，光伏方阵的发电量将减少 20%～30%。但是，在晴朗的夏天，太阳辐射能量的最大时刻是在中午稍后，因此光伏方阵的方位稍微向西偏一些时，在午后时刻可获得最大发电功率。在不同的季节，太阳能电池方阵的方位稍微向东或西一些都有获得最大发电量的时候。

光伏方阵设置场所受到许多条件的制约，例如，在地面上设置时土地的方位角、在屋顶上设置时屋顶的方位角，或者是为了躲避太阳阴影时的方位角，以及布置规划、发电效率、设计规划、建设目的等许多因素都有关系。如果要将方位角调整到在一天中负荷的峰值时刻与发电峰值时刻一致时，方位角＝（一天中负荷的峰值时刻(24 小时制)－12)×15＋(经度－116)。至于并网发电的场合，要综合考虑以上各方面的情况来选定方位角。

2. 阵列安装倾斜角

倾斜角是太阳能电池方阵平面与水平地面的夹角，并希望此夹角是光伏方阵一年中发电量为最大时的最佳倾斜角度。

一年中的最佳倾斜角与当地的地理纬度有关，当纬度较高时，相应的倾斜角也大。但是，和方位角一样，在设计中也要考虑屋顶的倾斜角及积雪滑落的倾斜角（斜率大于50%～60%）等方面的限制条件。此外，还要进一步考虑其他因素。对于正南（方位角为0°），倾斜角从水平（倾斜角为0°）开始逐渐向最佳的倾斜角过渡时，其日射量不断增加直到最大值，然后再增加倾斜角其日射量不断减少。特别是在倾斜角大于50°～60°以后，日射量急剧下降，直到最后垂直放置时，发电量下降到最小。光伏方阵从垂直放置到10°～20°的倾斜放置都有实际的例子。对于方位角不为0°的情况，斜面日射量的值普遍偏低，最大日射量的值是在与水平面接近的倾斜角度附近。

以上所述为方位角、倾斜角与发电量之间的关系，对于具体设计某一个光伏方阵的方位角和倾斜角，还应综合地进一步同实际情况结合起来考虑。

3. 阴影对阵列发电量的影响

一般情况下，我们在计算发电量时，是在光伏方阵面完全没有阴影的前提下得到的。因此，如果太阳能电池不能被日光直接照到时，那么只有散射光用来发电，此时的发电量比无阴影的要减少10%～20%。针对这种情况，要对理论计算值进行校正。通常，在光伏方阵周围有建筑物及山峰等物体时，太阳出来后，建筑物及山的周围会存在阴影，因此在选择敷设光伏方阵的地方时应尽量避开阴影。如果实在无法躲开，也应从太阳能电池的接线方法上解决，使阴影对发电量的影响降低到最低程度。另外，如果光伏方阵是前后放置的，后面的光伏方阵与前面的光伏方阵之间距离接近后，前边光伏方阵的阴影会对后边光伏方阵的发电量产生影响。例如，有一个高为L_1的竹竿，其南北方向的阴影长度为L_2，太阳高度（仰角）为A，当方位角为B时，假设阴影的倍率为R，则

$$R = L_2/L_1 = \cot A \cos B \tag{5-13}$$

此式应按冬至那一天进行计算，因为，那一天的阴影最长。例如，光伏方阵的上边缘的高度为h_1，下边缘的高度为h_2，则光伏方阵之间的距离$a=(h_1-h_2)R$。当纬度较高时，光伏方阵之间的距离加大，相应地设置场所的面积也会增加。对于有防积雪措施的方阵，其倾斜角度大，因此使方阵的高度增大，为避免阴影的影响，相应地也会使方阵之间的距离加大。通常在排布光伏方阵阵列时，应分别选取每一个方阵的构造尺寸，将其高度调整到合适值，从而利用其高度差使方阵之间的距离调整到最小。具体的太阳能电池方阵设计，在合理确定方位角与倾斜角的同时，还应进行全面的考虑，才能使光伏方阵达到最佳状态。

太阳能电池板应该面向中午的太阳，而不需要对着指南针的方向，这一点在地志图和太阳能参考书中都有说明。太阳能电池板与水平面的最小倾角是10°，这样

可使落在太阳能电池板上的雨水很快地滑落到地面上，从而保持了电池板表面的清洁。

思　考　题

5.1　简要解释太阳能光伏组件和光伏阵列。

5.2　什么是太阳能电池的串联连接失配？有什么后果？

5.3　什么是电池连接失配？为什么会有失配损失？

5.4　什么是热岛效应？

5.5　太阳能电池单体能否单独作为电源使用？为什么？

5.6　什么是太阳能电池的并联连接失配？常发生在什么情况？

5.7　什么是错配损失？会造成什么后果？由什么引起的？如何减少或避免？

5.8　设计一工作电压为1.5V，峰值功率为1.2W的组件，其中入射光能为$100mW/cm^2$，用Φ40mm的单晶硅太阳能电池（效率为8.5%）。所用单晶硅太阳能电池的工作电压为$V=0.41V$，95%时的失配损失。

5.9　组件的串、并联组合连接要遵循哪些原则？

第 6 章　太阳能光伏组件封装工艺

6.1　太阳能光伏组件封装概述

单体太阳能电池不能直接作为电池使用，必须将若干单体电池串、并联连接并严密封装成组件。把互相连接的电池封装起来的主要原因是保护它们和它们的连接线不受其周围环境的破坏。例如，由于太阳能电池非常薄，所以在缺乏保护的情况下很容易受到机械损伤。此外，电池表面的金属网格以及连接每个电池的金属线都有可能受到水或水蒸气的腐蚀。而通过封装便能阻止这些破坏。例如，非晶硅太阳能电池通常被封装在柔软的版块内，而在偏远地区使用的晶体硅太阳能电池则通常保护在刚硬的玻璃封装内，一般规定的硅太阳能电池板的使用寿命为 20 年，可见组件封装的可靠性有多高。

太阳能电池的封装不仅可以使电池的寿命得到保证，还增强了电池的抗击强度，所以封装是太阳能电池生产中的关键步骤，没有良好的封装工艺，多好的电池也生产不出好的组件。典型的太阳能光伏组件是 36 片太阳能电池串联，这些太阳能电池被封装成单一的、长期耐久的、稳定的单元。封装的两个关键作用是防止太阳能电池的机械损伤和防止水或者水蒸气对电极的腐蚀。大多数晶体硅太阳能光伏组件是由透明的顶表面、胶质密封材料、背面层和外部框架组成的。通常，透明表层是一层玻璃，密封层材料是 EVA（乙基醋酸乙烯），而背板则是一种 Tedlar 材料，如图 6-1 所示。

目前，国内外太阳能光伏组件所用的封装技术主要包括 EVA 胶膜封装、真空玻璃封装和紫外（UV）固化封装。其中 EVA 胶膜封装是应用最为广泛的晶体硅太阳能光伏组件封装方法。本章以 EVA 胶膜封装为例介绍组件的封装工艺。

典型的平板式组件制造工艺流程包括以下几方面。

（1）电池测试。由于电池制作条件的随机性，生产出来的电池性能不尽相同，所以为了有效地将性能一致或相近的电池组合在一起，应根据其性能参数进行分类；电池测试即通过测试电池的输出参数（电流、电压或功率）的大小对其进行分类。以提高电池的利用率，做出质量合格的太阳能光伏组件。

（2）正面焊接。将互连带焊接到电池正面（负极）的主栅线上，互连带常为镀锡的铜带，焊带的长度约为电池边长的 2 倍。多出的焊带在背面焊接时与后面的电池的背面电极相连。

（3）背面焊接。背面焊接是将单体电池串接在一起形成一个组件串，电池的定位主要靠一个模具板，上面有 36 个放置电池的凹槽，槽的大小和电池的大小相对

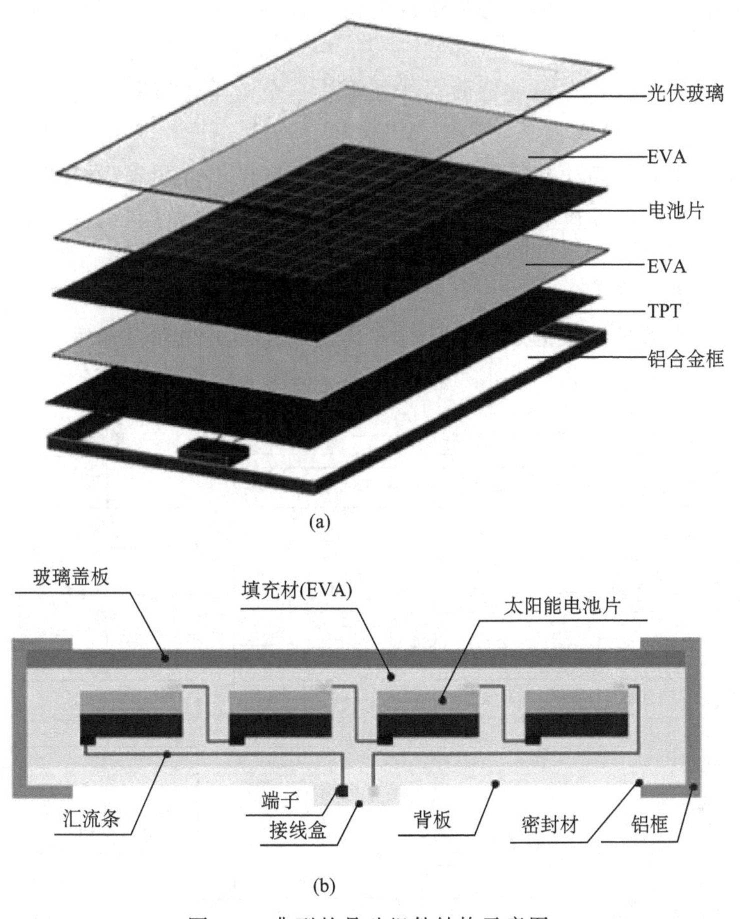

图 6-1　典型的晶硅组件结构示意图

应，槽的位置已经设计好，不同规格的组件使用不同的模板，操作者使用电烙铁和焊锡丝将“前面电池”的正面电极（负极）焊接到“后面电池”的背面电极（正极）上，依次将单体电池串接在一起并在组件串的正负极焊接出引线。

（4）叠层敷设。背面串接好且经过检验合格的组件串，与光伏玻璃、切割好的EVA、背板按照一定的层次敷设好，敷设层次由下向上依次为光伏玻璃、EVA、电池片、EVA、背板。敷设时保证电池串与玻璃等材料的相对位置，调整好电池间的距离，防止错位。

（5）组件层压。将敷设好的电池叠层放入层压机内，通过抽真空将组件内的空气抽出，加热使 EVA 熔化，将电池、玻璃和背板粘在一起，最后冷却取出组件。层压工艺是组件生产的关键一步，层压温度、层压时间应根据 EVA 的性质决定。

（6）修边。层压时 EVA 熔化后由于压力而向外延伸固化形成毛边，所以层压完毕应将其切除。

（7）装框。给组件边框，增加组件的强度，进一步密封太阳能光伏组件，延长电池的使用寿命。

（8）焊接接线盒。在组件背面引线处焊接一个盒子，以利于电池与其他设备或电池间的连接。

（9）高压测试。高压测试是指在组件边框和电极引线间施加一定的电压，测试组件的耐压性和绝缘强度，以保证组件在恶劣的自然条件（雷击等）下不被损坏。

（10）组件测试。测试的目的是对电池的输出功率进行标定，测试其输出特性，确定组件的质量等级。

组件封装流水线，根据焊接采用的方式，分为手工线和自动线。

图 6-2 为组件封装手工线的工艺流程图，这些工序可以分为七个操作组。

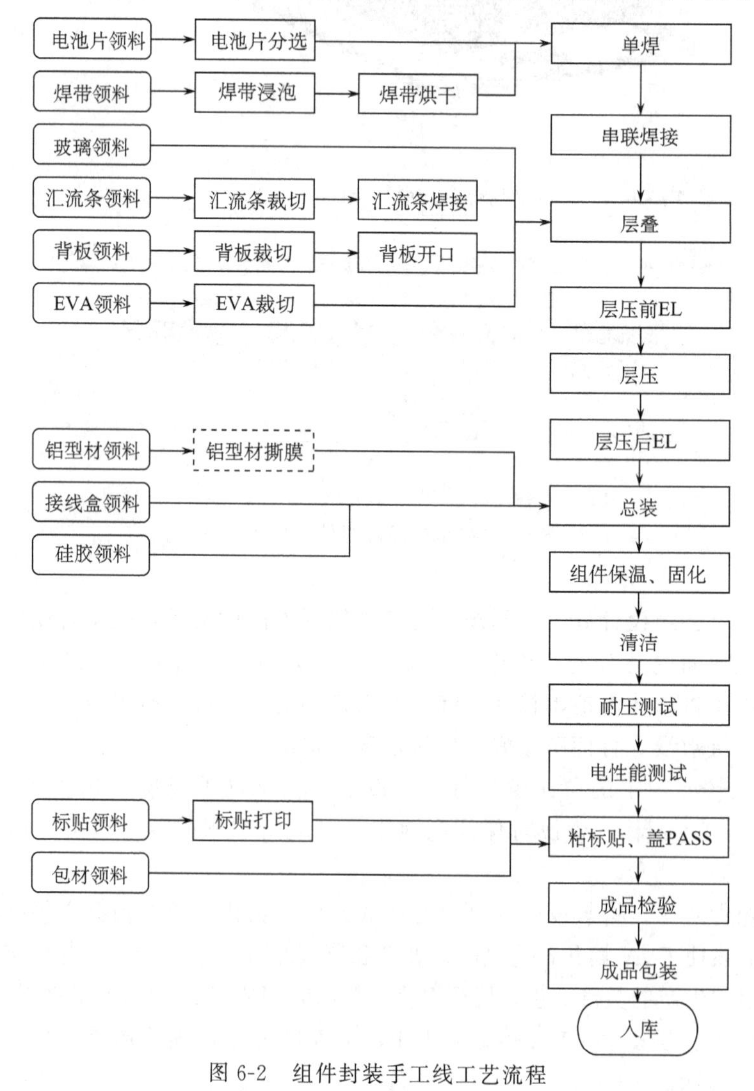

图 6-2　组件封装手工线工艺流程

图 6-3 为组件封装自动线工艺流程图。

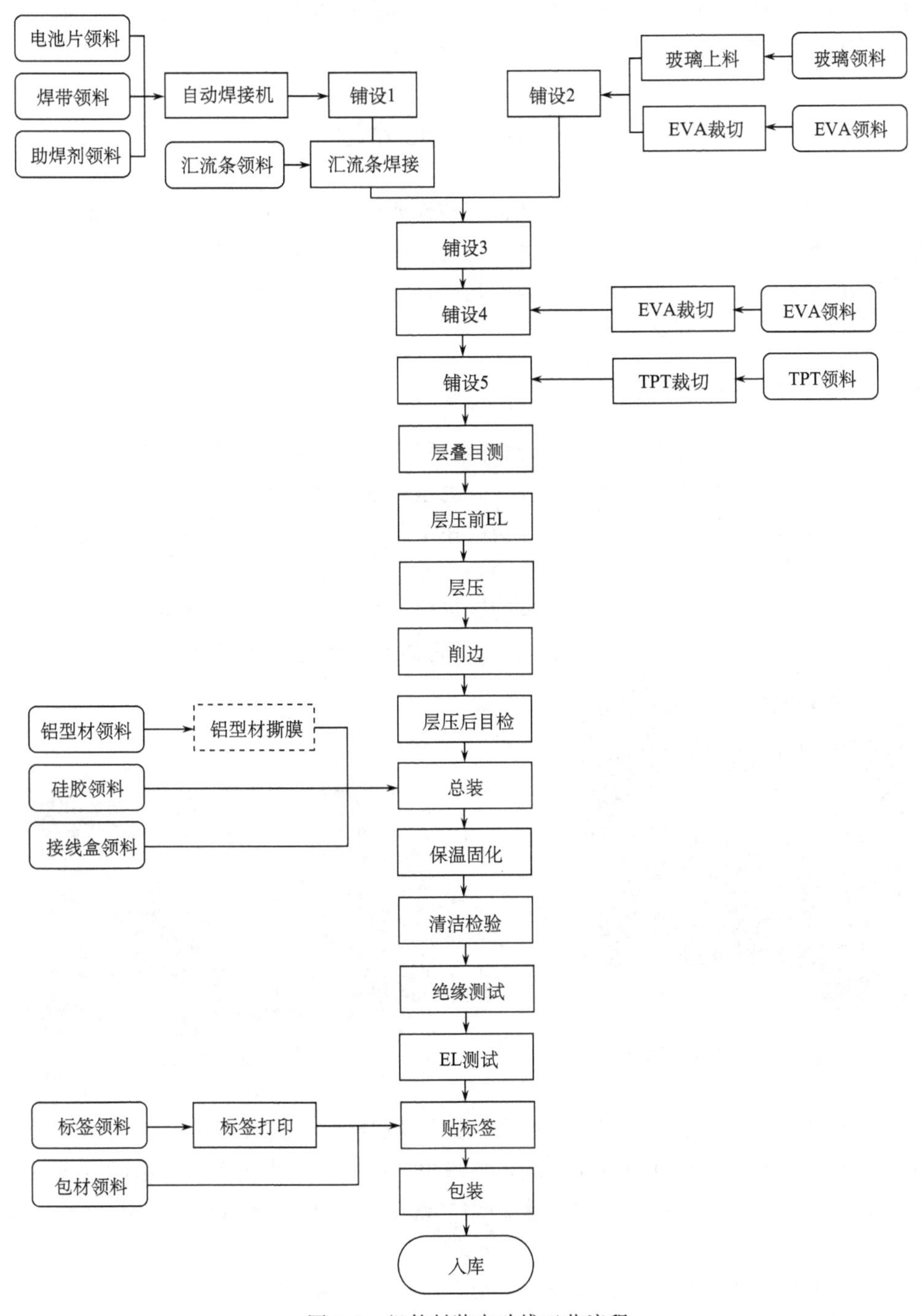

图 6-3　组件封装自动线工艺流程

自动线和手动线的区别主要集中在准备组、焊接组和叠层组。采用自动焊接机后，焊带的剪切、浸泡，电池片的单焊、串焊都集中到焊接机中自动完成。叠层由一次完成，分解为流水线上的多个铺设工序。

6.2　太阳能电池的分选与划片

太阳能电池分选包括电池的外观检测和性能测试，通过分选，将外观和性能参数一致或相近的电池组合在一起。电池的挑选本着不影响使用功率、没有太大的外观缺陷的原则进行。分检时注意要轻拿轻放，坚决不允许通过摇晃发出声响来判断暗纹和仅凭肉眼观察来评判。

6.2.1　太阳能电池的外观检测

电池的外观检测是通过目视检查和测量判断其外观是否合格，并进行分类。如通过初选将缺角、栅线印刷不良、裂片、色差等电池筛选出来，工艺步骤如下。

（1）领取电池。领取电池并整齐摆放在指定区域的托盘上，箱子不得超出托盘区域且纵向堆放最多是 4 个箱子，如图 6-4 所示。

（2）开包检验。注意电池的数量是否正确。接触电池时，要戴好手指套，如图 6-5 所示。电池要轻拿轻放，避免碰到其他物体或身体的其他部位。

图 6-4　整箱电池堆放整齐

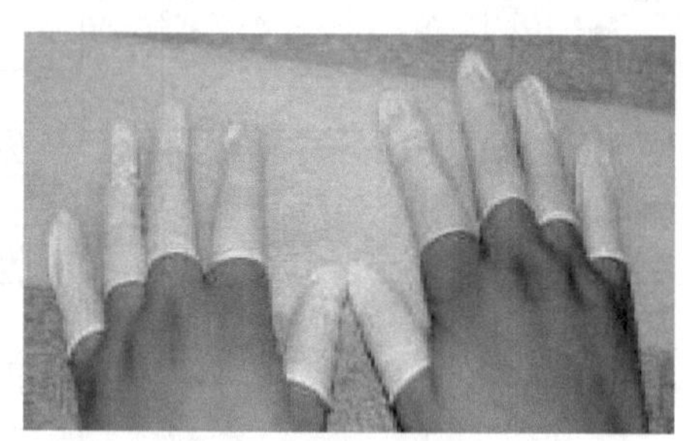

图 6-5　手指套要戴好

（3）目视外观分选。如图 6-6 所示，双手捏住电池主栅线位置，将电池竖立在操作台泡沫垫上，检查电池有无缺陷，如缺角、崩边和大小角等，拿取时以 20 片/1 次为限。将有缺陷的电池按缺陷类别做好缺陷类型及数量标识，分类放置，如图 6-7所示。

（4）单片目视分选。每次取一片电池，从正、反两面检查电池。正确拿取电池的方法如图 6-8 所示：双手大拇指轻轻捏住电池一面主栅线位置，其他四指托住电池的另一面，避免损坏电池表面的减反射膜；翻动电池如图 6-9 所示，双手拿住主

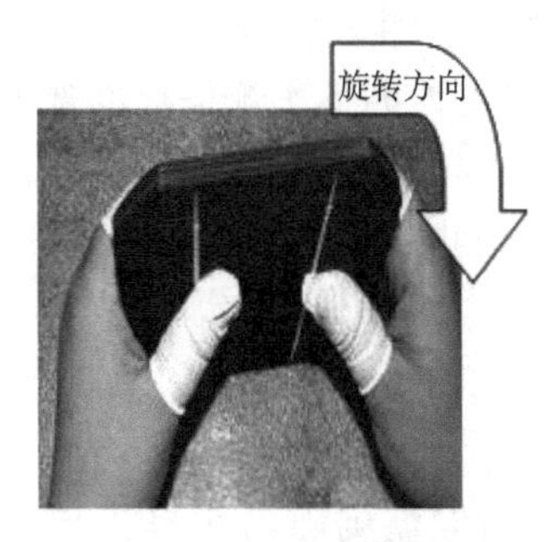

图 6-6　检查电池外观操作

图 6-7　电池按缺陷类别分别放置

栅线银浆部分再翻转过来。有缺陷的电池要根据缺陷类型记录并分区放置，电池叠放不得超过 36 片，如图 6-10 所示。除了目视检测外，还需要使用电子显微镜观察电池表面是否有隐裂。

图 6-8　正确拿取电池方法

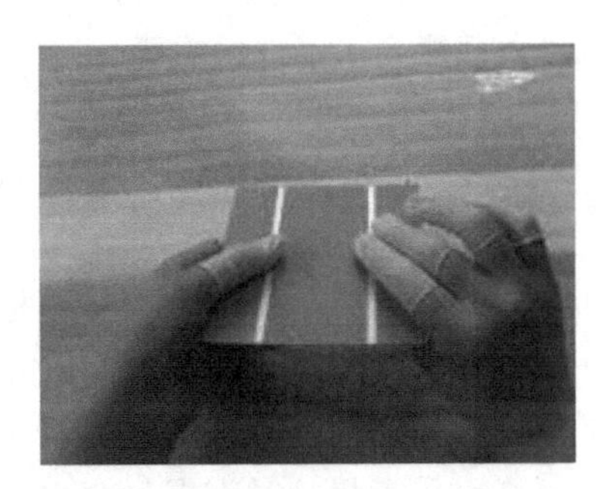

图 6-9　正确翻转电池方法

图 6-10　分选好后，电池分门别类放置

6.2.2　太阳能电池的电性能测试

电性能测试是对外观分选合格的电池，用太阳能电池分选仪对电池的转换效率

和单片功率等进行测试和分选。测试前使用标准电池校准测试仪器，测试有误差时，对测试仪器进行调整，记录校准结果。按需要分选电池的批次规格标准选取被测电池，将待测的电池放到测试台上进行分选测试，根据测得的电流值或功率进行分档。一般合格电池按每 0.05W 为一档分档放置。注意电池放在空气中的时间不能过长，当天不生产的电池或缺陷片要包装好入库。

6.2.3 激光划片

单片太阳能电池不论大小，电压基本是一致的，而电流则随面积呈正比例变化。在生产小组件时，划片是必需的一道工序。如果全是生产大组件，就不需要划片。划片是根据客户对组件最大输出功率的要求确定单片电池电流，进而确定单片电池面积，然后进行划片。激光划片是利用高能激光束将完整的电池按照组件要求除去大片上多余的部分，形成合适的小面积电池。为节省材料，经常把完整电池切割成 4 等份、6 等份、8 等份等不同尺寸的小电池，以满足制作小功率组件和特殊形状太阳能光伏组件的需要。

6.3 太阳能电池的焊接

电池的焊接是用焊带按需要把电池串联或并联好，最后汇成一条正极和一条负极引出来。电池焊接包括单片正面焊接和背面串联焊接，焊接用的焊带在使用前要裁剪和处理。焊接时注意尽可能让同一串太阳能电池的尺寸、颜色、性能完全一致；手工焊接时把握好烙铁与焊点接触时间，尽量一次焊成，并做到焊点均匀。

6.3.1 焊带裁剪与处理

焊带按照功能不同，分为互连条和汇流条，裁剪时要按照要求裁剪成合适的长度，手工裁剪如图 6-11 所示，要确保裁剪处光滑不弯曲、无毛刺、刀口定期更换。

为保持焊带的可焊性，在焊接前要用助焊剂对焊带浸泡处理。一般先将裁剪好的焊带放入金属网筐中铺平，再将网筐放入加好助焊剂的容器中，使焊带浸入助焊剂中，并翻动焊带使其与助焊剂充分接触，如图 6-12 所示。浸泡完毕，可将金属网筐提起滤掉多余的助焊剂，并放在烘干容器里烘干，如图 6-13 所示。处理完毕，将其中扭曲、弯曲的焊带挑出，再用洁净的纸将烘干的好焊带分包包裹，送焊线使用。

6.3.2 单片焊接

单片焊接是将互连带焊接到电池正面（负极）的主栅线上，如图 6-14 所示，

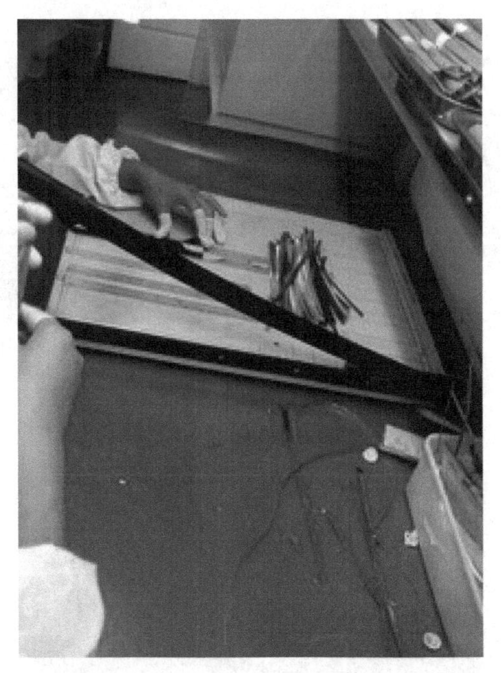

图 6-11　裁剪互连条与汇流条

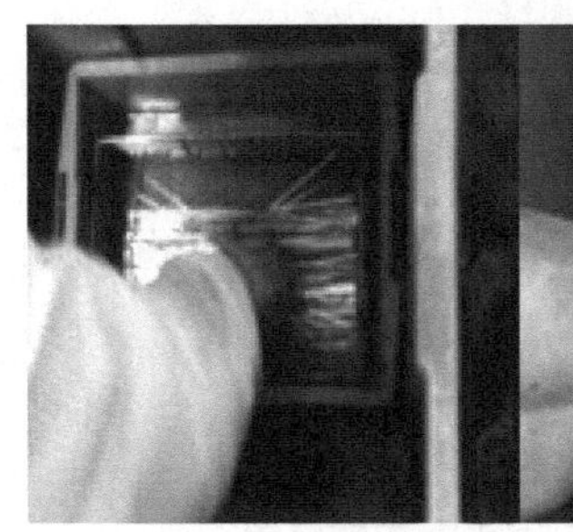
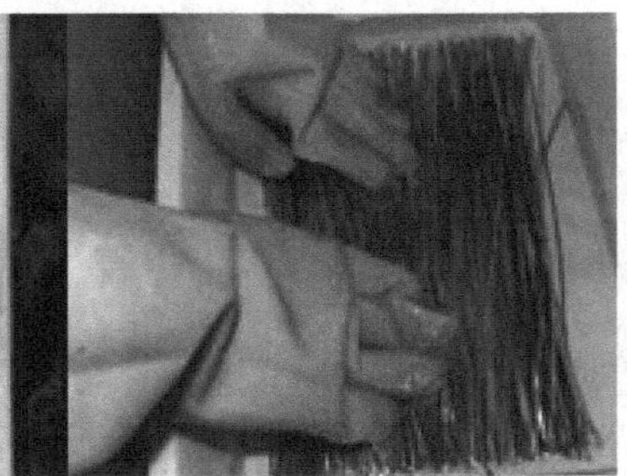

图 6-12　浸泡焊带

将单片电池正面向上放在加热模板上，将已浸泡过的互连条压在主栅线上，互连条应放在距电池边缘第一根细银栅线或第一根至第二根细银栅线之间，顺着主栅线用恒温电烙铁把互连条压焊上去。焊好以后，用右手将电池轻推至加热板边缘，左手拇指超过一根主栅线轻轻拿起，整齐摆放在盒子里，如图 6-15 所示。

图 6-13　烘干焊带

(a)

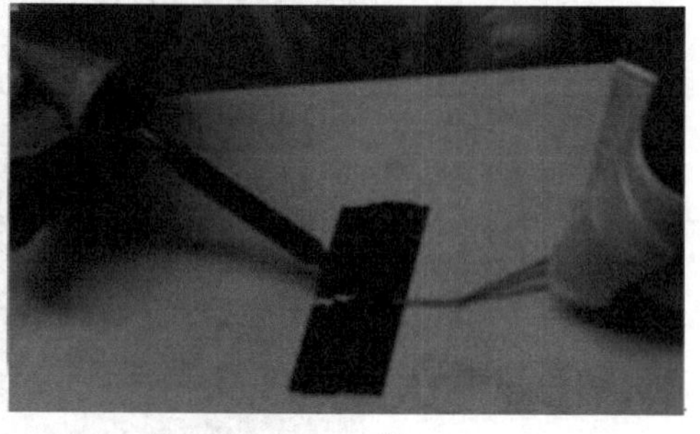

(b)

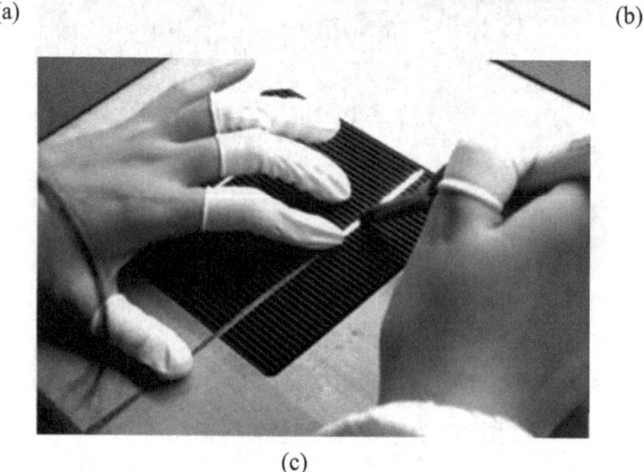

(c)

图 6-14　单片焊接

图 6-15　整齐摆放

6.3.3　串联焊接

串联焊接是将单体电池串接在一起形成一个组件串。一般先将一片已正面焊接好的单片电池背面向上放在加热模板上，左边沿靠近模板的左边第一个靠山，保持左边沿与下边沿紧靠模板的左边与下边靠山，并保持垂直不移位；把另一片单片也背面向上放在加热模板上定准位置，单片的互连条引线覆盖在前一块单片背面的银层上。依次将电池如图 6-16所示放入焊接模板相应位置，对齐主栅线，摆放必须一次到位；温度调至适当，用恒温电烙铁把焊带压焊上去。焊接时对正电池，用左手手指压住互连条和电池，避免相对位移，然后按调整好的速度焊接。如果正极主栅线到电池边沿距离小于 5mm，则从电池边沿留 5mm 不焊；如果主栅线到电池边沿距离大于 5mm，则从主栅线起头焊接，如图 6-17 所示。焊接完毕，用焊接模板放入转接模板，如图 6-18 所示。

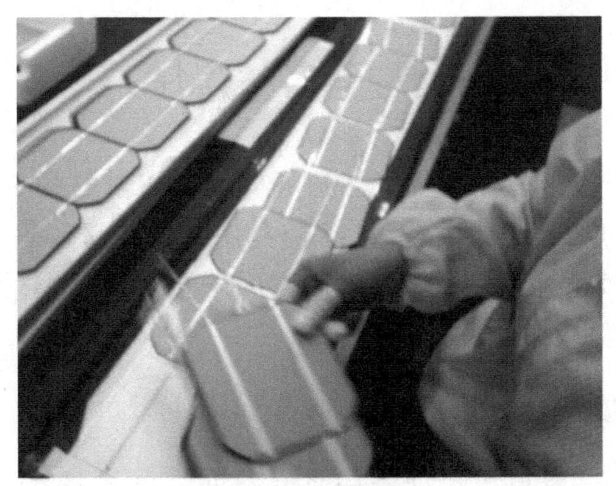

图 6-16　串联排版

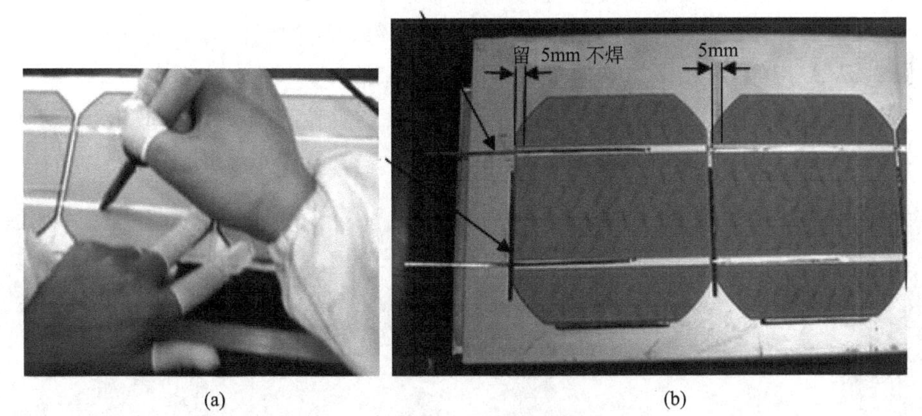

(a)　　　　　　　　　　　　(b)

图 6-17　正极主栅线焊接示意图

图 6-18　用焊接模板放入转接模板

6.4 叠层与层压

叠层与层压是将焊接好的组件串与光伏玻璃、切割好的EVA、背板按照一定的层次敷设好，送到层压机层压固化。目前常用的背板材料是TPT，EVA和TPT在使用前要按照要求裁剪好，叠层和层压完毕要分别进行测试检验，光伏玻璃在使用前要清洗。

6.4.1 EVA、TPT裁剪

叠层工序进行前，要根据组件设计要求和玻璃尺寸对EVA和TPT裁剪。一般TPT和EVA的长度和宽度要比玻璃尺寸大15mm。成卷的EVA和TPT内接头不易太多，一般TPT每卷接头≤4个，EVA每卷接头≤10个，如图6-19所示，使用时EVA与TPT接头点两端应各裁去1.8m隔离。

裁剪时用手压紧定位工具，然后用美工刀紧贴定位工具侧面对EVA、TPT进行裁剪，如图6-20所示。裁剪好的EVA、TPT要整齐平放在周转托盘上。

图6-19 TPT每卷接头≤4个；EVA每卷接头≤10个

图6-20 裁剪时刀口紧贴模板

6.4.2 叠层工艺

叠层工艺是在光伏玻璃上依次放置EVA、排列电池串、焊接汇流条、绝缘垫片、EVA、背板。

操作时，先把干净的光伏玻璃放在拼接台上，按产品要求将玻璃绒面朝上放置或光面朝上放置；再覆盖一层EVA，EVA铺设要平整，不能有褶皱，不能有翘起、鼓包，EVA每个角与玻璃四周的距离要一致；按照模板，将电池串摆在模板的相应位置，放电池时要看清正负极，一定要注意电池的正负极，保证与模板标示一致；电池串之间的距离一定要均匀，大小要统一，如图6-21所示；按照模板摆放好汇流条，汇流条置于单片焊带引出线下方，汇流条和引出线一定要垂直。用镊子夹住两者接触面的边缘，轻抬使其与 EVA 隔开，同时把烙铁头也压焊在接触面边缘上。待焊接好并等待 2～3s 冷却后移开镊子，焊带与汇流条焊接完全。注意电池串正负极是否正确，如图 6-22 所示。电池的灰色面引出线为正极，蓝色面引出线为负极。

图 6-21　电池的正负极与模板标示一致

图 6-22　焊接汇流条

每串电池引出线和汇流条焊接完成后，用剪刀按照模板将多余的焊带头剪去，裁剪时，一只手要持住待剪焊带，剪口面要保证与所剪焊带水平，剪切后平整光滑无毛刺。裁剪多余的焊带引出线时，左手要压住待剪焊带，防止扯动电池或者剪去的焊带落到组件里，如图 6-23 所示；在相应位置固定汇流条，要求固定点在汇流条与焊带的焊接位置附近，保证焊接后汇流条美观。加热固定之前要检查电池串排放正确、间距符合要求，图 6-24 为常规组件固定汇流条的示意图，图中标 2 的位置为固定位置，每一串电池串都有固定位置；在组件背面覆盖一层 EVA 和 TPT，

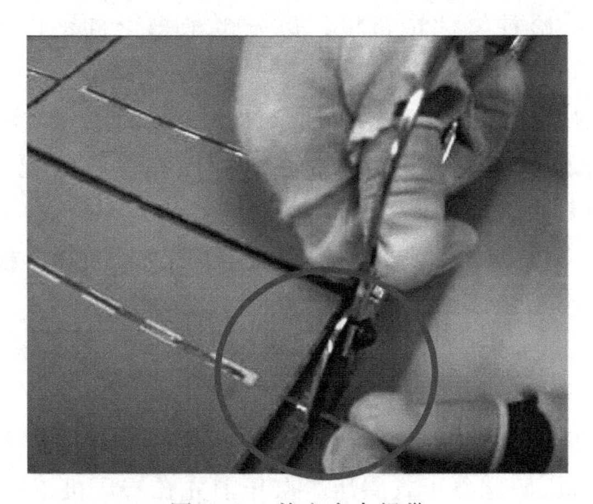

图 6-23　剪去多余焊带

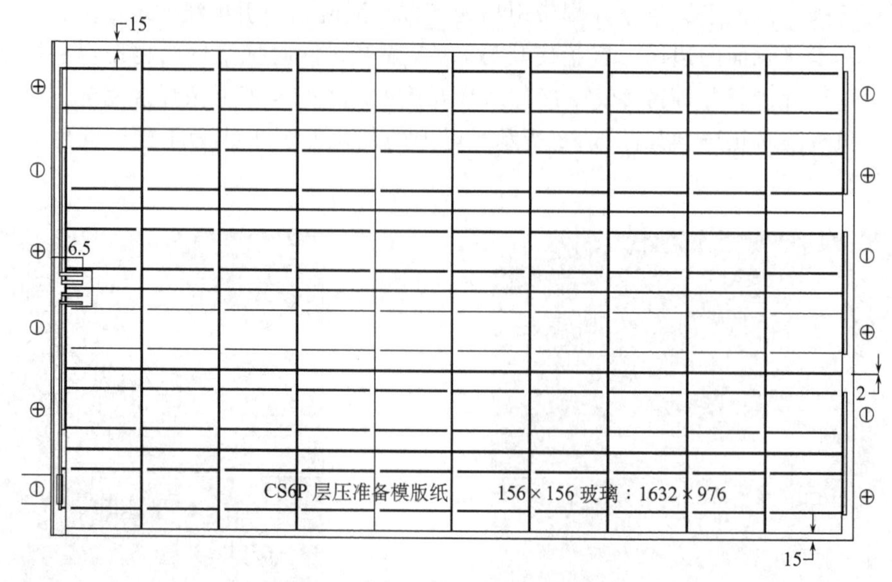

图 6-24　常规组件固定汇流条示意图

按要求从 TPT 上打好的孔内把正、负极引线引出来，在出线孔的地方用 5mm 宽的 EVA 把出线孔封起来，贴好透明胶带。

6.4.3　中道检验

中道检验即过程检验，是层压前必需的一个步骤，以防止不良组件流入下一流程。中道检验分组件外观检查、电性能测试和 EL 测试。

外观检查是层压前对层叠好、待层压组件进行 100%目检，目检过程中主要检测组件内部有没有杂物、涂锡带等；目测组件内部边缘电池与玻璃边缘的距离是否符合要求；检查组件正负极，以及电池串之间的距离，保证达到工艺要求。

电性能测试就是用电性能测试仪测试组件层压前的部分参数，检查 P_m（最大功率）、V_m（最大电压）、I_m（最大电流）、FF（填充因子）、R_{SH}（并联电阻）、R_S（串联电阻）的数值是否符合要求。

EL 测试就是用 EL 测试仪测试出层压前组件的 EL 图片，检查是否符合要求。主要看组件内部电池是否有隐裂、裂片、缺角、虚焊等。

6.4.4　层压固化

层压是将叠层好的组件放入层压机内，通过加热固化形成成品。层压时先开启层压机进行试压，试压满意再正式层压。层压前先在层压机指定位置铺设下层耐高温布，从周转车上抬起组件目视检查，如图 6-25 所示，将检验合格的半成品组件抬至层压机，放到耐高温布的指定位置，再在上面铺上上层耐高温布。按工艺要求，有的要在太阳组件下层垫两层耐高温布，上层铺设一层耐高温布。

图 6-25 半成品组件检查

根据不同的物料设定相应的层压工艺参数进行层压，层压结束，将组件从层压机上抬下，并进行切边，如图 6-26 所示。

(a)

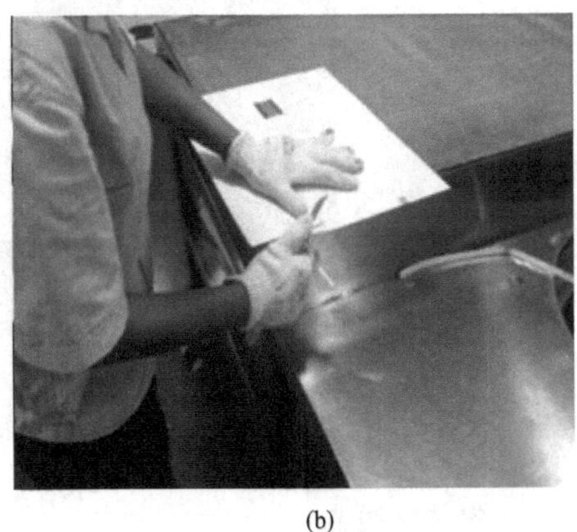

(b)

图 6-26 切边

从层压机取出的组件，在层压过程中已经进行了固化，为了防止组件中的 EVA 与 TPT、玻璃脱层，为长期使用，有时需要进行第二次固化，以确保 EVA 有良好的交联度和剥离强度。固化可以在烘箱中进行，也可以在层压机内直接固化。目前，采用烘箱快速固化 EVA，速度快，节约层压机的使用时间。当 EVA 凝胶含量达到 65%以上时，可以认为固化基本完成。

6.5　装框与清洗

为了增加组件的强度，延长组件的使用寿命和抗击能力，进一步增加太阳能光伏组件的密封性，延长电池的使用寿命，需给玻璃组件安装边框，以保护组件和方便组件的连接固定。

6.5.1　太阳能光伏组件装框

目前太阳能光伏组件常用铝合金边框，边框和玻璃组件的缝隙用硅酮树脂填充，各边框间用角键连接。安装时先在铝合金凹槽中均匀涂上硅胶、厚度为2～4mm、室温固化10min以后使用，然后将组件嵌入铝合金凹槽中，用电动螺丝刀将不锈钢自攻螺丝拧入铝合金安装孔或者用装框机加固边框和角键，如图6-27所示。装框结束在组件背面TPT与铝合金交界处均匀涂上硅胶，在室温下进行固化。

图6-27　装框机装框

6.5.2　安装接线盒

太阳能光伏组件的正负极需安装接线盒，将装框后电池的引线接入接线盒，并在各器件之间通过接线盒和导线连接起来，最终形成一个能够实现对太阳能收集、存储及输出的装置。

接线盒安装时首先要在底部四周的安装处涂上硅胶，将组件正、负极引线穿过接线盒引线孔，将接线盒粘在背板TPT上，注意保持接线盒与铝边框的距离一致，在接线盒底部边缘处均匀地涂上一层硅胶，盖上盒盖，拧紧盒盖螺丝。安装新型接线盒时，检查二极管及接插件是否正确、牢固，并使用专用工具将引线接好。

6.5.3 太阳能光伏组件清洗

组件清洗是对安装好接线盒的太阳能光伏组件进行清理、补胶和清洁，保持太阳能光伏组件外观干净整洁。包括用工具刮去组件正面粘留的 EVA 及硅胶，用干净布沾酒精擦洗组件正面及铝合金外框，用橡皮等软物除去组件反面 TPT 上的残余 EVA 及硅胶，用干净布沾酒精擦洗 TPT。

6.6 终检与包装

封装好的组件需要进行质量检测，保证产品合格，并给组件分档、分类包装入库。组件终检包括外观检查和性能测试，性能测试包括电绝缘性能测试、组件电性能测试、EL 测试、热循环实验、湿热-湿冷实验、机械载荷实验、冰雹实验和老化实验等。

6.6.1 终检

终检是对封装好的组件进行最终检测，主要是电性能测试、电绝缘性能测试和 EL 测试。电绝缘性能测试包括绝缘耐压测试和接地电阻测试。绝缘耐压测试是测试组件边框与内部带电体（电池、焊带等）之间在高压作用下是否会发生导通而造成危险；接地电阻测试是测试边框与地之间的电阻，以确定边框接地性能。EL 测试是用太阳能光伏组件缺陷测试仪检测太阳能光伏组件有无隐裂、碎片、虚焊、断栅及不同转换效率单片电池异常等现象。电性能测试是用组件测试仪测量组件电性能参数，以此给组件分档，确定组件的等级，作为组件定价的标准。

6.6.2 包装

包装时要选用相应规格的包装箱，包装箱应完好无损，且尺寸、规格符合要求，在包装箱底部四周放入保护瓦楞纸板，四角放好护角，记录装箱组件的编号，组件条形码应和包装箱外贴的条形码相符；把两块检验合格的组件玻璃朝外，背对背垫上垫板，放入箱体内定位瓦楞纸板中；按规定装入适量的组件，在组件上部再放入定位保护泡沫或瓦楞纸板，盖上箱盖，用封箱胶带封住，在箱侧贴上装箱单或写上相关标识，最后用打包机打好包装带，做好相关记录入库。

6.6.3 打托

打托是将包装好的组件打上木托，以便于远距离运输。打托时先准备好相应规格的托盘、包装带及护角，将包装好的同一规格的组件放入准备好的托盘内，按照作业指导书打托。注意打好的托盘必须整齐，四面要笔直，不允许有包装箱错位、不齐等现象；同一个托盘内组件规格、标示应一致，条形码应在托盘的一面且是同一个方向，条形码应整齐完好；每个包装箱内的组件必须是同一个规格，严禁混装；每个货柜内只允许有一个托盘上有两个规格的组件混装，而且是相邻的两个规格。

光伏组件封装未来朝全自动化方向发展，自动化封装在产品的稳定性与质量控制方面，都优于人工操作，并减少劳动力，有效降低封装环节的生产成本，提高经济效益。国外目前已经基本实现光伏组件的自动化流水线生产，不久的将来将会完全普及。

6.7 特殊组件

随着光伏建筑一体化的发展，和光伏组件应用领域的逐步推广，可以应用在特殊场合的柔性晶硅组件、双玻组件、滴胶光伏小组件，越来越展现出独特的魅力。

6.7.1 柔性晶硅组件和双玻组件

柔性晶硅组件是相对于常规组件重量重、安装需要支架固定、不易移动的特点发展起来的，它以柔性晶硅电池为基础单元、轻质材料作衬底，采用柔性薄膜封装而成，可靠性高、弯曲性能好，如图 6-28 所示。

图 6-28　柔性晶硅组件

双玻组件，顾名思义就是背板用玻璃取代，由两片玻璃和太阳能电池片组成。因为玻璃的耐磨性、绝缘性、防火等级等优于背板，可以用于高质量的光伏电站。加上玻璃透明，可以根据需要调整光亮度、颜色等，便于与建筑集成，且可以用于多种场合。

6.7.2 滴胶组件

滴胶组件相对于常规层压组件，指用环氧树脂覆盖太阳能电池片，与 PCB 线路板粘接而成的小功率光伏组件。主要用于对功率要求比较小的太阳能小功率产品，如太阳能草坪灯、太阳能墙壁灯、太阳能工艺品、太阳能玩具、太阳能收音机、太阳能手电筒、太阳能手机充电器、太阳能小水泵、太阳能家用电源及便携式移动电源等。具有生产速度快、外观晶莹漂亮、成本低等特点，如图 6-29 所示。

滴胶组件的封装工艺流程包括：分选切割—装配（切割的小硅片焊接、排片串联）检测—滴胶—抽真空—烘烤（抽真空加热固化）—抽检—覆膜—包装。具体工艺如下：

（1）根据客户需求选择单晶、多晶电池片。

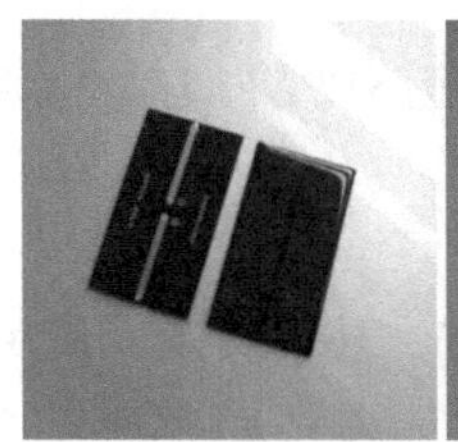

图 6-29　滴胶组件

（2）按照要求的电压和电流，用激光划片机将电池片切割成相应的大小尺寸：一般情况下一片太阳能电池片的开路电压大概是 0.5～0.6V；滴胶板的电压＝小片电池片数量×0.6V；滴胶板的电流与小片电池片的面积成正比。激光划片时需要注意激光器的设置功率、频率以及划片速度，划片深度保持在 1/2～2/3，不能切穿。

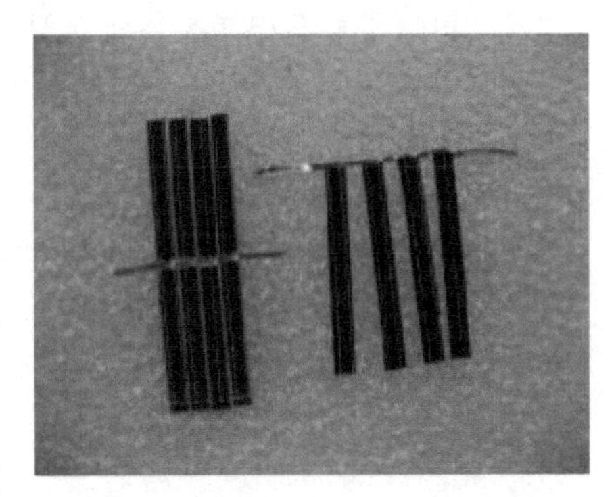

图 6-30　划好的小电池片串联

（3）电池片焊接，用多条薄的焊带做搭桥，将划好的电池片一片一片地串联起来，如图 6-30 所示。

（4）粘贴固定。在滴胶底板上粘上双面胶，将焊接好的电池片粘贴上去。焊带从滴胶底板的小孔穿到背面，焊接到焊盘上面，如图 6-31 所示。

图 6-31　电池串焊接到地胶底板上

（5）焊接好后需要进行检查，把滴胶板半成品放在检测台上，通过碘钨灯的照射，初步测量出电流和电压值。

（6）把检测合格的滴胶半成品安放在滴胶台，按质量比取 A 胶、B 胶。混合 AB 组分并搅拌均匀。将调和好的胶注入滴胶瓶，再由滴胶瓶向贴片板正面注入胶，用工具使贴片板上的胶分布均匀。

（7）把灌好胶的电池组件进行真空处理，使胶水与底板完全贴合并且没有气泡，抽真空时间大概是 5min 左右。

（8）将真空处理好后的滴胶板放入烘箱，加热使胶水固化。60℃左右，时间大概是 2h，需要根据胶水的性能确定。

（9）成品检验，为了确保高温烘烤后没有造成电池的短路或者损坏，需要再次测试滴胶板的电流和电压。

（10）去除滴胶板背面多余的胶水，然后覆膜。

（11）打包装箱，封装后使滴胶板透光率高、密封性好、外形美观、使用寿命长、胶体与硅晶板之间的结合紧密。

思　考　题

6.1　简述平板太阳能光伏组件的结构及制作工艺流程。

6.2　简述电池分选的重要性和分选方法。

6.3　简述焊接操作及注意事项。

6.4　层压的目的是什么？如何层压？

第 7 章　组件封装材料和封装设备

大多数晶硅太阳能光伏组件是由透明的顶表面材料、胶质密封材料、太阳能电池串、背板材料和外部框架组成的。

7.1　晶硅太阳能电池

太阳能电池无论面积大小，是整片的还是被切割成小片，单片的正负极间输出峰值电压都为 0.48～0.6V，电池面积的大小与输出电流和发电功率成正比，面积越大，输出电流和发电功率越大。太阳能电池的主要基材为硅，又称硅片，硅片表面有一层蓝色的减反射膜，以防大量的光子被光滑的硅片表面反射掉。硅片表面还有用精配好的银浆印成的银白色的电极栅线，充当电池的上电极，其中细栅线又称子栅，负责从电池内部收集电流并传送到母栅；粗的栅线称为主栅线，又称母栅，一般为两到三条，负责从子栅收集电流并直接与外部电路连接。电池的背面也有相对应的两条或者三条银白色的主栅线，称为下电极或背电极。电池与电池间的连接，就是把互连条焊接到主栅线上实现的。一般正面的电极线是电池的负极线，背面的电极线是电池的正极线。

电池上的主栅线多为两条或三条，条数的多少是由电池面积、收集效率、生产成本决定的，一般 156mm×156mm 的电池的主栅线多为三条，125 太阳能电池的主栅线多为两条。细栅线的条数各家不一样，栅线越多收集电流的能力就越强，但同时也使遮光面积和成本增加，目前通常单晶 125 太阳能电池的有 54 条左右，156 太阳能电池一般有 70 条左右，有的厂家为 90 多条。

7.1.1　晶硅太阳能电池分类

工业上大批量生产的太阳能电池主要有单晶硅与多晶硅两种，多晶硅成正方形，所以也称为方片。单晶硅一般为八角片，所以也称为准正方形，或准方片，如图 7-1 所示。

单晶硅与多晶硅太阳能电池因制作过程不同，所以形状也不同，单晶硅太阳能电池采用直拉法生长，该生长工艺决定了硅片的形状为圆形，但若将圆形的太阳能电池直接封装成组件，那么太阳能光伏组件的封装密度过小，发电效率就有所下降；若将圆形硅片切割成方形，又浪费原材料，不经济。单晶硅太阳能电池由过去的圆片封装逐渐发展为现在的八角形封装，正是对以上两个方面的折中考虑的结果。多晶硅是铸造成的硅锭切割而成的，为四方形。从转换效率上，由于单晶硅太

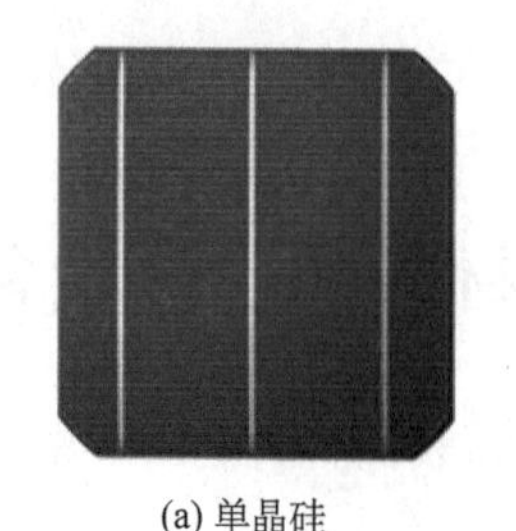

(a) 单晶硅

(b) 多晶硅

图 7-1　156 太阳能电池

阳能电池技术最为成熟，转换效率最高，但随着多晶硅提纯和制备技术的提高，其转换效率逐渐向单太阳能电池靠近。从外观颜色上比较，单晶硅硅原子是按 100 晶向排列的，表面颜色比较单一，一般为黑色、深蓝、浅蓝或褐色，层压后颜色加重多为黑色。多晶硅由于硅原子沿多种晶向排列，表面有可视硅纹，颜色一般为深蓝、蓝色、褐色和淡紫色，层压后比层压前颜色稍深，但变化不大。在尺寸上，国内常用的太阳能电池，单晶有 125×125、156×156、150×150、103×103 四种规格，前两种比较常见；多晶有 125×125、156×156 两种规格，数字的单位是 mm，数字是电池的边长，相乘就是面积。详细的规格尺寸如图 7-2 所示，图中的字母含义及数值如表 7-1 所示。

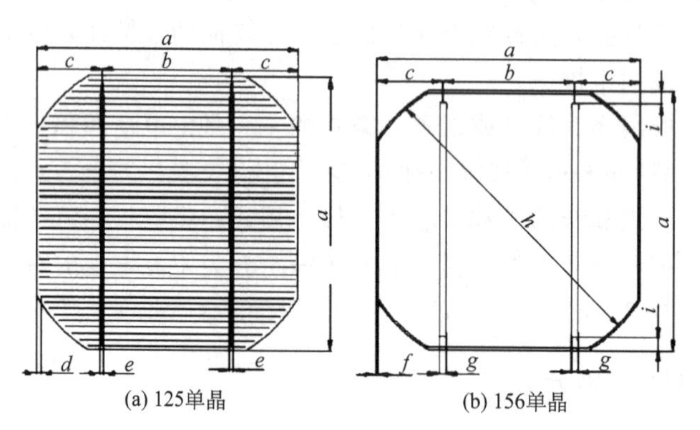

(a) 125单晶　　(b) 156单晶

图 7-2　单晶硅片规格尺寸示意图

表 7-1　图 7-2 中的字母含义及数值　　（单位：mm）

图号	a	b	c	d	e	f	g	h	i
图 7-2（a）	125.0	62.50	31.25	1.51	1.80	1.0	3.30	165.0	6.50
图 7-2（b）	156.0	52.0	26.0	1.70	1.50	1.0	2.80	200.0	5.0

注：a 为电池边长，b 为正面主栅线（背面电极）中心间距，c 为正面主栅线（背面电极）中心到电池边沿距离，d 为细栅线末端到电池边沿距离，e 为正面主栅线宽度，f 为铝背场边到电池边沿距离，g 为背电极宽度，h 为电池对角线长度，i 为背电极顶端到电池边沿距离。

7.1.2 晶硅太阳能电池的检验

电池的检验包括外观检验和电性能测试，并根据检验和测试结果划分成不同的等级，如把电池分成A级、B级、不合格品和报废品。A级一般指无任何的技术缺陷，比较完美；B级指技术上无任何缺陷，符合标准，但外观不是很完美；不合格品一般指外观质量状况较差（视觉上有较强烈的缺陷），一般来说，所有可能发生危险和对产品寿命有影响的缺陷将作为不合格；报废品是外观有严重不良或电性能异常，低效片或裂片较多，不值得返工或无法返工的，作报废处理。表7-2为某公司电池检验标准指导书。

表7-2 某公司电池检验标准指导书

<table>
<tr><th>缺陷说明</th><th colspan="2">判定准则</th></tr>
<tr><td rowspan="5">1. 缺口：因机械、应力造成电池边缘或四角缺失一部分</td><td colspan="2">1. 用游标卡尺或模板量取缺口的长、宽、深
2. A、C级要求无尖锐形缺口和三角形缺口
3. 缺口不允许过电极（主栅线、副栅线）</td></tr>
<tr><td>A级</td><td>1. 边缘崩边、缺口：长度≤3mm，深度≤0.5mm，数量≤2处
2. 四角缺口：长度≤1.0mm，数量≤1处
3. 细长形缺口：长度≤10mm，深度≤0.5mm，数量≤1处
4. 以上缺口不可过电极（主栅线、副栅线）</td></tr>
<tr><td>C级</td><td>1. 边缘崩边、缺口：长度≤5mm，深度≤1.0mm，数量≤3处
2. 四角缺口：长度≤1.5mm，数量≤1处
3. 细长形缺口：长度≤15mm，深度≤1mm，数量≤1处
4. 以上缺口不可过电极（主栅线、副栅线）</td></tr>
<tr><td>缺陷片</td><td>允许存在，不论大小</td></tr>
<tr><td>报废片</td><td>完全破碎，无利用价值</td></tr>
<tr><td rowspan="5">2. 掉角：因机械、应力造成电池四角有缺失一部分</td><td colspan="2">无掉角</td></tr>
<tr><td>A级</td><td>不允许存在</td></tr>
<tr><td>C级</td><td>不允许存在</td></tr>
<tr><td>缺陷片</td><td>允许存在，无要求</td></tr>
<tr><td>报废片</td><td>无利用价值</td></tr>
<tr><td rowspan="5">3. 弯曲：硅片本身太薄或丝网印刷引起电池不是在一个平面上</td><td colspan="2">弯曲范围</td></tr>
<tr><td>A级</td><td>125硅片弯曲范围≤2.0mm（厚度200±20μm）</td></tr>
<tr><td>C级</td><td>125硅片弯曲范围>2.0mm（厚度200±20μm）</td></tr>
<tr><td>缺陷片</td><td>无</td></tr>
<tr><td>报废片</td><td>无</td></tr>
</table>

续表

<table>
<tr><th>缺陷说明</th><th colspan="2">判定准则</th></tr>
<tr><td rowspan="5">4. 厚薄不均：由于原始硅或印刷厚度引起单片电池厚度（印刷后的厚度）不均匀引起弯曲，用千分尺量取其值比标称厚度小或大</td><td colspan="2">电池片标称厚度以硅片的标称厚度为准</td></tr>
<tr><td>A 级</td><td>TTV≤0.1mm</td></tr>
<tr><td>C 级</td><td>0.1mm＜TTV≤0.2mm</td></tr>
<tr><td>缺陷片</td><td>无</td></tr>
<tr><td>报废片</td><td>无</td></tr>
<tr><td rowspan="5">5. 铝苞铝珠：绒面过大或印刷不良引起背面电场有凸起的苞或珠</td><td colspan="2">铝苞片判定时，不论其在何位置一律按≤40μm 为非铝苞</td></tr>
<tr><td>A 级</td><td>40～200μm</td></tr>
<tr><td>C 级</td><td>＞200μm</td></tr>
<tr><td>缺陷片</td><td>无</td></tr>
<tr><td>报废片</td><td>无</td></tr>
<tr><td rowspan="5">6. 背电场缺印：丝网印刷第二道印刷不良导致背电场有部分缺失</td><td colspan="2">缺印面积进行级别判定</td></tr>
<tr><td>A 级</td><td>背电场缺失面积不超出背电场面积的 10%</td></tr>
<tr><td>C 级</td><td>无</td></tr>
<tr><td>缺陷片</td><td>无</td></tr>
<tr><td>报废片</td><td>无</td></tr>
<tr><td rowspan="5">7. 背电场变色：叠片或烧结引起背电场变色</td><td colspan="2">变色面积</td></tr>
<tr><td>A 级</td><td>变色面积不能超过背电极总面积的 30%</td></tr>
<tr><td>C 级</td><td>变色面积超过背电极总面积的 30%</td></tr>
<tr><td>缺陷片</td><td>超出 C 级片要求，但还有利用价值</td></tr>
<tr><td>报废片</td><td>超出 C 级要求，无利用价值</td></tr>
<tr><td rowspan="5">8. 叠片：电池片叠在一起烧结引起背电场或背面电极浆料未得到正常烧结，出现发黄变色、电极脱落</td><td colspan="2">无叠片</td></tr>
<tr><td>A 级</td><td>1. 正面不允许存在
2. 背面不影响电极的，按缺印或变色判定
3. 变色面积不能超过背电极总面积的 30%</td></tr>
<tr><td>C 级</td><td>1. 正面不允许存在
2. 不到电极的按背电场变色判定
3. 变色面积超过背电极总面积的 30%</td></tr>
<tr><td>缺陷片</td><td>到电极，但还有利用价值</td></tr>
<tr><td>报废片</td><td>到电极，但无利用价值</td></tr>
</table>

续表

<table>
<tr><th>缺陷说明</th><th colspan="2">判定准则</th></tr>
<tr><td rowspan="5">9. 颜色色差：PECVD镀膜不良引起电池的颜色偏离主体颜色</td><td colspan="2">主体颜色偏离蓝色、深蓝色，即蓝色、深蓝色区域小于50%时，则根据单体颜色情况直接降至相应等级</td></tr>
<tr><td>A级</td><td>整片电池颜色单一（淡蓝、蓝色、深蓝、淡红中的一种）
仅允许跳一种相邻的颜色</td></tr>
<tr><td>C级</td><td>黄褐色、褐色、金黄色等两种以上较明显的颜色</td></tr>
<tr><td>缺陷片</td><td>无</td></tr>
<tr><td>报废片</td><td>无</td></tr>
<tr><td rowspan="5">10. 水痕印：未清洗干净引起的电池边缘有明显的水干后的纹状痕迹</td><td colspan="2">水痕印所占电池的面积与个数</td></tr>
<tr><td>A级</td><td>≤电池片总面积的20%，存在个数≤3个</td></tr>
<tr><td>C级</td><td>＞电池片总面积的20%，存在个数＞3个</td></tr>
<tr><td>缺陷片</td><td>无</td></tr>
<tr><td>报废片</td><td>无</td></tr>
<tr><td rowspan="5">11. 手指印：操作时未戴手套或手套不干净引起电池上有明显的手指印沾污痕迹</td><td colspan="2">手指印所占电池的面积与个数</td></tr>
<tr><td>A级</td><td>≤电池总面积的30%，存在个数≤3个</td></tr>
<tr><td>C级</td><td>＞电池总面积的30%，存在个数＞3个</td></tr>
<tr><td>缺陷片</td><td>无</td></tr>
<tr><td>报废片</td><td>无</td></tr>
<tr><td rowspan="5">12. 斑点：制绒不良或硅片本身脏污引起电池上有明显的斑点</td><td colspan="2">明显度、面积及个数</td></tr>
<tr><td>A级</td><td>≤电池总面积的10%且不明显，存在个数≤3个</td></tr>
<tr><td>C级</td><td>＞电池总面积的10%，存在个数＞3个</td></tr>
<tr><td>缺陷片</td><td>无</td></tr>
<tr><td>报废片</td><td>无</td></tr>
<tr><td rowspan="5">13. 未制绒：制绒引起电池的绒面上有明显的绒面发白、变色的现象，显微镜下观察绒面不良</td><td colspan="2">绒面发白</td></tr>
<tr><td>A级</td><td>≤电池总面积的10%，存在个数≤3个</td></tr>
<tr><td>C级</td><td>＞电池总面积的10%，存在个数＞3个</td></tr>
<tr><td>缺陷片</td><td>无</td></tr>
<tr><td>报废片</td><td>无</td></tr>
<tr><td rowspan="5">14. 亮斑：制绒不良或硅片本身引起电池上有明显发白、发亮的斑点</td><td colspan="2">明显度判定</td></tr>
<tr><td>A级</td><td>不允许存在</td></tr>
<tr><td>C级</td><td>允许存在、数量、面积不限</td></tr>
<tr><td>缺陷片</td><td>无</td></tr>
<tr><td>报废片</td><td>无</td></tr>
</table>

续表

<table>
<tr><th>缺陷说明</th><th colspan="2">判定准则</th></tr>
<tr><td rowspan="5">15. 裂纹：机械或应力造成电池上有一个或一个以上的裂纹、裂痕</td><td colspan="2">无裂纹</td></tr>
<tr><td>A 级</td><td>不允许存在</td></tr>
<tr><td>C 级</td><td>不允许存在</td></tr>
<tr><td>缺陷片</td><td>允许存在、数量、面积不限</td></tr>
<tr><td>报废片</td><td>无</td></tr>
<tr><td rowspan="5">16. 印刷偏移：丝网印刷不良引起正面电极图形整体偏离正常位置</td><td colspan="2">用模板进行量取印刷图形偏移正常位置的范围</td></tr>
<tr><td>A 级</td><td>偏差≤1.0mm，角度偏差≤0.5°，电极图形不能超出电池边缘</td></tr>
<tr><td>C 级</td><td>偏差＞1.0mm，角度偏差＞0.5°，电极图形不能超出电池边缘</td></tr>
<tr><td>缺陷片</td><td>电极图形超出 C 级片的要求</td></tr>
<tr><td>报废片</td><td>无</td></tr>
<tr><td rowspan="5">17. 漏浆：第三道印刷引起的不良表现为浆料漏印在电池表面或边缘</td><td colspan="2">无针孔</td></tr>
<tr><td>A 级</td><td>单个面积＜1mm×1mm，个数不限，背电极、背电场依据铝苞要求判定，侧面返工后重判</td></tr>
<tr><td>C 级</td><td>单个面积＜1mm×2mm，个数不限，背电极、背电场依据铝苞要求判定，侧面返工后重判</td></tr>
<tr><td>缺陷片</td><td>超过 C 级要求</td></tr>
<tr><td>报废片</td><td>没有利用价值的</td></tr>
<tr><td rowspan="5">18. 正面电极虚印：第三道印刷不良引起电池副栅线不连续印刷，中间有断点</td><td colspan="2">虚印的面积</td></tr>
<tr><td>A 级</td><td>虚印面积小于电极总面积的 10%</td></tr>
<tr><td>C 级</td><td>虚印面积大于电极总面积的 20%</td></tr>
<tr><td>缺陷片</td><td>超出 C 级片要求，但还有利用价值</td></tr>
<tr><td>报废片</td><td>超出 C 级要求，无利用价值</td></tr>
<tr><td rowspan="5">19. 正面电极缺失：第三道印刷不良引起正面电极部分缺失</td><td colspan="2">根据断线的长度进行级别判断</td></tr>
<tr><td>A 级</td><td>主栅线缺失面积不能超过主栅线面积的 10%，副栅线≤6 条，断线距离≤2mm</td></tr>
<tr><td>C 级</td><td>主栅线缺失面积大于主栅线面积的 20%，副栅线＞6 条，断线距离≤2mm</td></tr>
<tr><td>缺陷片</td><td>超出 C 级片要求，但还有利用价值</td></tr>
<tr><td>报废片</td><td>超出 C 级要求，无利用价值</td></tr>
<tr><td rowspan="5">20. 油污：漏油引起电池表面有油污痕迹</td><td colspan="2">无油污</td></tr>
<tr><td>A 级</td><td>不允许存在</td></tr>
<tr><td>C 级</td><td>不允许存在</td></tr>
<tr><td>缺陷片</td><td>允许存在，还有利用价值</td></tr>
<tr><td>报废片</td><td>允许存在，无利用价值</td></tr>
</table>

续表

缺陷说明	判定准则	
21. 硅晶脱落：硅片本身或受力所致，表现为电池上有明显硅晶脱落发亮的部分	硅晶脱落镀膜后不影响电极的为正常片，镀膜后按漏浆判定	
	A级	单个面积<1mm×1mm，个数不限，背电极、背电场依据铝苞要求判定，侧面返工后重判
	C级	单个面积<1mm×2mm，个数不限，背电极、背电场依据铝苞要求判定，侧面返工后重判
	缺陷片	超过C级要求
	报废片	超过C级要求
22. 类似光面：制绒不良引起镀膜后部分或整体颜色与主体颜色相比发亮	明显程度及整体均匀性	
	A级	允许存在面积整体≤30%
	C级	允许存在面积整体>30%
	缺陷片	无要求
	报废片	无要求
23. 电极扭曲：丝网印刷第三道印刷不良造成电池正面主副栅线有局部偏离正常位置	有无偏离正常位置	
	A级	扭曲<正常位置的0.3mm
	C级	扭曲>正常位置的0.3mm
	缺陷片	超出C级要求
	报废片	无利用价值
24. 雨点：制绒不良造成电池表面有类雨点状色斑	明显度及所占面积	
	A级	1. 不明显，颜色没有偏离主体颜色 2. 面积<电池面积的30%
	C级	1. 较明显，颜色已偏离主体颜色 2. 面积>电池面积的30%
	缺陷片	超出C级要求
	报废片	无利用价值

7.2 前表面材料

太阳能光伏组件的前表面材料位于组件正面的最外层，直接接收阳光照射，因此它首先应该具有高的透射率为电池提供光能，其次要有良好的物理性能为太阳能光伏组件提供良好的力学性能，并且保护组件不受水汽的侵蚀，阻隔氧气防止氧化、耐高低温、良好的绝缘性、耐老化性能和耐腐蚀性能。

对于硅太阳能电池，前表面材料对于波长在350～1200nm的波长必须有很高的透明度。前表面的反射应该非常低，虽然理论上在前表面应用减反射膜可以减少反射，但是实际上这些减反射膜都不足以满足大多数光伏（PV）组件的使用条件；另一个可以减少反射的技术是织构化表面或者使表面粗糙，但这种情况使得顶表面容易黏附灰尘和泥垢，且很难被风雨清除，其减少反射的优越性很快被顶表面的尘土招致的损失所掩盖。

除了满足反射和透明的特性之外，水或者水蒸气进入 PV 组件会腐蚀金属电极和互连条，显著减少 PV 组件的寿命；因此顶端表面材料还应该不能透水，应该有好的耐冲击性，应该能在长时间的紫外线照射下保持稳定，应该有低的热阻抗性。大多数组件的顶表面或者背表面必须是机械钢的，可提供机械强度和硬度，以支撑电池，抵抗外界冲击。

前表面材料可以有多种选择，包括丙烯酸聚合物和玻璃。其中含铁量低的玻璃是使用最广泛的，因为它成本低、强度好、稳定、高度透明、不透水不透气，同时还有自我清洁功能。

7.2.1 光伏玻璃

太阳能光伏组件对光伏玻璃的透光率要求很高，必须大于 91.6%，并且对大于 1200nm 的红外光有较高的反射，要求厚度为 3.2mm，能增强组件的抗冲击能力，良好的透光率可以提高组件的效率，并起到密封组件的作用。

目前，太阳能光伏组件所用的光伏玻璃的主流产品为低铁钢化压花玻璃，又称钢化绒面玻璃，是采用特制的压花辊，在超白玻璃表面压制特制的金字塔形花纹而制成的。它的特点在于低铁超白高透，厚度为 3.2mm 或 4mm，在太阳能电池光谱相应的波长范围内（380～1100nm），透光率可达 91%以上，对于大于 1200nm 的红外光有较高的反射率。

7.2.2 超白玻璃

超白玻璃是光伏玻璃的一种，又称无色玻璃、高透明玻璃或低铁玻璃，具有高透光率、高透明性，有“水晶王子”之称。普通的浮法玻璃的透光率为 86%，而超白玻璃透光率可达 92%以上。一般超白玻璃用在太阳能上会经过压花处理。以增加透光率，但是压花后的玻璃表面存在很多缺陷，在长期的风化作用下，增透的效果很快削弱；其次因为有凹陷，灰尘很容易进入，需要定期清理；另外这种玻璃增加的透光率有限，因为它不可能凹下去很深。

7.2.3 增透自洁光伏玻璃

由于传统光伏组件玻璃透光率只有约 92%，约 8%的可见光由于玻璃反射和吸收损失。光伏减反射玻璃通过在超白光伏玻璃上制备一层同寿命的减反射膜，可以增加玻璃的透光率 2.5%～3%，假设光照条件和发电量成正比，使用镀膜玻璃的每1000W组件可以比普通组件增加功率25～30W。在光伏组件企业竞争越发激烈的当下，光伏减反射玻璃由于其高性价比将取代传统光伏玻璃。

要提高光伏玻璃的可见光透过率，目前有两个方向：一是在光伏玻璃表面镀增透膜，可以提高光伏玻璃的透光性；第二种是使用自洁增透膜，使光伏玻璃在增透的同时达到自洁的效果。

在表面镀增透膜的光伏玻璃又称AR镀膜玻璃、AR镀膜减反射玻璃（anti-reflection glass）、增透射玻璃或减反射玻璃。它利用不同光学材料膜层产生的干涉效果来消除入射光和反射光，从而提高透过率，使光的反射率降低到1%以下。普通玻璃在可见光范围内的单侧反射率约为4%，总的光谱反射率约为8%。

现有超白玻璃的可见光透光率已经在90%以上，提高的空间已经不大，利用光的干涉原理增加一层增透膜最多起到增透3%的效果，仍然不能完全满足行业需求。因此出现了增透自洁光伏玻璃。该玻璃的表面镀有多孔二氧化硅薄膜，该薄膜具有优秀的透光率、减反射性能和高的热阻，同时它兼具一定的渗水性，具备自清洁功能，避免因表面污染引起的效能降低。

7.2.4 光伏玻璃检验

目前光伏玻璃没有相应的国际标准，国内外的相关企业一般自行制定自己的企业标准用于生产控制和检验，表7-3为某企业的光伏玻璃检测内容，表7-4为其外观质量要求。

表7-3 光伏玻璃的检测

序号	项目	技术要求	使用工具及检验方法
1	尺寸检验	四周边长尺寸偏差±1mm	卷尺
2	厚度检验	玻璃公称厚度偏差±0.2mm	千分尺
3	外观检验	具体要求参见表7-4	目视，卷尺
4	弯曲度	弓形时不超过0.3%，波形时不超过0.2%	高度尺、游标卡尺等
5	透光率	在400～1000nm的光谱条件下，原片透光率＞90%	供应商提供报告
		花纹玻璃透光率要求根据不同厂家和测试结果确定	组件测试仪
6	钢化度	＞40粒/$25cm^2$，且允许有少量长条形碎片，其长度不超过75mm，其端部不是刀刃状，延伸至玻璃边缘的长条形碎片与边缘的锐角不大于45°	使用现有专用冲锤
7	耐冲击性	玻璃没有损坏，外形尺寸、外观、弯曲度合格	ϕ55mm，206g的钢球
8	耐热冲击性	玻璃不破碎	烘箱
9	耐风压性能	＞2400Pa	见检验方法
10	含铁量	＜0.02%	供应商提供报告

表 7-4　光伏玻璃的外观检测

缺陷名称	说明	允许缺陷数
边缘质量	玻璃边缘向内大于 2mm 的碎片、剥离或任何形式的破损	0
	玻璃边缘沿着边的方向大于等于 3mm 的碎片、剥离或任何形式的破损	0
	玻璃边缘超过 1mm 厚度的碎片、剥离或任何形式的破损	0
	玻璃边缘存在尖头，观测到的齿状超过玻璃厚度的 50%	0
划伤	宽度在 1mm 以下的轻度划伤	长度＜5mm 的划伤＜4 条； 5～10mm 的划伤＜2 条； 10～25mm 的划伤＜1 条
	宽度大于 1mm 的划伤	0
裂纹、缺角	不允许存在	

7.3　EVA 胶膜

密封材料是用来黏附太阳能光伏组件中的太阳能电池、前表面和背面的。密封材料应该在高温和强紫外线照射下保持稳定。当然，材料还应该有良好的光透性和低热阻抗。EVA 是最常使用的密封材料。EVA 板块被镶嵌在太阳能电池-顶端表层-背层之间，把这种三明治结构加热到 150℃，EVA 熔化后把组件的每一层都黏合在一起。

在太阳能电池的封装材料中，EVA 是最重要的材料。它是一种热熔黏结胶膜，常温下无黏性而具抗粘连性，经一定条件热压便发生熔融黏结与交联固化，将电池串“上盖下垫”包封。一方面，固化后的 EVA 能承受大气变化且具有弹性，并和上层保护材料玻璃、下层保护材料背板 TPT（聚氟乙烯复合膜）黏合为一体；另一方面，它和玻璃黏合后能提高玻璃的透光率，起着增透的作用，并对太阳能光伏组件的输出有增益作用，在太阳能电池封装与户外使用上均获得了相当满意的效果。

7.3.1　EVA 胶膜的特性

EVA 是乙烯-醋酸乙烯共聚物的树脂产品，在较宽的温度范围内具有良好的柔软性、耐冲击强度、耐环境应力开裂性和良好的光学性能、耐低温及无毒的特性，表 7-5 显示其性能特别适合太阳能光伏组件封装。

表 7-5　EVA 特点与太阳能电池封装需求的对应关系

透明	透光率高
柔软	便于裁剪加工，不会划伤电池
有热熔黏结性	可与玻璃、背膜黏结，实现封装
熔融温度低（＜80℃）	增加可行性，减少能耗
熔融流动性好	充分包裹电池，气泡易于排出

EVA 的性能主要取决于分子量（用熔融指数 MI 表示）和醋酸乙烯酯（以 VA 表示）的含量。当 MI 一定时，VA 的含量增加，EVA 的弹性、柔软性、黏结性、相溶性和透明性提高；VA 的含量减少，则接近聚乙烯的性能。当 VA 含量一定时，MI 降低则软化点下降，加工性和表面光泽改善，但是强度降低；分子量增大，可提高耐冲击性和应力开裂性。

EVA 在使用前必须进行改性，使其发生化学胶联，即在 EVA 中添加有机过氧化物交联剂。当 EVA 加热到一定温度时，交联剂分解产生自由基，引发 EVA 分子之间的结合，形成三维网状结构，使得 EVA 胶层交联固化，当胶联度达到 60％以上时便能承受大气的变化，不再发生热胀冷缩的现象。表 7-6 显示了未经改性的 EVA 的缺陷。

表 7-6　未经改性 EVA 的缺陷

耐热性差	高温变质
易延伸而低弹性	易使电池位移，锡带变形
内聚强度低而抗蠕变性差	易产生热胀冷缩，致电池碎裂

如果 EVA 胶膜未经改性，还易受紫外线破坏，引起 EVA 龟裂、降解变色和玻璃、TPT 脱胶，对组件的损害如表 7-7 所示。改性过的 EVA 胶膜具有吸收紫外线性能，除保护 EVA 胶层本身外，还可保护电池背材 TPT，从而能保障太阳能电池长年正常工作。

表 7-7　紫外线对 EVA 和组件的影响

龟裂	破坏电池
降解变色	透光率下降
玻璃、TPT 脱胶	使电池裸露在外界环境下

EVA 胶膜使用时一定要注意纵横向，如图 7-3 所示，一般横向收缩率都很小，可忽略不计；纵向收缩率大一些，常用的 EVA 的收缩率展开方向为 5％、幅宽方向为 1.6％左右。在使用 EVA 时应避免展开方向纵向对着电池易移位的方向。若

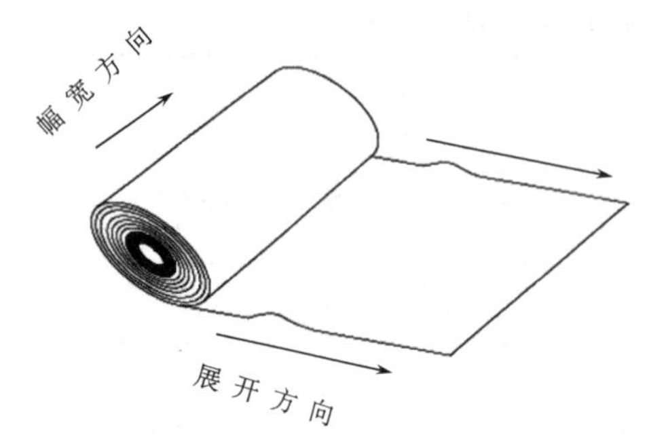

图 7-3　EVA 胶膜的展开方向

胶膜收缩率过大，容易引起凸点、电池和锡带移位，甚至锡带弯曲、电池裂片等。勿用手直接接触 EVA 胶膜，也勿用力拉扯，以免影响使用效果。每卷胶膜打开包装使用时，最好将最上层的一圈裁掉丢弃，最末端贴近卷心纸筒的一层也不建议使用。

EVA 胶膜不仅是起黏结密封作用，而且对太阳能电池的质量与寿命起着至关重要的作用，从某种意义上说，太阳能电池板的寿命由 EVA 决定。而 EVA 的质量又取决于它的配方与改性技术，这不是从 EVA 胶膜的表现上或仅从黏结得好坏上就能判断的。

7.3.2　EVA 胶膜的检验

EVA 胶膜的检验项目包括包装、外观、尺寸、厚度均匀性、与玻璃和背板的剥离强度、交联度等，检验方法如下。

（1）包装目视良好，确认厂家，规格型号以及保质期。

（2）目视外观，确认 EVA 胶膜表面无黑点、污点，无褶皱、空洞等现象。

（3）根据供方提供的几何尺寸测量宽度误差为±2mm，厚度误差为±0.02mm。

（4）厚度均匀性。取相同尺寸的 10 张胶膜称重，然后对比每张胶膜的重量，最大值与最小值之间不得超过 1.5%。

（5）剥离强度。按厂家提供的层压参数层压后，测试 EVA 胶膜与玻璃，EVA 胶膜与背板的剥离强度。①EVA 胶膜与 TPT 的剥离强度：用壁纸刀在背板中间划开，宽度为 1cm，然后用拉力计拉开 TPT 与 EVA 胶膜，拉力大于 35N 为合格。②EVA 胶膜与玻璃的剥离强度：方法同上，用拉力计一端夹住 EVA 胶膜，另一端固定住玻璃，拉力大于 20N 为合格。

（6）交联度测试。可参考 EVA 胶膜交联度测试方法进行，试验结果在 70%～85%为合格。

7.4　背板材料

光伏组件的背表面层材料的最关键性质是必须拥有低热阻抗性，同时必须能够阻止水和水蒸气的渗入。对于大多数组件，薄的聚合物层特别是 Tedlar，是背表面层的首选材料。有些光伏组件被称为双面组件，被设计成电池的正面和背面都能够接收光的照射。在双面电池组件中的前表面和背表面都应该保持良好的光透性。

背表面层（背板）必须具有很低的热阻、可靠的绝缘性、阻水性、耐老化性，同时对电池起保护和支撑作用。背板按照结构可分为 FPF、FPE、全 PET 与 PET/聚烯烃结构，字母含义如表 7-8 所示，这些结构层之间使用胶黏剂进行黏合，通过复合工艺制备成形。

表 7-8 背板结构字母含义

F	含氟薄膜
P	双向拉伸工艺制备的聚对苯二甲酸乙二醇酯薄膜（即 PET 薄膜）
E	乙烯-醋酸乙烯（即 EVA）
T	Tedlar，杜邦公司所生产的 PVF（聚氟乙烯）薄膜
聚烯烃	各种以碳碳结构为主链的塑料

7.4.1 TPT 背板

最早的光伏背板采用 TPT 结构，即 Tedlar/PET/Tedlar 结构。Tedlar 结构的背板被称为经典的背板结构，已成为国内外太阳能光伏组件厂首选背板类型。

TPT 有三层结构：外层保护层 PVF 具有良好的抗环境侵蚀能力；中间层为聚酯薄膜，具有良好的绝缘性能；内层 PVF 经表面处理和 EVA 具有良好的粘接性能。TPT 背板有很好的性能，首先它对阳光起反射作用，提高了组件的效率；其次 TPT 具有较高的红外发射率，可降低组件的工作温度，也有利于提高组件的效率。同时，TPT 有较强的抗渗水性，提高了组件的绝缘性能，对组件背部起到了很好的密封保护作用，延长了组件的使用寿命。TPT 背板具有良好的耐候性、极佳的力学性能、延展性、耐老化、耐腐蚀、不透气，以及耐众多化学品、溶剂和着色剂的腐蚀，有出色的抗老化性能，并在很宽的温度范围内保持了韧性和弯曲性。

虽然 PVF 膜结构稳定、耐环境变化，但薄膜表面较易出现针孔，薄膜的水汽阻隔能力较差。同时 PVF 材料本身含氟量小，所以 PVF 薄膜需要有足够的厚度来保证其性能。不过 PVF 是所有氟材料中成本最低的，非常适合作为大规模应用的太阳能光伏背板材料。

7.4.2 含氟背板

在杜邦公司 Tedlar 产能有限的情况下，太阳能电池背板生产企业也采用了其他材质的薄膜来代替 Tedlar 薄膜生产背板。目前已经商品化的氟塑料背板膜有聚偏氟乙烯（PVDF）、聚三氟氯乙烯（ECTFE）、四氟乙烯-六氟丙烯-偏氟乙烯共聚物（THV），这些氟塑料性能均能满足太阳能电池背板对耐候性的要求。

聚氟乙烯（PVF）薄膜加工非常麻烦，薄膜表面有较多的针孔，水汽阻隔能力是上述四种氟塑料中最差的。由于 PVF 薄膜针孔的存在和材料本身含氟量最小，所以 PVF 薄膜需要较厚的厚度来保证其性能。但是 PVF 是所有氟材料中成本最低的。

聚偏氟乙烯（PVDF）薄膜是使用量第二大的氟塑料，品种完善，供应商众多。其熔点和分解点相差大，可以使用热塑性塑料加工方法进行加工。无论从世界范围内的供应量、加工适应性，还是耐候性、阻隔性而言，都是最合适的太阳能电池背板耐候材料。同样厚度的 PVDF 薄膜的透湿性大约只有 PVF 薄膜的十分之一。由于其含氟量高，耐候性非常优异。

ECTFE 由杜邦公司在 1946 年开发成功，它耐化学腐蚀，没有一种溶剂在 120℃下能侵蚀 ECTFE 或使其应力开裂；具有高耐候性和阻隔性，ECTFE 的阻隔性比其他氟塑料更好。从这两个方面而言，在商品化的背板中 ECTFE 是最好耐候层的材料。

四氟乙烯-六氟丙烯-偏氟乙烯共聚物（THV）由美国 Dyneon 公司在 20 世纪 80 年代开发，是目前商品化最柔软的氟塑料，当和其他材料复合成多层结构时，其优异的柔韧性非常突出。另一个重要的特点是 THV 本身容易粘接，无须表面处理就能和其他材料粘接，这对生产背板的复合工艺和用硅胶粘贴接线盒都十分重要。在一些对背板要求柔软的场合，THV 的背板比任何其他材料都更合适。

7.4.3 氟碳涂料

由于前几年太阳能电池背板需求旺盛，国外公司不对中国供应氟塑料薄膜，国内因此开发了其他国家没有的、使用涂料的背板。它使用氟碳涂料涂覆到 PET 薄膜上替代氟塑料薄膜。涂覆材料有四氟的 PTFE（聚四氟乙烯，即塑料王）、PVDF、FEVE 等几种。

PTFE 涂料为乳液，可以使用常用的涂布工艺涂覆于需要保护的材料上，但其在 90℃烘干后必须再经过 370～400℃下烧结才能形成完整的氟涂膜，不经烧结的涂层没有使用价值。以四氟 PTFE 为组分的涂料由于烧结温度较高，在背板领域没有使用价值。

PVDF 涂料是使用最广泛的含氟涂料，其户外使用寿命超过 30 年无须保养，已经使用在北京机场、东方明珠等建筑上。有机溶剂型的 PVDF 涂料性能优异，是目前主要使用的建筑涂料。但其含有挥发性化合物（VOC），不环保，涂料需要高温烘烤，浪费能源，用量已经开始萎缩。目前有公司开发环境友好的 PVDF 涂料，但性能仍无法和溶剂型的涂料相当。

FEVE 是氟乙烯（四氟乙烯或三氟氯乙烯）与乙烯基醚的共聚物，由日本的旭硝子公司发明并实现商业化，是唯一一种真正能在常温下固化的氟塑料。

其他如 PE 系列类型的背板在我国许多小厂中用在小太阳能光伏组件（如生产光伏灯具）上。

7.4.4 背板性能测试

合格的背板应有与EVA良好的黏结性、电气绝缘性、防水防湿和耐候性等功能，产品必须经过剥离强度、水汽透过率、热收缩率、绝缘性能测定和经过耐老化、湿热、湿冻和热循环试验合格后方能使用。

剥离强度主要由电子拉力机测试，热收缩率在真空烘箱内进行，主要是测定背板的力学性能。

水蒸气渗透率是衡量背板性能好坏的重要指标之一，若背板阻隔水蒸气渗透的性能不良，则空气中的湿气（尤其是阴雨天）会透过背板进入，会影响EVA的黏结性能，导致背板与EVA脱离，进而使更多湿气直接接触电池使电池被氧化。测试原理为将实验薄膜隔成两个独立的气流系统，一侧为具有稳定相对湿度的氮气流，并随着干燥的氮气流流向红外检定传感器，测量出氮气中水蒸气透过率。红外线检定法在整个实验过程中全自动测定，不破坏扩散和渗透的平衡，结果准确可靠，同时由于红外检定法检测传感器的高灵敏度，可以在短时间内测量高阻隔性的材料。

背板不仅起到阻隔水汽的作用，还要在自然环境内保证自身的耐候性。由于背板的结构为多层复合，所以在自然环境中经过长时间的使用后，保持其各层性能与黏结层的效果十分重要。依据IEC标准，太阳能电池背板必须进行耐紫外老化、双85、湿冻等实验，测试其耐老化性能。

耐老化测试、湿热测试、湿冻测试、热循环实验在紫外线加速老化实验箱与恒温恒湿老化箱中进行。

绝缘测试、击穿电压测试、最大系统电压测试是针对太阳能电池背板的电性能作出的专业测试，主要采用介电击穿电压测试仪、绝缘测试仪、电压测试机等仪器进行测试，根据ASTM与IEC标准来检测其性能指标是否达标。表7-9为某企业生产的太阳能电池背板性能参数。

表7-9 太阳能电池背板性能参数

背板类型	厚度/μm	与EVA剥离强度/(N/cm)	水蒸气透过率/(g/m^2 · 24h)	击穿电压强度/kV	耐湿热老化
复合型（PVF）	350	≥40	≤3.0	≥17	无黄变
复合型（PVDF）	330	≥80	≤1.0	≥50	无黄变
涂覆型背板	180	≥45	≤2.0	≥85	无黄变

7.5 边框材料

组件的寿命主要受封装材料的寿命、封装工艺和使用环境的影响，其中封装材料的寿命是决定太阳能光伏组件寿命的重要因素之一。框架结构应该是平滑无凸起状的，否则会导致水、灰尘或其他异物停留在上面。

因为钢化玻璃的边和角是脆弱的，平板组件必须有边框，以保护组件和方便组件的连接固定。边框同黏结剂构成对组件的密封，主要作用体现如下。

（1）保护玻璃边缘。

（2）边框结合硅胶打边，加强组件的密封性能。

（3）大大提高了组件整体的机械强度。

（4）便于组件的安装、运输。

太阳能光伏组件的边框主要材料有铝合金、不锈钢和增强塑料等。框架结构应该是没有突出部位的，避免水、灰尘或者其他物体的积存。

7.5.1 铝合金边框

组件的使用寿命决定了对边框有着很高的要求，目前太阳能光伏组件边框多采用铝合金边框，如图 7-4 所示。

图 7-4 太阳能光伏组件的铝合金边框

铝合金边框要保证太阳能光伏组件 25 年左右的户外使用寿命，所以要具有良好的抗氧化、耐腐蚀等性能。一般太阳能光伏组件所使用的边框分为阳极氧化、喷砂氧化和电泳氧化三种。

阳极氧化，即金属或合金的电化学氧化，是将金属或合金的制件作为阳极，采用电解的方法使其表面形成氧化物薄膜。金属氧化物薄膜改变了表面状态和性能，如表面着色、提高耐腐蚀性、增强耐磨性及硬度、保护金属表面等。

喷砂氧化一般经喷砂处理后，表面的氧化物全被处理，并经过撞击后，表面层金属被压迫成致密排列，使金属晶体变小，硬度提高比较牢固致密。

电泳氧化就是利用电解原理在某些金属表面上镀上一薄层其他金属或合金的过程。电镀时，镀层金属做阳极，被氧化成阳离子进入电镀液；待镀的金属制品做阴极，镀层金属的阳离子在金属表面被还原形成镀层。为排除其他阳离子的干扰，且使镀层均匀、牢固，需用含镀层金属阳离子的溶液做电镀液，以保持镀层金属阳离子的浓度不变。电镀的目的是在基材上镀上金属镀层，改变基材表面性质或尺寸。电镀能增强金属的抗腐蚀性（镀层金属多采用耐腐蚀的金属），防止磨耗，增加硬度、润滑性、耐热性及使表面美观。

7.5.2 不锈钢边框

太阳能光伏组件在实际的使用过程中，恶劣环境中的缓慢氧化腐蚀以及材料本身的力学性能等原因会使传统的组件支撑系统不堪重负，降低了太阳能发电系统的价值。不锈钢边框作为铝合金边框的有限替代品，在光伏应用领域具有很多优势，如下所示。

（1）抗腐蚀、抗氧化性强。

（2）强度及牢固性强。

（3）抗拉力性能强。

（4）弹性率、刚性、金属疲劳值高。

（5）运输、安装便捷，表面即使划伤也不会产生氧化，不影响性能。

（6）通过方便的不同选材，能适应各种环境。

（7）使用寿命在30～50年以上。

不锈钢边框的结构类似于铝合金边框，一般采用304不锈钢板通过特殊工艺制成。它的劣势在于加工工艺复杂、成本较高、密度较大。因制作工艺复杂，需通过复杂的折弯及焊接处理，目前国内外仅有少数几家公司具备此类工艺。

7.5.3 塑料边框

目前大部分太阳能光伏组件采用铝合金边框，这种边框虽然性能好，但成本高，在制造和处理过程中需要消耗较多的能量，采用新型塑料边框取代铝合金边框，能够有效降低组件的边框成本，达到降低组件成本，提高利润的目的。

与传统铝合金边框相比，塑料光伏边框优势如下。

（1）以25×25型材计算，塑料边框比铝合金边框价格下降15%～20%。型材越大，成本下降越多。

（2）设计自由度大，截面可自由选择；可优化组件装配方式，简化工序。

（3）重量不到铝合金边框的40%。

（4）绝缘性能优异，组件无须接地，不惧雷击，不会过载。

（5）无尖角，生产、安装、运输及使用时不会造成伤害。

（6）颜色多变，实现产品差异化。

（7）不会腐蚀，特别适合在高腐蚀场合使用。

但对塑料边框要特别加强其耐候性、抗变形能力和低温脆化检测。耐候性是指塑料制品不会因受到阳光照射、温度变化、风吹雨淋等外界条件的影响，而出现褪色、变色、龟裂、粉化和强度下降等一系列老化的现象。其中紫外线照射是促使塑料老化的关键因素；抗变形能力主要指边框不因热胀冷缩的作用而产生形状和尺寸的改变，引起层压板脱离边框束缚；抗低温脆性指低温下塑料发生了脆性转变，受到冲击力时无法通过塑性变形吸收冲击而直接发生脆性断裂。

7.6 其他材料

7.6.1 助焊剂

助焊剂通常是以松香为主要成分的混合物，是保证焊接过程顺利进行的辅助材料。助焊剂的主要作用是清除焊料和被焊母材（材料）表面的氧化物，使金属表面达到必要的清洁度。它防止焊接时表面的再次氧化，降低焊料表面张力，提高焊接性能。助焊剂性能的优劣，直接影响组件的质量。

助焊剂的特性主要体现在浸润和扩散两方面。浸润也称润湿（横向流动），指熔融焊料在金属表面形成均匀、平滑、连续并附着牢固的焊料层。浸润程度主要取决于焊件表面的清洁程度及焊料的表面张力。伴随着熔融焊料在被焊面上扩散的润湿现象还出现焊料向固体金属内部扩散的现象即纵向流动，例如，用锡铅焊料焊接铜件，焊接过程中既有表面扩散，又有晶界扩散和晶内扩散。锡铅焊料中的铅只参与表面扩散，而锡和铜原子相互扩散，这是不同金属性质决定的选择扩散。正是由于这种扩散作用，在两者界面形成新的合金，从而使焊料和焊件牢固地结合。

7.6.2 焊带

焊带是太阳能光伏组件焊接过程中的重要原材料，主要基材为无氧铜（铜的纯度为99.99%），表面热镀了一层锡层。通过焊接过程将电池的电极（电流）导出，再通过串联或并联的方式将引出的电极与接线盒有效地连接。焊带质量的好坏将直接影响太阳能光伏组件电流的收集效率，对太阳能光伏组件的功率影响很大。

常用焊带分为互连条和汇流条，互连条是将电池与电池相互连接的焊带（镀锡铜带），宽度大约0.2cm。每组件使用较多，如约156条。汇流带，是将用互连条串联后的电池串进行连接的焊带（镀锡铜带），宽度约为0.5cm。主要用于电极引出，每组件使用较少，如同样的电池共计7条。

选择焊带要根据电池的特性决定用什么状态的焊带，一般根据电池的厚度和短路电流的多少确定焊带的厚度，即涂锡带的选用主要是依据其载流能力，同时还应考虑互连条机械强度对电池位移的影响。焊带的宽度要和电池的主栅线宽度一致，焊带的软硬程度一般取决于电池的厚度和焊接工具。手工焊接要求焊带越软越好，软态的焊带在烙铁走过之后会很好地和电池接触在一起，焊接过程中产生的应力很小，可以降低碎片率。但太软的焊带抗拉力会降低，易拉断。自动焊接工艺，焊带可以稍硬一些，这样有利于焊接机器对焊带的调直和压焊，太软的焊带用机器焊接容易变形，降低产品的成品率。

焊带的常用材料为涂锡铜合金带，简称涂锡铜带或涂锡带，分含铅和无铅两种，其中无铅涂锡带因其良好的焊接性能和无毒性，是涂锡带发展的方向。无铅涂锡带是由导电优良、加工延展性优良的专用铜及锡合金涂层复合而成的，具有可焊性好、抗腐蚀性能好、在－40～＋100℃的热振情况下（与太阳能电池使用环境同步）长期工作不会脱落的特点。有铅焊带焊接相对容易，一般只要选择合适的助焊剂，烙铁温度补偿够用就可以了。无铅焊带焊接时麻烦了很多，首先，无铅焊接要选择一个合适的电烙铁，对厂家而言，选择功率可调的无铅焊台是一个不错的选择，无铅焊台一般是直流供电，电压可调，直流电烙铁的优点是温度补偿快，这是交流调温电烙铁所无法比拟的。无铅焊锡的流动性不好，焊接速度要慢很多，焊接时一定要等到焊锡完全溶化后再走烙铁，烙铁要慢走，如果发现走烙铁过程中焊锡凝固，说明烙铁头的温度偏低，要调节烙铁头的温度，升高到烙铁头流畅移动、焊锡光滑流动为止。

7.6.3 有机硅胶

硅胶作为封边黏结剂，增强边框与组件之间的黏结强度，同时对组件的边缘进行密封。对黏结剂的要求包括密封性好和抗紫外线辐照老化能力强。太阳能光伏组件专用密封胶是中性单组分有机硅密封胶，要具有不腐蚀金属和环保的特点，由含氟硅氧烷、交联剂、催化剂、填料等组成。

密封胶（密封、填缝）不同于黏合剂（黏结），密封胶注重弹性，一般不承重；黏合剂注重黏结强度，常需承重，如图 7-5 所示。

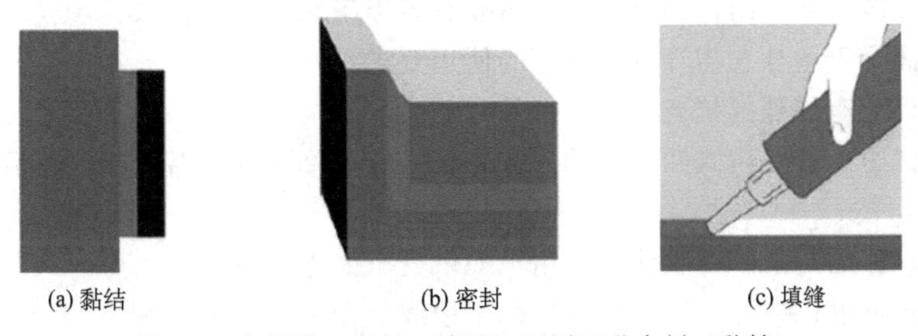
(a) 黏结　　(b) 密封　　(c) 填缝

图 7-5　密封胶（密封、填缝）不同于黏合剂（黏结）

太阳能电池黏结密封材料可用作边框密封剂、接线盒密封剂、汇流条密封剂、薄膜组件支架黏结剂等，如图 7-6 所示。主要起密封绝缘玻璃和太阳能电池板、防水防潮、黏结组件和铝边框、保护组件减少外力的冲击的作用。

图 7-6　光伏组件用硅胶的功能示意图

7.6.4　接线盒

为便捷地使用组件发出的电，最好通过接线盒进行传输。而且接线盒还是整个太阳能方阵的“纽带”，它可以将许多组件串联在一起形成一个发电的整体，所以接线盒在太阳能应用中的作用是不容忽视的。接线盒的作用：一是增强组件的安全性能；二是密封组件电流输出部分（引线部分）；三是使组件使用更便捷、可靠。接线盒一个重要的作用就是保护组件，当阵列中的组件受到乌云、树枝、鸟粪等其他遮挡物而发生热斑时，接线盒利用所带的旁路二极管，利用其单向导电性能，将问题电池、电池串旁路掉，保护整个组件乃至整个阵列，确保能使其保持在必要的工作状态，减少不必要的损失。

常规型的接线盒基本由以下几部分构成：底座、导电块、二极管、卡接口/焊接点、密封圈、上盖、后罩及配件、连接器、电缆线等，如图 7-7 所示。

由于接线盒对于组件的重要性，需要具备以下几点性能要求。

（1）满足于室外恶劣环境条件下的使用要求。

（2）外壳有强烈的抗老化、耐紫外线能力。

（3）优秀的散热模式和合理的内腔容积来有效降低内部温度，以满足电气安全要求。

（4）良好的防水、防尘保护为用户提供安全的连接方案。

（5）较低的体电阻，以尽可能地减小接线盒带来的功率损耗。

7.6.5　二极管

在太阳能电池方阵中，二极管是很重要的元器件，常用的有旁路二极管和阻塞（防反充）二极管。

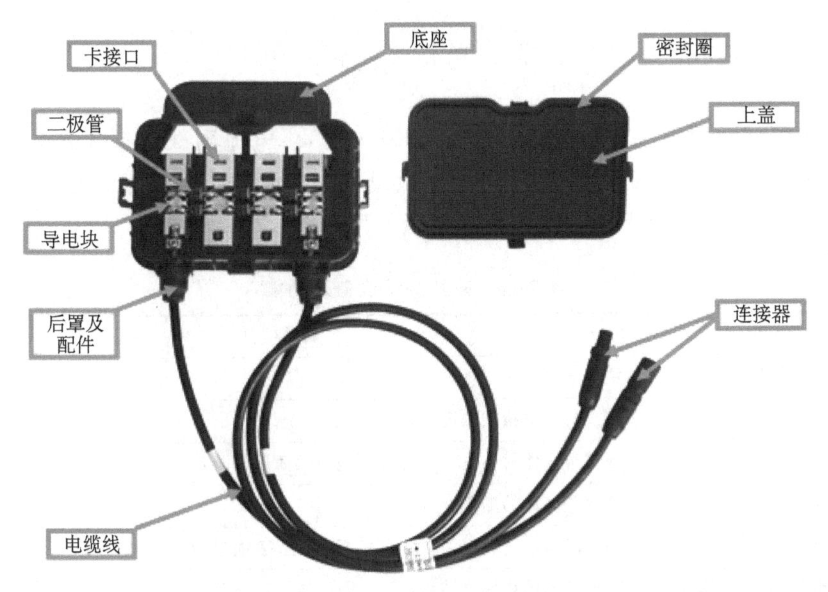

图 7-7　卡接式接线盒基本构造

在有较多太阳能光伏组件串联时，需要在每个太阳能光伏组件两端并联一个二极管，当其中某个组件被阴影遮挡或出现故障而停止发电时，在二极管两端可以形成正向偏压，实现电流的旁路，不至于影响其他正常组件的发电，同时保护组件避免受到较高的正向偏压或由于“热斑效应”发热而损坏。这类并联在组件两端的二极管就是旁路二极管。最理想的组件应是每片电池都旁路一个二极管，这样才能保证组件绝对安全，但是出于成本以及工艺角度的考虑，目前基本采用一串电池旁路一个二极管。太阳能光伏组件中的旁路二极管通常使用的是硅整流型二极管，在选用型号时应注意其容量应留有一定余量，以防止击穿损坏。选择原则是耐压容量为最大反向工作电压的两倍、电流容量为最大反向工作电流的两倍、结温应高于实际结温、热阻小、压降小。

在储能蓄电池或逆变器与太阳能光伏组件之间，要串联一个阻塞二极管，以防止夜间或阴雨天太阳能光伏组件工作电压低于其供电的直流母线电压时，蓄电池反过来向太阳能光伏组件倒送电，既而消耗能量和导致组件发热。它串联在太阳能光伏组件的电路中，起单向导通的作用。由于阻塞二极管存在导通管压降，串联在电路中运行时要消耗一定的功率。一般使用的硅整流二极管管压降为0.6～0.8V，大容量硅整流二极管的管压降可达1～2V，若用肖特基二极管，管压降可降低为0.2～0.3V，但肖特基二极管的耐压和电流容量相对较小，选用时要加以注意。

有些控制器具有防反接功能，这时也可以不接阻塞二极管，如果所有的组件都是并联的就可不连接旁路二极管，实际应用时，由于设置旁路二极管要增加成本和损耗，对于组件串联数目不多并且现场工作条件比较好的场合，也可不用旁路二极管。

7.7 光伏设备简介

光伏领域常用设备有硅片测试设备（表 7-10）、电池测试设备（表 7-11）、组件生产线设备（表 7-12）、太阳光分析模拟设备（表 7-13）、太阳能发电评测设备（表 7-14）等。本章重点介绍太阳能光伏组件生产线设备。

表 7-10　硅片测试设备及功能

仪器名称	测量项目
傅里叶变换红外光谱仪	测量光谱
CV 测试仪	测试材料的掺杂浓度分布
四探针测试仪	测试半导体材料电阻率及方块电阻（薄层电阻）
少子寿命测试仪	硅少子寿命的测量
探针轮廓仪	测量薄膜厚度、应力、样品表面形貌、表面粗糙度等
全自动电化学 CV 测试仪	测量半导体材料（结构，层）中的掺杂浓度分布
扫描探针显微镜	形貌、剖面、功率谱、颗粒、粗糙度分析等
激光椭偏仪	测量薄膜厚度、折射率和吸收系数
原生多晶电阻率测试仪	多晶电阻率测试
硅芯电阻率测试仪	硅芯电阻率测试
原生多晶型号测试仪	半导体及太阳能级各种硅料的型号测量
硅料表面金属杂质测试仪	硅料表面金属杂质测试
硅片表面线痕深度测试仪	硅片表面线痕深度测试
无接触电阻率型号测试仪	对硅料、硅棒、硅锭及硅片进行无接触、无损伤的体电阻率测试
硅片测试仪	测量硅片厚度、总厚度变化 TTV、弯曲度、翘曲度、单点和总体平整度
硅片缺陷测试仪	硅片缺陷测试
多晶硅红外探伤测试仪	用于多晶硅块、硅棒、硅片的裂缝、杂质、黑点、阴影、微晶等缺陷探伤
氧碳测试仪	测硅料硅棒硅片氧、碳含量
硅料硼磷含量测试仪	对多晶硅料的包括磷、硼含量在内的超过 75 个元素进行分析

表 7-11　电池测试设备

仪器名称	测量项目
太阳能电池量子效率测试系统	测量光伏材料在不同波长光照条件下的光生电流、光导等电池性能参数
太阳能电池 *I-V* 特性测量系统	测量 *I-V* 特性曲线、开路电压、短路电流、短路电流密度、最大功率电压、最大功率电流、填充因子、光电转换效率
太阳能电池光谱测试系统	硅电池的绝对光谱响应，外量子效率，光谱透过率，短路电流密度

续表

仪器名称	测量项目
太阳光模拟器	模拟真实的太阳光照条件
便携式太阳能电池测试仪	测试太阳能光伏组件在野外条件下的太阳辐射强度、环境温度、风速、太阳能光伏组件的温度、开路电压、短路电流、最大功率、最大功率点电压、最大功率点电流和填充因子

表 7-12　组件生产线设备

设备名称	功能
组件层压机	层压组件
组件测试仪	太阳能光伏组件测试专用设备
单片分选机	专门用于太阳能单晶硅和多晶硅单体电池的分选
激光划片机	用于太阳能电池（cell）和硅片（wafer）的划片（切割切片）
组框装框机	组件边框的安装加固
玻璃清洗机	光伏玻璃清洗
铺设台	组件层叠和层叠后粗检测
组件周转车	待层压组件周转
焊接工作台	用于单片焊接和串联焊接的工作台
工作台	修边、清洁、EVA、TPT 裁剪工作台

表 7-13　太阳光分析模拟设备

设备名称	功能
智能型人造太阳装置	室内人工太阳系统，可用于太阳能产品室内试验、材料老化试验、太阳能模拟试验、植物太阳辐照试验等
太阳能辐射观测系统	总辐射、散射辐射、直接辐射、反射辐射、净全辐射观测
太阳光谱分析系统	可实时监测太阳各波段光谱的辐射强度，显示各路光谱曲线图、光谱所占总辐射的比例及单位时间内各路光谱的累计量
太阳自动追踪系统	以自动跟踪太阳运转，使太阳光垂直照射到物体表面，保证跟踪架上产品获得最大太阳辐射能量

表 7-14　太阳能发电评测设备

设备名称	功能
太阳能发电测试系统	用于太阳能发电站的实时监测
太阳能电站检测系统	实时监测发电系统的运行状态及环境气候指标
太阳能光伏组件评测系统	室外测试太阳能光伏组件 I-V 特性、气候环境、太阳光照强度、组件背面温度等特性指标

太阳能光伏组件生产线又称组件封装线，常用设备有单片分选仪、组件测试仪、激光划片机、焊接设备、组件层压机、组框装框机、玻璃清洗机、工作台（包括焊接工作台、层叠铺设台以及修边、清洁、EVA、TPT 裁剪工作台等）和周转车等，下面分别介绍。

7.8 单片分选仪

单片分选仪也称太阳能电池分选机或单片测试仪，如图 7-8 所示，专门用于太阳能单晶硅和多晶硅单体电池的分选筛选，可以通过模拟太阳光谱光源，对电池的相关参数进行测量，根据测量结果将电池进行分类。

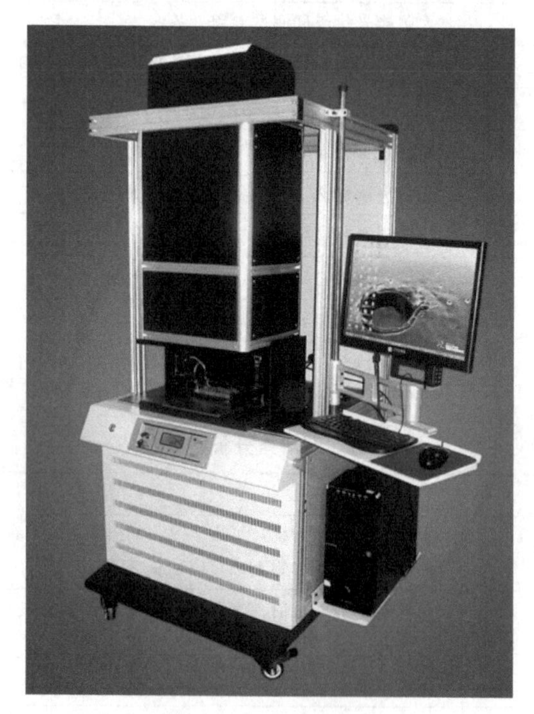

图 7-8 电池分选机

太阳能电池单片测试仪设备组成如下。

（1）太阳模拟器。模拟正午太阳光，照射待测电池，通过测试电路获取待测电池的性能指标。

（2）电子负载。连接待测电池、标准电池和温度探头，获取待测电池的电压、电流；通过标准电池获取光强信号；通过温度探头获取测试环境温度，并将这四组数据提供给采集卡进行分析、处理。

（3）控制电路。提供人机界面和控制接口，提供操作界面和参数设定。

光源部分即太阳模拟器包括控制电路、电容充电电路和氙灯高压电路，控制电路实现氙灯的闪灯控制和电容充电/放电控制；电容充电电路实现对超级电容的充电和过压保护，在程序控制下稳定电容电压；氙灯高压电路产生近 9kV 的高压，点亮氙灯。

电池分选仪的工作原理是：超级电容充电，将 220V 交流电做倍压处理后，通过充电控制电路输出到电容，控制板按照设定的电压值给电容充电，并实时检测电容电压，保证电容电压的稳定。保护电路包括软件保护和硬件保护，两者同时作用，保证电容工作在允许的电压范围内。GBT 控制，在氙灯的工作回路中接有 IGBT，用于控制氙灯工作。IGBT 平时处于导通状态，即氙灯两端一直存在电压，一旦有高压产生则氙灯点亮，而控制电路根据太阳能电池实际测试情况控制关闭 IGBT，使氙灯熄灭。氙灯高压产生电路，利用电感的自感电动势产生近 9kV 的高压。极电流也相应增加，由于电路是串联关系，此时 C 极的电流可以看成待测电池的输出电流，当 C 极电流等于待测电池的短路电流时，通过监测待测电池电压可知此时待测电池电压输出为零，整个测试过程完毕。结合待测电池电压输出曲线和电流检测电阻上获取的曲线，就可以绘制出该待测电池的 *I-V* 特性曲线。

电池分选仪可测量的参数有开路电压、短路电流、最大功率、最大功率下的电压/电流、填充因子、效率和等效串联电阻。

分选仪操作基本步骤如下（不同公司产品可能有所不同）。

（1）打开主电源、打开负载的开关、打开主控设备上的钥匙开关。

（2）打开计算机，并运行模拟测试程序。

（3）调整分选仪的探针的距离与所测试电池刻槽之间的距离保持一致，让分选仪的氙灯空闪 5～10 次。

（4）使用标准片校准分选仪，然后对电池进行测试分选；测试分选电池前必须用标准电池校准测试台。

使用注意事项如下。

（1）测试时接触探针必须完全接触在电池的主栅线上。

（2）测试台面要经常擦拭，以保证电池与台面接触良好。

（3）测试作业人员必须戴手套。

（4）电池要轻拿轻放，避免破损。

7.9 组件测试仪

太阳能光伏组件模拟测试仪是测试组件性能的重要仪器，专门用于太阳能单晶硅、多晶硅、非太阳能光伏组件的电性能测试。它的基本工作原理是，当闪光照到被测电池上时，用电子负载控制太阳能电池中电流变化，测出电池的伏安特性曲线上的电压和电流、温度和光的辐射强度，测试数据送入微型计算机处理并显示或打印出来。

组件测试仪的工作原理、测量的性能参数、操作步骤都和单体电池测试仪类似，只是一般所用的太阳模拟器不同。

太阳模拟器是用来模拟太阳光的设备的，在光伏领域太阳模拟器配以电子负载、数据采集和计算等设备就可以用来测试光伏器件（包括太阳能电池和太阳能光伏组件）的电性能以及 I-V 曲线。可用的商业化太阳模拟器主要有两类：一类是稳态模拟器，例如，滤光氙灯、双色滤光光钨灯或改进的汞灯，这类模拟器适用于单体电池和小尺寸组件的测试；另一类是脉冲模拟器，由一个或者两个长弧氙灯组成，这类模拟器在大面积范围内辐射度均匀性好，能够更好地适应于大尺寸组件的测试。另外，这类模拟器的被测电池热输入可以忽略，这样在测试时被测点与环境测试温度保持一致。

组件测试仪的硬件结构包括测试主机（含电子负载）、光源、计算机、同步高速 A/D 板卡、专用测量软件和标准电池（用于调整光强和校正光强均匀度），如图 7-9所示，图 7-10 是它的测试原理图。

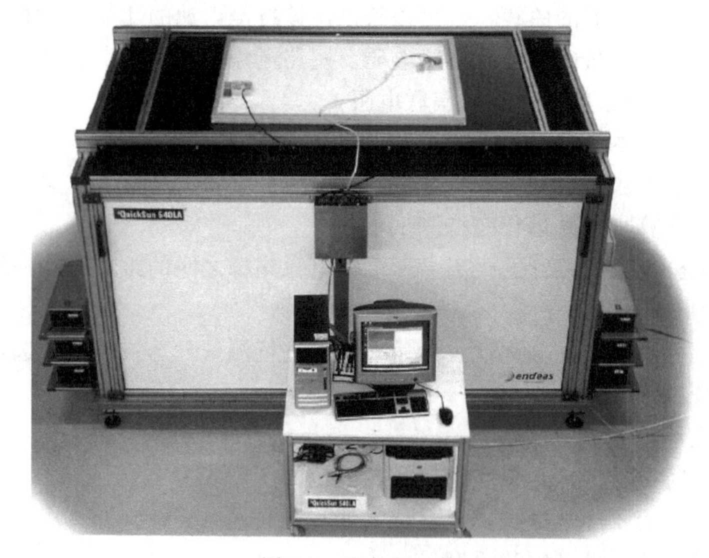

图 7-9　组件测试仪

7.10　激光划片机

激光划片是利用高能激光束照射在工件表面，使被照射区域局部熔化、气化，从而达到划片的目的。激光是经专用光学系统聚焦后成为一个非常小的光点，能量密度高，其加工是非接触式的，对工件本身无机械冲压力，工件不易变形。它热影响极小，划片精度高，广泛应用于太阳能电池板、薄金属片的切割和

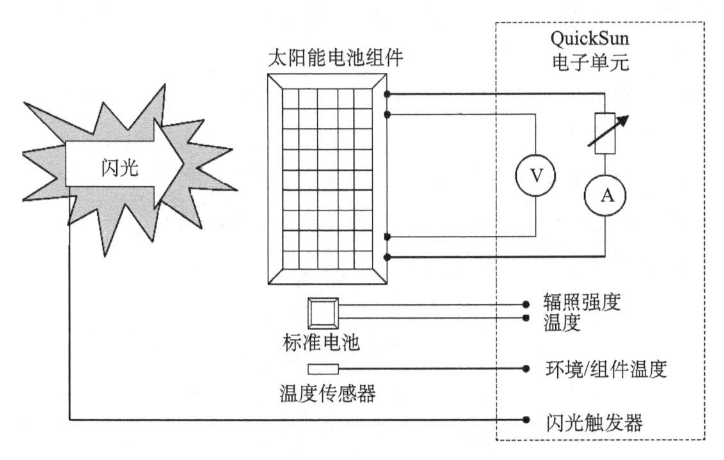

图 7-10　组件测试仪测试原理图

划片。

根据工作电源的不同，太阳能激光划片机种类很多，包括光纤激光划片机、半导体激光划片机、半导体侧面泵浦激光划片机、YAG激光划片机等，图 7-11 为半导体泵浦激光划片机。

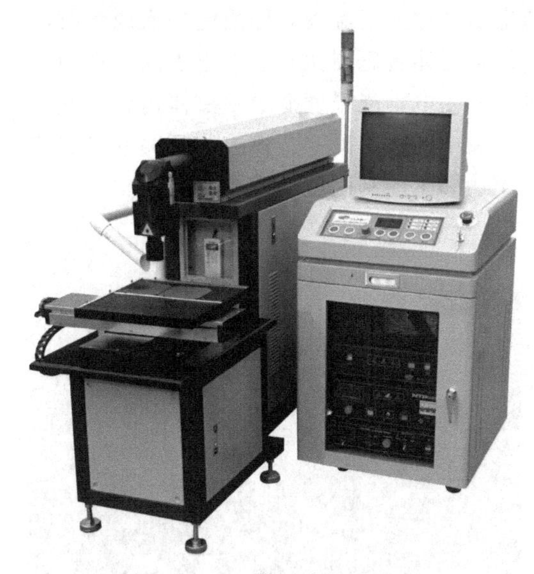

图 7-11　半导体泵浦激光划片机

激光划片机操作步骤大致如下（不同类型、不同公司生产的可能有所不同）。

（1）按步骤打开外部电源，确认电源控制盒紧急停止开关处于释放状态，打开电源开关，主机上电源指示灯（红灯）点亮，同时制冷风扇开始工作。

(2) 打开激光电源控制盒的钥匙开关（激光电源开关），微处理器开始自检过程，如果自检通过，显示屏将停留在启动画面。

(3) 将电流加至5A，然后过5min再加5A，这样依次加到工作电流。

(4) 打开计算机电源，按下启动按钮，打开工作台运行开关。

(5) 启动软件程序，控制划片机正常切割。

(6) 切割操作：放好电池按下开始按钮，进入切割操作。

(7) 踩下气动开关，取出电池，切割完毕。

7.11 焊接设备

在组件生产过程中焊接工序是最重要的环节之一，太阳能光伏组件焊接可以是人工焊接，也可以是全自动机器焊接，人工焊接用电烙铁，机器焊接用全自动焊接机。

7.11.1 电烙铁

太阳能光伏组件生产中，常用的焊接工具是焊台和手持式小功率电烙铁。电烙铁使用可调式的恒温烙铁较好，恒温电烙铁头如图7-12所示，内装有带磁铁式的温度控制器，控制通电时间而实现温控，即给电烙铁通电时，烙铁的温度上升，当达到预定的温度时，因强磁体传感器达到了居里点而磁性消失，从而使磁芯触点断开，这时便停止向电烙铁供电；当温度低于强磁体传感器的居里点时，强磁体便恢复磁性，并吸动磁芯开关中的永久磁铁，使控制开关的触点接通，继续向电烙铁供电。如此循环往复，便达到了控制温度的目的。

图7-12　恒温电烙铁

使用烙铁时，烙铁的温度太低则熔化不了焊锡，或者使焊点未完全熔化而焊接不可靠；太高又会使烙铁"烧死"，即尽管温度很高，却不能蘸上锡。另外也要控制好焊接时间，电烙铁停留的时间太短，焊锡不易完全熔化，形成"虚焊"，而焊接时间太长又容易损坏焊件。焊接时还要注意控制电烙铁的移动速度，移动速度过快或速度不匀都会导致焊接不牢及焊接面减少。

焊接时，需要焊锡和助焊剂。常用的助焊剂是松香或松香水（将松香溶于酒精中）。使用助焊剂，可以帮助清除金属表面的氧化物，利于焊接，又可保护烙铁头。

7.11.2 焊接机

人工焊接最大的弊端是单焊、串焊分别完成，电池会受热变形两次。在单片焊接时，因为只有正面的焊带，焊接后电池两面的应力不同，可能会导致电池弯曲变形。串联焊接时，电池同样会受到弯曲变形，极大地增加了电池隐裂的可能性。全自动焊接机消除了手工焊接的一些弊端，把单焊、串焊合并在一起，焊接温度可监控，从而对电池的焊接质量给予了更可靠的保障。

太阳能电池全自动焊接机（也称全自动串焊机），如图 7-13 所示，可按照设定要求对电池正反面同时自动连续焊接，组成电池串。焊接时焊带自动送料，自动切断，焊接完成后电池串自动收料。

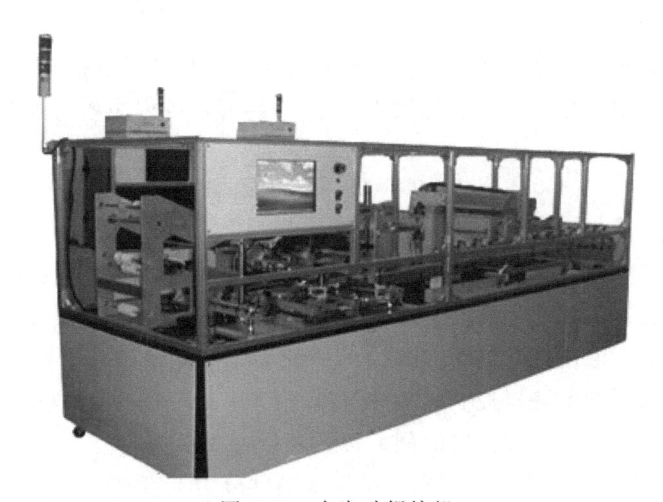

图 7-13　全自动焊接机

全自动焊接机的整个串焊工作过程包括：取料、电池外观及栅线检测、喷涂助焊剂、第一次预升温、第二次预升温、第三次预升温及焊带铺设、高频电磁感应焊接、缓降温、电池串翻面收集。

取料采用压缩空气分层，保证轻柔可靠地将电池盒内的电池取出，配合柔软的硅橡胶吸盘，在精准的机械手动操作下，可靠无损伤地将电池送入工作区；检测环节可将上道工序未检出外观缺陷及主栅线印刷异常的电池移除；喷涂助焊剂采用无接触的助焊剂喷涂方式，可使助焊剂准确喷涂到需要的位置，为可靠焊接提供保障；串焊机对电池的预热有三次预升温过程，并且温度是可控的。在正式焊接前已有超过 100℃的温度，更加接近焊接温度，最大限度地减少因温度快速上升而对电池造成损伤的可能性；焊带铺设前由机械臂校直后裁切，长度精确，焊接后外形美观。

自动焊接机是利用无接触红外线灯加热或高频交变磁场在金属内产生涡电流发热而进行焊接的。在加热区域内，焊带、电池正反面主栅线均会发热，可对正反两面的焊带同时焊接。这种无接触焊接方式，有最小的热“惯性”，即当加热开关关闭后，电池的升温立即停止，从而为焊接过程中的温度控制提供保证。结合无接触加热的特点，再配合响应速度高达 25ms 的红外线温度传感器，使整个焊接过程中温度控制的相对精度保持在±3℃以内。

电池串焊好后，为了消除焊带与电池急速冷却产生的内应力，自动焊接机一般都设置缓降温区，使温度逐渐下降，从而更符合焊接工艺的要求。

在焊接过程中为保护电池的正面，焊接完成后电池的正面是向上的。由于电池易碎，为了后序的铺设工序，特设定了翻面机构，避免人工翻面时造成不必要的损失。此外，为减少环境温度对电池串的影响，此机构中摆放电池串的工作台均为加热工作台。

自动焊接机采用柔性的搬运、无接触的焊接、闭环的温度控制，使得电池的焊接更可靠、更高效，也让太阳能光伏组件在 25 年寿命期内失效的概率大幅度降低。

7.12 组件层压机

光伏层压机是在真空条件下对 EVA 进行加热加压，实现 EVA 的融化固化，对太阳能电池封装的仪器，组件层压机分为半自动层压机和全自动层压机，是集机械、电器、仪表、液压及自动化控制为一体的太阳能光伏组件生产专用设备。开、关盖的开、关采用气动液压控制，加热温度范围为 30～180℃。在控制台上可以设置层压温度、抽气、层压和充气时间，以及控制方式。

如图 7-14 所示为半自动层压机，结构部分共分为上室真空、下室真空、上盖、下箱、架体，共 5 个部分。打开层压机上盖，其内侧有一个硅橡胶板和上盖构成的气囊腔体，上室指的就是这个气囊；上盖四周有密封圈，上盖合上后，上盖和下室之间的密闭腔体称为下室。下室内有加热板，加热板分为电加热板和油加热板，油加热板的温度分布更加均匀。层压时，一般要在组件的上下各铺一层高温玻璃丝布，一方面可以减缓 EVA 的升温速率，减少气泡的产生，另一方面可以防止熔融后的 EVA 流出来弄脏加热板。

当层压机加热温度达到设定温度时，把铺设叠层好的太阳能光伏组件放置于加热板上并关合上盖，上盖关合到位后，下室开始抽气（真空），置于层压机内的太阳能光伏组件逐步受热，受热后的 EVA 逐渐处于熔融状态，同时在加热和 EVA 熔融的过程中，EVA 与电池、玻璃、TPT 之间存在的空气，以及它们本身在被加

图 7-14　半自动层压机

热过程中蒸发出的气体，都通过下室的抽气过程被抽出室外。

抽气完毕后，下一步是加压（层压）步骤。在加压过程中，下室继续抽真空，上室开始充气，由于下室的真空作用，充气后的上室气囊体积膨胀，充斥整个上下室，挤压放置在下室的太阳能光伏组件，熔融后的 EVA 在挤压和下室抽气的作用下流动，充满玻璃、电池和 TPT 背板膜之间的间隙，同时排出中间的气泡，使玻璃、电池、TPT 背板膜通过熔融的 EVA 紧紧地黏合在一起。黏合在一起的整个太阳能光伏组件还要在这种状态下保持一定时间，使 EVA 固化。然后层压机工作状态转换为下室开始充气，上室开始抽真空，使放置有层压好的太阳能光伏组件的下室逐渐与大气平衡，而上室气囊在真空状态下逐渐紧贴上盖，这个过程完成后，就可以打开上盖取出层压好的太阳能光伏组件了。

半自动层压机的操作步骤如下（以手动层压为例）。

（1）开机前确保层压机的各连接管线都已经连接好，接通设备配电箱内的电源总开关，再打开空气压缩机，接通压缩气源。

（2）旋转操作面板上的“自动/手动”旋钮到“手动”位置。

（3）将钥匙插入开关“电源”钥匙孔内接通电源，层压机开始上电，此时“电源”上方的“电源 3 相指示灯”亮起。

（4）设定“温度控制器”上的温度到工作温度值，按下“加热”按钮，此时“加热”按钮上的灯亮起，设备开始加热。按下操作面板上的“真空泵”按钮，打开真空泵。“真空泵”按钮上的灯亮起。

（5）设定“抽空计时”“加压计时”“层压计时”3 个计时器到需要的时间。

（6）旋动“上室充气/上室真空”开关到“上室真空”位置，旋动“下室充气/下室真空”开关到“下室真空”位置，上、下室开始进入真空状态。上、下室真空指示灯亮起。

(7) 等待“台面温度显示仪表”上显示的加热温度达到设定值后，旋转开关“下室充气/下室真空”开关到“下室充气”位置，下室充气指示灯亮起。等待下室充气完成。

(8) 按下操作面板上的开盖按钮，直到上盖完全打开。

(9) 加入待加工工件。

(10) 同时按下操作面板上的两个“关盖”按钮，直到上盖关闭到位，此时“关盖到位”指示灯亮起。

(11) 旋转“上室充气/上室真空”开关到“上室真空”位置，旋转“下室充气/下室真空”开关到“下室真空”位置，上、下室开始进入真空状态。上、下室的真空指示灯亮起。

(12) 当达到真空时间要求后，旋动“上室真空/上室充气”开关到“上室充气”位置，开始对工件实施一定时间的加压。待层压结束后，旋转“下室充气/下室真空”开关到“下室充气”位置，旋动“上室充气/上室真空”开关到“上室真空”位置。等待上、下室完成相应的操作。

(13) 按下“开盖”按钮，直到设备完全打开上盖。

(14) 取出已加工好的工件，再放入另一待加工工件，开始下一循环操作。

(15) 所有工件加工完成后，保持上盖打开状态，按下“加热”按钮，“加热指示灯”灭，机器停止加热，做好关机准备。

(16) 等待设备工作平台温度降到80℃以下。

(17) 同时按下操控面板上的两个“关盖”按钮，直到关盖到位指示灯点亮。旋动“上室充气/上室真空”开关到“上室真空”位置，旋动“下室充气/下室真空”开关到“下室真空”位置，上、下室开始进入真空状态。上、下室的真空指示灯亮起。

(18) 待上、下室抽真空完毕，分别旋动“上室充气/上室真空”“下室充气/下室真空”开关到“0”位置。

(19) 按下“真空泵”按钮，关闭真空泵，其指示灯灭。

(20) 旋转“电源”开关的钥匙到“关”位置，关闭设备电源。

注：(1) 为确保真空泵管路进气过程完成，应关闭真空泵5～10s后，再关闭电源。

(2) 加热器内存在强电流与高热情况下，操作时应谨慎，注意安全防护。

7.13 组框装框机

光伏装框机是组件层压完毕以后，实现组件的铝合金边框挤压定位，然后使用液压或气压动力将铝合金边框固定的仪器。主要性能指标如表7-15所示。

表 7-15　光伏装框机主要性能指标

最大组框外形尺寸/mm	组框精度/mm	操作方式
最小组框外形尺寸/mm	工作气压/MPa	工作功率/kW
对角线尺寸之差/mm	组框动力/MPa	液压压力/MPa
四角角度偏差/mm	最大外形尺寸/mm	重量/t

组件装框机如图 7-15 所示，装有万向滚轮，可以保证组件在各个方向的自由且保护组件的表面，操作灵活方便。组件装框机由双向固定端及双向活动端组成，可以在较宽范围内适应组件装框作业需要，另外还可以满足一些非标准组件进行装框的工作需求。

图 7-15　组件装框机

装框机可以实现组件层压完毕后的组件铝合金边框固定，简化了人工的作业难度，提高了产品的质量。组框的外形尺寸在设定的范围内通过锁紧齿条定位，任意调整尺寸，并通过可调气缸进行精度微调，可满足不同组框尺寸的要求。

7.14　玻璃清洗机

光伏玻璃清洗机也可以称为太阳能玻璃清洗机，是专为太阳能电池板行业设计、制造的一种玻璃清洗机。玻璃清洗机可以对玻璃表面进行清洁、干燥处理。主要由传动系统、刷洗、清水冲洗、纯水冲洗、冷热风干、电控系统等组成。根据用户需要，中大型玻璃清洗机还配有手动（气动）玻璃翻转小车和检验光源等系统，如图 7-16 所示。

光伏玻璃清洗机注意事项如下。

(1) 一定要注意先开鼓风机，后开加热器；先关加热器，后关鼓风机。

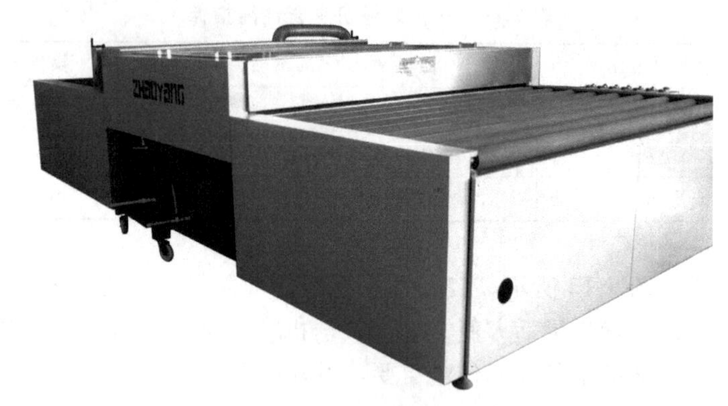

图 7-16　玻璃清洗机

（2）当玻璃板厚度改变时，一定要先调整风刀的高低位置，不然会造成破坏事故。

（3）在控制台上设有急停按钮，遇有紧急情况时，可使用。

（4）玻璃一定要放在进料段限位范围内。

（5）向洗涤水箱加自来水时，水位不能超过水箱的2/3，当水位低时要及时加水。

（6）光伏玻璃清洗机安装与调整。现场条件应具备380V交流电源、工业自来水源、排水沟。

（7）正确摆放进料段机架、清洗段机架、干燥段机架、出料段机架、控制柜和通风机箱。

思　考　题

7.1　简述电池的分类，如何区分？

7.2　晶硅组件对封装的前表面材料有什么要求？

7.3　简述EVA在组件封装中的作用及使用注意事项。

7.4　为什么说EVA的质量取决于它的配方与改性技术？

7.5　太阳能光伏组件对背板材料提出了什么要求？

7.6　简述TPT背板的结构及功能。

7.7　简述边框的作用。

7.8　简述焊带的材料及分类。如何挑选焊带？

7.9　简述晶硅组件中二极管的分类与功能。

7.10　思考光伏领域用到的设备及其用途。

7.11　什么是组件封装线？组件封装常用哪些设备？

7.12　简述单片分选仪的结构和操作步骤。

7.13　简述电烙铁使用时的注意事项。

7.14　比较人工焊接和全自动焊接机焊接的优缺点。

7.15　简述层压机的功能和操作。

第8章　太阳能光伏组件测试

太阳能光伏组件长期运行于室外环境，必须能反复经受各种恶劣的气候条件及其他多变的环境条件，并保证在相当长的额定寿命（通常要求20年以上）内其电性能不发生严重的衰退。因此，在成品出厂之前，应按规定抽样进行性能测试和模拟环境试验。

常规测试包括组装工艺质量检查和性能安全测试。组装工艺质量检查主要检查外观质量，检查内容包括太阳能电池板表面、串并联接点的焊接质量和封装板的胶接质量，可以用目测检查和光学仪器进行普通检查，也可通过红外线发射法、声发射法、红外显微镜和全息照相技术等来检测焊接质量。性能安全测试包括电性能测试、耐压绝缘测试、机械载荷测试、冰雹测试、防火测试等。

组件生产线中有多道检测程序，对各个工序后的半成品质量严格控制，确保组件成品质量，其流程图如图8-1所示。

组件车间的原材料进入车间前，所有的原材料要经过外观检测；玻璃面板需抽测透光率等；背板需抽测抗拉强度、透水率、击穿电压等；EVA需抽测透光率、击穿电压、与背板玻璃的剥离强度及老化后与背板玻璃的剥离强度等；焊带需抽测抗拉强度、电阻率等；硅胶需抽测固化速率、与背板剥离强度等；接线盒需抽样进行耐火测试、导通测试等。只有各项检验全部合格的原材料才能进入生产线。

电池片经过单、串焊形成电池串，排版后再与玻璃、EVA、背板依次叠放好等待层压。组件层压前需进行外观检查，确保焊条不断裂不脱落，电池位置正确，层叠次序、尺寸符合要求，层间无杂物。外观检查通过后进行层压前EL检测。先用万用电表测量组件正负极引出线之间的电压，电压值在规定范围内说明焊接点的电学性能符合要求，整串电池片具有良好的导通性。电压测试合格后组件进入EL测试仪，查看电池片的电致发光亮度，整串电池片应该亮度均一，无明显暗影或明显过亮。通过该检测，能发现运输、储藏、焊接过程中电池片受到的肉眼不可见的损伤。另外，焊接好的电池串还要抽检焊接效果。焊接效果检验主要检查被抽样品的焊接强度，一般通过拉力计测量焊条从焊接电极上脱落所需要的拉力来检测。

层压时组件经抽气、加热、加压，EVA先融化后凝固将玻璃、电池片、背板联结成整体。层压后的组件首先进行外观检查，确保电池片位置正确、无碎片，组件内无气泡、无杂物。外观检查合格的组件进入EL测试仪进行层压后EL测试，各电池片亮度应均一，无明显暗影或明显过亮。通过该测试，排除层压过程对电池片造成的损伤。为确保层压质量，需定期进行剥离强度试验。将待测样品组件（无电池片）和正常组件一起进行层压，然后测量将EVA和玻璃、EVA和背板剥离

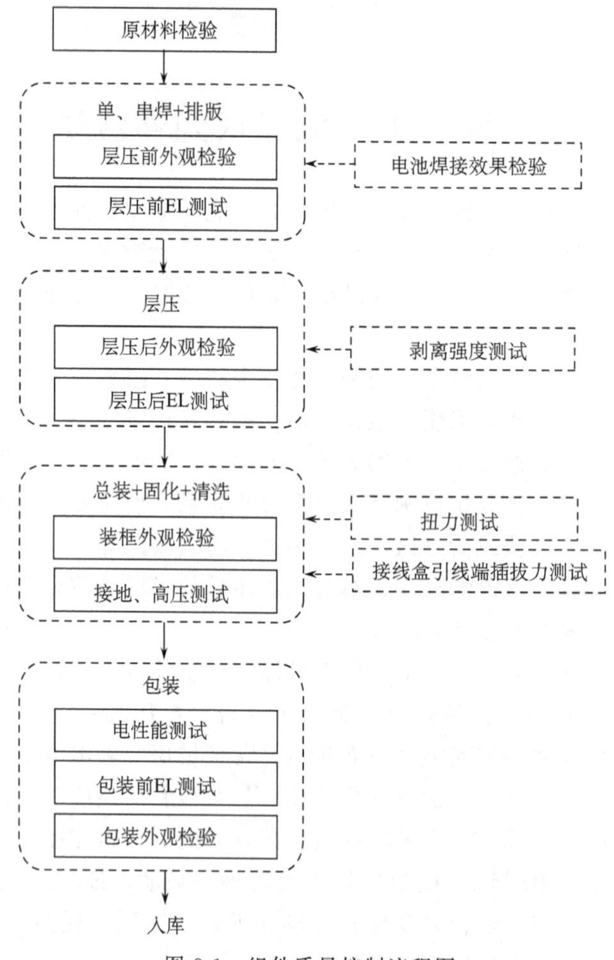

图 8-1　组件质量控制流程图

所需要的拉力。更换组件原材料或者工艺调整后，需加测剥离强度试验。

总装包括组件边框的安装和接线盒的安装。每班次上工前，需对总装过程中用到的所有起子进行扭力测试，确保安装工具处于正常状态。总装后的组件首先进行外观检查，确保尺寸正确，接线盒位置正确，玻璃、背板无破损。外观检查通过的组件进入固化室，固化到规定时间后进行清洗。清洗的同时使用万用表对清洗后的组件进行接地导通检查，确保组件边框能很好地接地。清洗完成后使用绝缘耐压测试仪进行高压测试，在边框和电极引线间施加一定的电压，测试组件的耐压性和绝缘强度，保证组件在意外情况（如雷击）下不被损坏。在进入下一工序前，还要抽样进行接线盒引线端插拔力测试。该测试使用拉力计，检查被接线盒固定的引线能否承受规定拉力，确保电池串和接线盒之间的连接具有足够的强度。

包装前需要对组件进行电性能测试和 EL 测试。其中电性能测试主要检测开路电压、短路电流、最大功率、填充因子等组件性能，并将检测结果标注在组件背面。由于总装过程中组件受到较多的物理冲击，电池片很可能会出现隐裂，通过包装前的 EL 测试，排除问题组件，合格件进行包装。根据组件电性能（功率或电流）分档包装、标注，包装外观检验合格后入库。

8.1 组件电性能测试

电性能测试是对电池的输出功率进行标定，测试其输出特性，确定组件的质量等级。太阳能光伏组件的输出功率是组件温度和辐照度水平的直接函数，通过测量不同辐照度和温度下太阳能光伏组件的性能参数（短路电流、开路电压、最佳工作电压和最大功率）的值，可对太阳能光伏组件性能进行评价。

测试时要用到组件测试仪，测试步骤如下。

（1）先将待测组件堆放在测试仪一端。

（2）将待测组件置于测试区的固定位置处，如图 8-2 所示。测试时必须将温度传感器放置于组件上，环境温度 T 为 (25±2)℃。

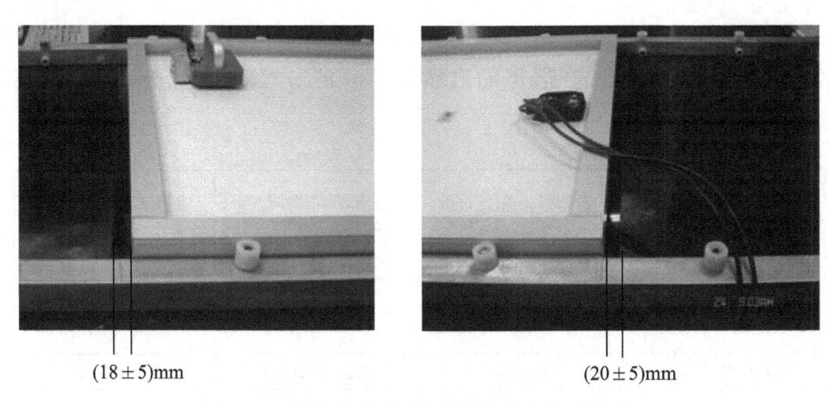

图 8-2 将待测组件置于测试区的固定位置

（3）连接组件与测试仪的正负端子，如图 8-3 所示。

（4）用扫描枪连续扫描组件的序列号两次开始测试。

（5）如果测试合格，则敲合格印章，如图 8-4 所示。将组件小心地从测试架上取下，按功率等级与颜色等级分开放置在相应周转托盘上。

（6）在流程单上准确填写组件实测功率等级，在《已测组件流转单》上填写组件序列号，每个托盘对应一张单子。

（7）不合格组件则通知工艺员处理。

测试时注意人眼避免直视光源，以防伤害眼睛；测试结束按组件功率等级与电池颜色等级来堆放已测组件，同等级功率与颜色的组件放同一周转托盘上。

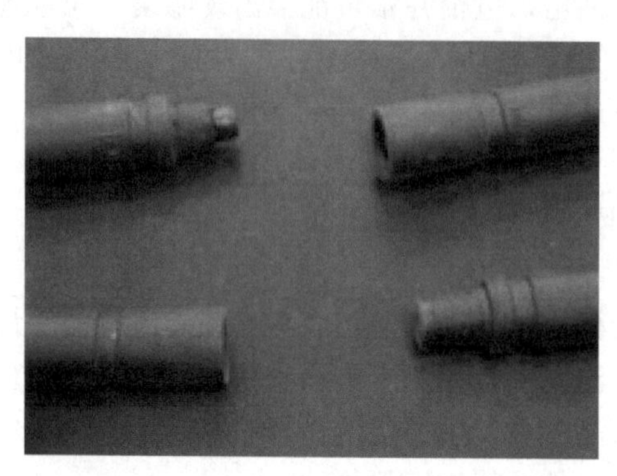

图 8-3　连接组件与测试仪的正负端子

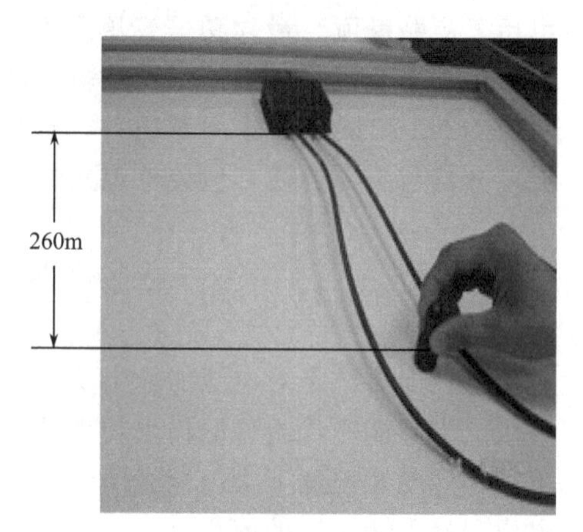

图 8-4　敲合格印章

8.2　组件耐压绝缘测试

耐压绝缘测试是指在组件边框和电极引线间施加一定的电压，测试组件的耐压性和绝缘强度，以保证组件在恶劣的自然条件（雷击等）下不被损坏，主要测量工具如图 8-5 所示。

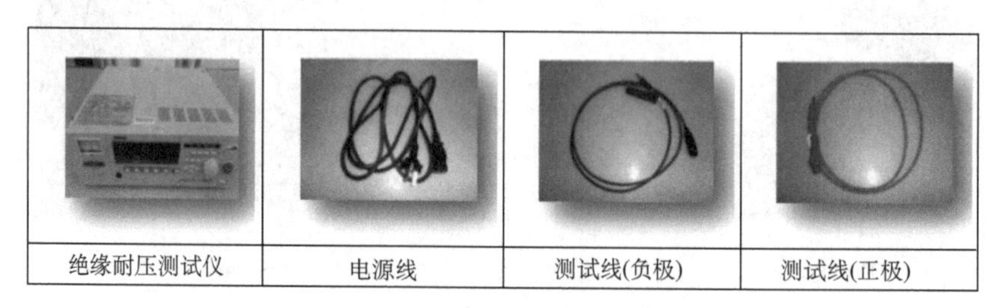

绝缘耐压测试仪	电源线	测试线(负极)	测试线(正极)

图 8-5　主要测量工具

耐压绝缘测试仪测试包括仪器准备、点检、测试三个主要过程，仪器准备包括将红色测试线接线端插到测试仪插孔处，将黑色接地线接线端连接到测试仪接地插孔处，先将接地线接线端插入接地孔内，再将接地垫片放到接地端旋钮内部，将旋钮拧紧；然后接电源线：先将电源线插入仪器接口，再将另一端插到电源插座上。打开电源首先进行设备功能点检，并将点检结果记入《绝缘耐压设备点检表》，具体过程可参考设备说明书。

设备点检结束，方可对组件进行测试。将组件抬到测试台上，将测试端红色夹子夹在接线盒内部汇流带上，接地端黑色夹子夹在组件铝边框的安装孔上。注意：①红、黑两个夹子距离不要太近，否则在通电时两夹子间会形成电磁辐射，对人身造成伤害；②确保测试物表面清洁无杂物，方可进行耐压测试；③操作时必须戴好绝缘手套，脚下垫好橡胶绝缘垫；④只有在测试灯熄灭状态、无高压输出状态时，才能进行测试物连接或拆卸操作。

耐压测试：按下耐压测试挡按钮；设定漏电流测试所需值、电压值及测试时间；按下 START 键进行测试，按下测试键后 TEST 灯亮；如果测试合格，则 PASS 灯闪亮，并有“笛”声响一下；如果测试不合格，则 FAIL 灯闪亮，并伴有蜂鸣声，此时按 STOP 键进行复位。将测试不合格组件放到不合格区域，并将此情况上报。

绝缘测试：按下绝缘电阻测试键；设定电压值、绝缘电阻值、时间；按下 START 键开始测试；测试结果判定同耐压测试。

测试结束后，关掉 POWER 键。实时填写《耐压测试记录表》和《绝级测试记录表》，妥善放电后，拆除测试线及定值电阻，将被测物取下放好。

8.3 组件 EL 测试

EL 测试是根据太阳能光伏组件中电池发光亮度的差异，显示组件中的裂片(包括隐裂和显裂)、劣质片及焊接缺陷。

EL 全称是 Electroluminescence，称为电致发光或场致发光，太阳能电池电致发光测试系统工作原理如图 8-6 所示，利用光生伏打效应的逆过程，给太阳能电池通电使其发光即电致发光，利用成像系统将信号发送到计算机软件，经过处理后将太阳能电池的 EL 图像显示在屏幕上。太阳能电池的电致发光亮度正比于少子扩散长度，正比于电流密度。通过 EL 图像的分析可以有效地发现硅片、电池和组件生产各个环节可能存在的问题，对改进工艺、提高效率和稳定生产都有重要的作用，因而太阳能光伏组件缺陷测试仪被认为是太阳能电池生产线上的 X 射线。

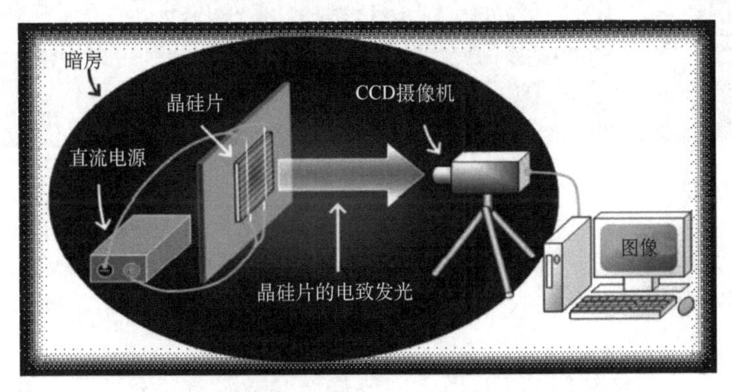

图 8-6　太阳能电池电致发光测试系统工作原理图

通过 EL 图像的分析可以有效地发现硅材料缺陷、印刷缺陷、烧结缺陷、工艺污染、裂纹等问题。硅材料的脆度较大，在电池生产过程中，易产生裂片，裂片分显裂和隐裂，前者肉眼可直接观察到，但后者则不行，后者在组件的制作过程中更容易产生碎片等问题。图 8-7 是单太阳能电池的隐裂 EL 图及区域放大图，由于（100）面的单晶硅片的解理面是（111），因此，单晶电池的隐裂一般是沿着硅片的对角线方向的 X 状图形。

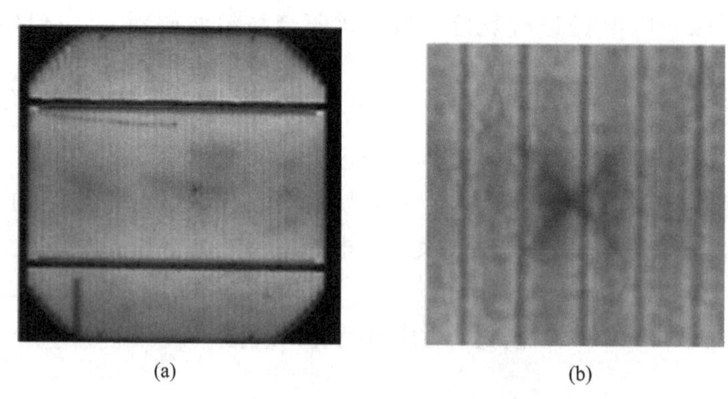

(a) (b)

图 8-7 单太阳能电池的隐裂 EL 图及区域放大图

图 8-8 为多太阳能电池的 EL 图，见图 8-8 的圆圈区域。但是由于多晶硅片存在晶界影响，有时很难区分其隐裂。

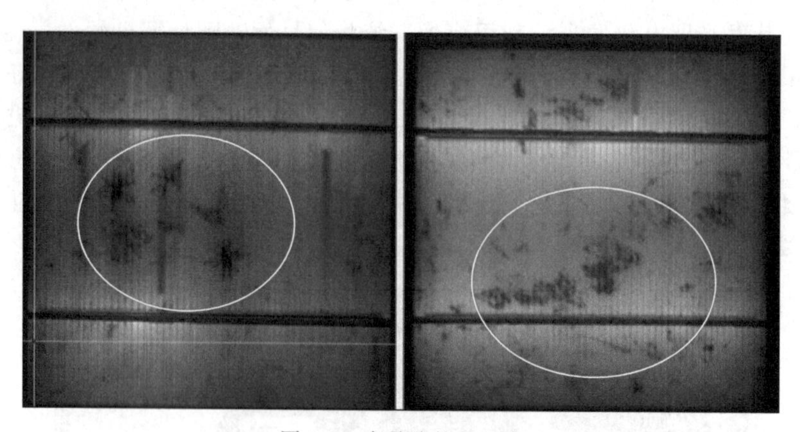

图 8-8 多晶片的 EL 图

图 8-9 为印刷不良导致的正面银栅线断开，EL 图中显示为黑线状。这是因为栅线断掉后，从汇流条上注入的电流在断栅附近的电流密度较小，致 EL 发光强度下降。

图 8-10 为有烧结缺陷的 EL 图，一般烧结参数没有优化或设备存在问题时，EL 图上会显示网纹印，如图 8-10（a）所示。采取顶针式或斜坡式的网带则可有

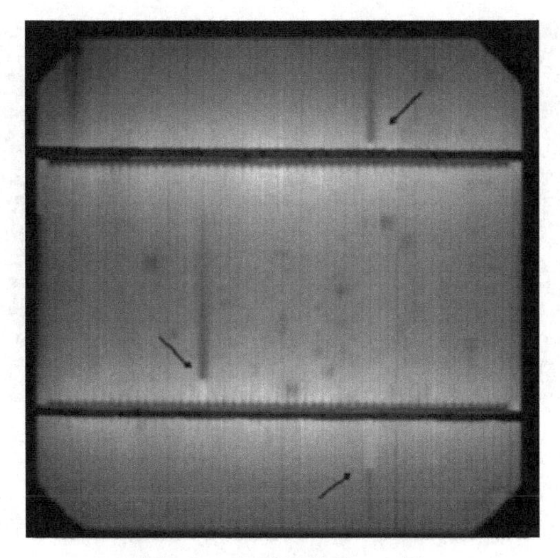

图 8-9　印刷断线的 EL 图

效消除网带问题，图 8-10（b）所示的电池是顶针式烧结炉里烧出来的电池，图中黑点就是顶针的位置。

(a)　　(b)

图 8-10　有烧结问题的 EL 图

图 8-11 是一般所说的“黑心”片的 EL 图。在图中可以清楚地看到清晰的旋涡缺陷，它们是点缺陷的聚集，产生于硅棒生长时期。此种材料缺陷势必导致硅的非平衡少数载流子浓度降低，降低该区域的 EL 发光强度。

图 8-12 为漏电电池的 EL 图，其中图 8-12（a）为 EL 图，图 8-12（b）为红外图，图 8-12（c）为局部放大图。漏电电池一般指电性能测试时，给电池加反向偏置电压－12V 时的电流值偏大。如图 8-12（a）所示，EL 显示的较粗黑线表明该区

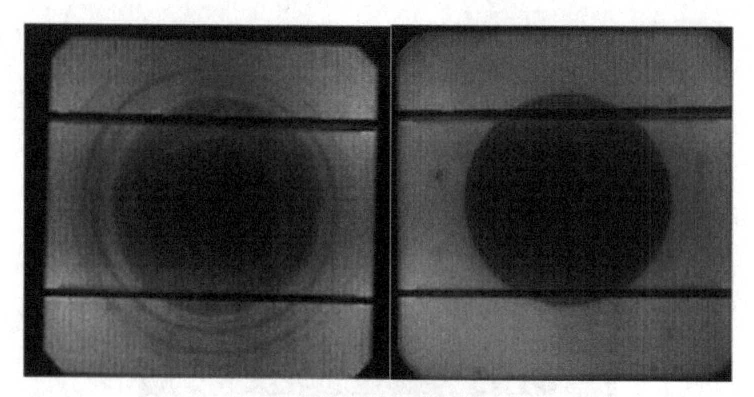

图 8-11　黑心片 EL 图

域没有探测器可探测到的光子放出。再给电池加反压测试其发热情况，结果如图 8-12 (b)所示，可见与 EL 对应区域发热严重，用显微镜观察后分析可知，在电池正面银浆印刷时，由于硅片表面存在划伤，浆料进入裂缝的 pn 结位置，分选的 I-V 测试加 12V 反压时，直接导致正面 pn 结烧穿短路。因此，EL 测试时，该区

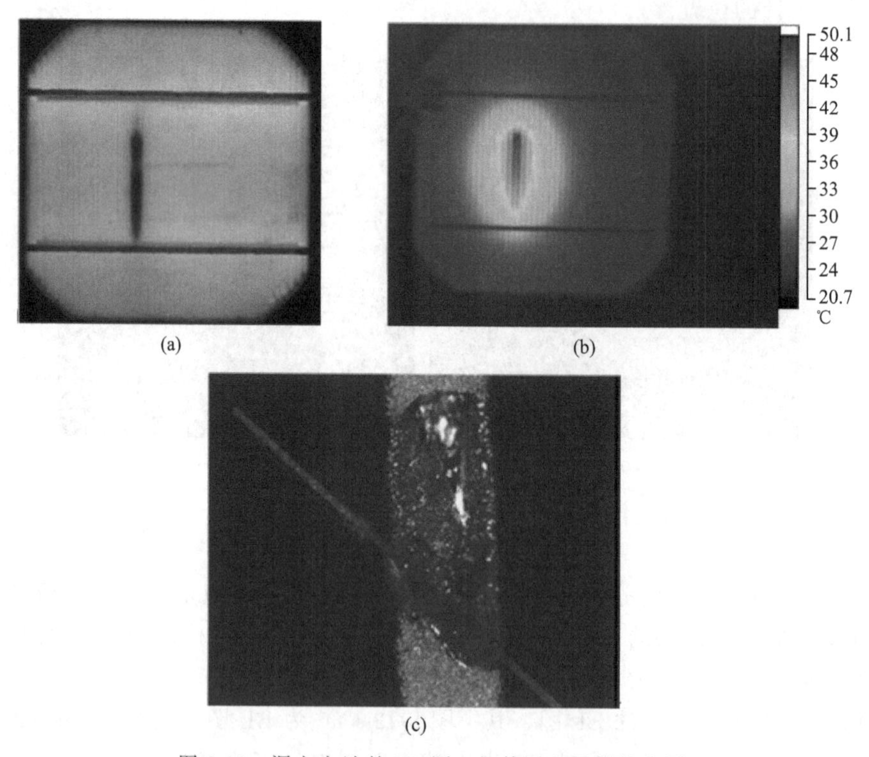

图 8-12　漏电电池的 EL 图、红外图和局部放大图

域显示为黑色。

EL也适用于组件的质量监控，在组件层压前和成品监督，均可以使用EL抽检组件质量问题。如图8-13所示，通过组件的EL图，可以看出组件内部电池隐裂、断栅、黑心片等问题。

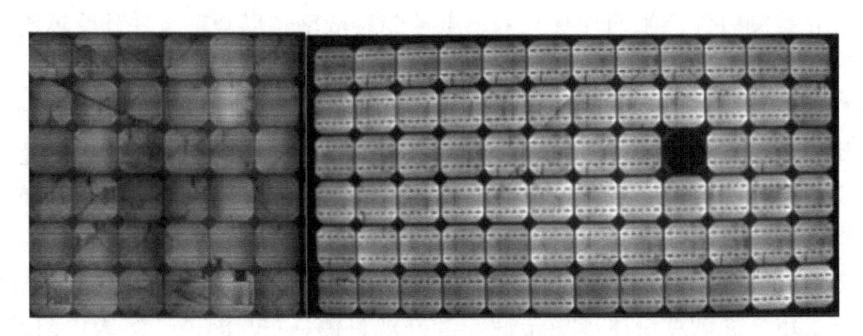

图8-13　组件EL图

8.4　组件机械载荷测试

机械载荷测试是在组件的表面逐渐加载，监测实验过程中可能产生的短路和断路、外观缺陷、电性能衰减率、绝缘电阻等，以确定组件承受风、雪等静态载荷的能力。

机械载荷测试可用太阳能光伏组件机械载荷实验机进行，它可以确定组件在不同安装角度下经受风、雪或覆冰等静态、动态载荷的能力。广泛用于检测太阳能光伏组件的耐压强度实验，它采用动态持压技术，模拟载荷实验，以了解产品在载荷状态下的抗压能力。

8.5　组件湿热湿冷实验

湿热湿冷实验是将组件置于有自动温度控制、内部空气循环的气候室内，使组件在一定温度和湿度下往复循环，保持一定恢复时间，监测实验过程中可能产生的短路和断路、外观缺陷、电性能衰减、绝缘电阻等，以确定组件承受高温高湿和低温低湿的能力。

湿热湿冷也可在太阳能光伏组件温湿度循环实验箱、太阳能光伏组件湿热循环箱、太阳能光伏组件湿冷箱等设备中进行。这些实验箱可以模拟低温、高温、高温高湿、低温低湿等复杂的自然环境。

8.6 组件冰雹实验

冰雹实验是通过人工制作的冰球或者用钢球代替冰雹从不同角度以一定的动量撞击组件，检测组件产生的外观缺陷、电性能衰减率，以确定组件承受冰雹撞击的能力。

组件冰雹实验可通过太阳能光伏组件冰雹撞击实验机进行，工作原理是空压机将空气压缩至储气罐，外接压力表及一定内径（如25mm）的枪管，连接处安装一电磁阀，由电磁阀控制开启。枪管前端安装光电测速装置。调节压力表，使冰球达到标准要求的冲击速度。制作一定内径（如25mm）的冰球模具，将制成的冰球置于枪管内，开启电磁阀，压缩空气推动冰球以一定的速度（如23m/s）撞击太阳能光伏组件。组件受试点经冰球撞击后，经外观目测、*I-V* 测试、绝缘电阻测试后，判别组件质量是否合格。

8.7 组件紫外老化实验

紫外老化实验用于检测太阳能光伏组件暴露在高湿和高紫外辐射场地时是否具有抗衰减能力，可通过紫外老化实验箱进行。紫外老化实验箱如图8-14所示，一般用荧光紫外灯为光源，通过模拟自然阳光中的紫外辐射，对材料进行加速耐候性实验，以获得材料耐候性的结果。

图8-14 紫外老化实验箱

紫外实验箱可对温度进行自动监控，配有辐射计，可对光辐照度进行控制，使辐照度稳定在指定照度上，同时对实验时间进行控制。

思 考 题

8.1 简述组装工艺质量检查。

8.2 组件的性能安全测试要测试哪些项目?

8.3 什么是组件的电性能测试? 如何测试?

8.4 简述组件的耐压绝缘测试。

8.5 什么是组件 EL 测试? 简述其测试原理。

8.6 通过 EL 测试可以分析太阳能光伏组件的哪些缺陷?

8.7 简述组件的湿热湿冷测试和紫外老化测试。

第9章　太阳能光伏组件故障分析

在太阳能发电系统中，太阳能光伏组件的品质对系统的正常运转起着关键作用，但由于生产过程中工艺技术、设备性能、人员技能、原材料质量等方面的问题，也会使组件出现无输出即无功率、功率衰减过大、脱层、EVA熔化、TPT褶皱或剥离、气泡、接触不良、电池串移位等问题。

9.1　组件辨别

目前的太阳能光伏标准组件在销售时是以功率为单位销售的，而不是以面积为单位销售的，所以效率的高低不是决定组件价格高低的因素。太阳能光伏组件效率＝标称功率÷面积×1000。组件好坏的简单辨别可以通过外观检测和电性能检测两方面判断。外观检查包括如下几方面。

（1）条码编号。正规组件生产厂家的产品，必须有符合国家标准的编号和条码，并且贴有标明组件各项参数的标签。

（2）同一组件内电池片排列整齐，无层叠。

（3）电池片表面无明显色差，色斑。

（4）电池片表面无大于20mm^{2}的气泡，同时不可以有存在影响电性能的气泡。

（5）电池片不存在大于10％的明显破碎。

（6）组件内不能有异物。

（7）组件背场TPT不可以有明显褶皱和鼓包。

（8）铝型材连接配合良好，无间隙。

（9）钢化玻璃表面无严重划伤。

（10）接线盒内不需要灌胶的组件，其汇流条出口处未用硅胶密封，或有硅胶，但没有起到密封作用。接线盒底部四周未密封或接线盒偏移。

（11）二极管极性装反，正、负极标识不全。

组件电性能检查主要是电压检查，电压检查标准为根据组件额定电压选择检查标准，要求工作电压和开路电压都在规定的范围内，如表9-1所示的检验标准。

表9-1　电压检验标准　　（单位：V）

组件额定电压	工作电压下限	工作电压上限	开路电压下限	开路电压上限
6	7	9	10	11.5
12	14	18.5	20	23
24	28	37.5	40	46

9.2 组件常见问题

组件应用中表现出来的最终问题是无功率输出，或功率衰减过大。无功率可能是由于脱焊、电池电极烧结不良、虚焊等原因造成的断路，也可能是汇流条短路、二极管击穿等造成的短路；造成功率衰减过大的原因很多，如焊带疲劳、焊接不良、接线盒接触不良等引起的串联电阻增大，或微短路、二极管反流造成的电池并联电阻减小，或 EVA 过期或污染、玻璃污染、环境污染等造成的脱层，或由于接线盒的接触、密封性能不好等。表 9-2 列出了组件各工序常见的质量问题。

表 9-2 组件各工序常见质量问题分析

序号	不良现象	可能的原因	解决方法
1	色差	分选失误造成	专人负责分选、换片，注意色差
		其他工序换片时造成	
2	电池缺角	焊接收尾处打折太深或离电池太近	焊接时注意
3	原材料上有汗液	裸手接触原材料	戴手套、指套
4	焊接不良（包括虚焊、过焊、侧焊、不光滑）	烙铁头不良容易造成虚焊或不光滑	烙铁头在细砂纸上抹平，加锡保养或更换烙铁头
		烙铁温差大	选择质量好的烙铁
		员工手势不当，容易造成虚焊、侧焊	正确的方法多加练习，找到烙铁头平面
		电池可焊性不好，容易造成虚焊或过焊	不同厂家不同批次的电池先试焊，找到相对合适的工艺再批量焊接
		串焊手势太重导致负极焊“花”	电烙铁温度降低/焊接手势放轻
5	组件内有异物（包括头发、纤维、锡渣等）	工作台不干净 工作时未严格管理	工作台面保持干净整洁、禁止人员在车间整理头发，工作时必须穿工作服、戴工作帽
6	组件内有气泡	EVA 过保质期	每批 EVA 严格检查，更换 EVA
		工艺参数不合适，层压导致气泡	及时更换工艺参数
		异物引起气泡	
7	EVA 未溶	EVA 自身问题	更换 EVA
		没有找到合适的工艺参数	及时更换工艺参数

续表

序号	不良现象	可能的原因	解决方法
8	焊接破片	电池自身隐裂	焊接前仔细检查
		互连条太硬	不同电池应用不同规格的互连条
		焊接手势过重	平时要以正确的方式多加练习，找到合适的工艺参数，通过大量实验、生产降低焊接破片率
		电烙铁温度过高	
		堆锡	
		电池焊好后积压太多	
		焊接收尾处打折太深或离电池太近	
9	层压后破片	电池自身隐裂	叠层在灯光下仔细检查
		焊接时打折过重导致电池隐裂	
		层压前，操作人员抬组件时压到电池，进料不注意	抬组件时护住四角，不要压到 TPT 上
		电池上有异物、锡渣、堆锡导致层压后破片	保持工作台面整洁，各工序人员自检、互检
		硅胶板压力过大	经常出现破片且在同一位置破片，检查层压机，调节参数
		充气速度不适合	调节充气速度
10	层压后背板与 EVA 脱层	与 EVA、Glass 黏结强度差，小气泡进入后加剧整张脱层	层压参数、EVA 问题
11	电池串间移位	叠层时没有固定好，间隙不均匀	串焊时尽量在一直线上
	汇流条之间移位	层压抽真空时造成	
12	背板：划伤	层压后修边、装框、清洗都有可能造成 TPT 划伤	工作时加强责任心，细心，禁止刀片拿在手上搬运组件或操作
	背板：褶皱	不层压导致褶皱	检查设备
	背板：鼓包	大量鼓包在片与片之间可能是 EVA 的收缩率过大造成	检查每批次 EVA
	背板：凹坑	EVA 粘在硅胶毯上	发现有第一块出现时检查硅胶毯，取出（注意安全），不然像复印机一样每块都有
		高温布没有清洗干净	工作时加强责任心，细心

续表

序号	不良现象		可能的原因	解决方法
13	玻璃表面划伤		抬玻璃时两块玻璃摩擦	玻璃间应放有隔纸
			清洗时摩擦	
			刀片划伤	
14	电性能不良	测不出功率	正负极相反	叠层好后测试时正负极接对
		功率低	破片	检查，层压后自检，装框互检
			组件被流转单挡住	
		I-V 曲线异常	破片	检查，层压后自检，装框互检
			电池高低档次	禁止高低档相混
15	型材	型材划伤	来料未检查	来料检查看是否是批量性的问题
			装框清洗过程中划伤	清洗时注意清洗方式
		型材拼接有出入	划伤手、拼接异形，引起玻璃破碎	拼接产生误差，避免型材切割，产生误差找厂家
		型材与背板间硅胶黏结有缝隙	渗水、安全性	将胶打好，背板无缝隙
16	硅胶正反面有可视缝隙		型材内硅胶不够多	型材内应该有 2/3 胶
			补胶没有到位	打胶的手法
17	接线盒	接线盒移位	移位后边缘胶变小，易渗水	接线盒安装在背板后不允许有位移
		接线盒底部无胶/胶不多	黏结性、牢固度、渗水性	接线盒底部补胶、注意打胶量与安装方式
		引出线上粘有胶带上的胶	绝缘过热，氧化反应引起其他反应	叠层处胶带使用不当，使用无残留胶渍、耐高温的胶带
		引出根部未完全密封	将水汽沿着汇流条根部渗入组件内	硅胶密封引出线根部
		接入接线盒端子内的尺寸过窄、过短	电阻增大、过流、发热	接入接线端子内的尺寸：宽 4.5～5mm、长 10mm
		接入接线端子后剩余的汇流条过紧	无热胀冷缩的余地，如此反复电阻变大，长期使用可能会断	将汇流条裁剪尺寸放在接线端子前沿

9.3 组件常见问题分析

组件中有碎片可能是因为在焊接过程中没有焊接平整，有堆锡或锡渣，在抽真空时将电池压碎；或者本来电池就已经有暗伤，再加上层压过早，EVA 还具有良好的流动性；或者在抬组件时，手势不合理，双手压到电池。因此首先要在焊接区对焊接质量进行把关，加强对员工的一些针对性培训，确保焊接一次成形；调整层压工艺，增加抽真空时间，并减小层压压力（通过层压时间来调整）；控制好各个环节，提高层压人员素质并确保抬板手势的正确性。

组件中有毛发及垃圾可能是由于EVA、太阳能背板、小车子等有静电的存在，把飘在空中的头发、灰尘及一些小垃圾吸到表面；或者叠层时，身体在组件上方作业，而又不能保证身体没有毛发及垃圾的存在；或者一些如蚊子等小飞虫钻进组件里。解决办法是做好6S管理，保持周边工作环境的整洁，并做好个人卫生；调整工艺，对叠层工序进行操作优化，将单人拿取材料改为双人拿取；提高车间洁净度，控制通道，装好灭蚊灯，减少小飞虫的进入。

汇流条向内弯曲可能是在层压中，汇流条位置会聚集比较多的气体。胶板往下压，把气体从组件中压出，而那一部分空隙就要由流动性比较好EVA来填补。EVA的这种流动，就把原本直的汇流条压弯；也可能是EVA的收缩造成的。因此应该选择较好的材料，调整层压工艺参数，使抽真空时间加长，并减小层压压力。

组件背膜凹凸不平可能是太阳能背板材料质量不高或者多余的EVA会粘到高温布和胶板上引起的，为此应该购买较好的橡胶胶板，做好每次对高温布的清洗工作，并及时清理胶板上的残留EVA；采用品质好、厚度适合的太阳能背板，不要一味地追求低成本而去采购一些品质一般、厚度很薄的太阳能背板。

组件中有气泡的原因比较多，有以下几方面。

（1）EVA胶膜已裁剪，放置时间过长，已受潮。因此应控制好每天所用的EVA的数量，要让每个员工了解每天的生产量。

（2）EVA胶膜材料本身品质不高，如有些EVA厂家部分或完全采用国产原料；对此要尽量选择较好的材料和国外或国内大的厂家。

（3）太阳能背板放置时间过长或储存环境不好而受潮。对此在使用前应将分切好的太阳能背板放置烘箱内预烘烤1～2min，把潮气赶出。

（4）抽真空过短，加压已不能把气泡赶出，解决办法是调整层压工艺参数，使抽真空时间适量。

（5）如果是层压的压力不够造成的气泡，可以增大层压压力（可通过层压时间来调整，也可以通过再垫一层高温布来实现）。

（6）加热板温度不均，使局部提前固化。解决办法是垫高温布，使组件受热均匀（最大温差小于4℃）。

（7）层压时间过长或温度过高，使有机过氧化物分解，产生氧气。这时应根据厂家所提供的参数，确定层压总的时间，避免时间过长。

（8）有异物存在，而湿润角又大于90°，使异物旁边有气体存在。为此应注重6S管理，尤其是在叠层这道工序，尽量避免异物的进入。

9.4 图解组件产品质量问题

图 9-1 为网状隐裂，电池在焊接或搬运过程中受外力或电池在低温下没有经过预热，在短时间内突然受到高温后出现膨胀，造成隐裂现象，造成组件性能衰减。

图 9-1 网状隐裂

在生产过程中避免电池过于受到外力碰撞、在焊接过程中电池要预热（手焊）、烙铁温度符合要求、EL 测试严格检验会减少隐裂。

图 9-2 为 EVA 脱层，产生原因有交联度不合格，如层压机温度低、层压时间短等，或者 EVA、玻璃、背板等原材料表面有异物或 EVA 原材料成分问题，例如，乙烯和醋酸乙烯不均，导致不能在正常温度下溶解造成脱层，或边框打胶有缝隙，雨水进入缝隙后组件长时间工作中发热导致组件边缘脱层，或助焊剂用量过多，在外界长时间遇到高温出现延主栅线脱层。脱层面积较小时影响组件大功率失效，脱层面积较大时直接导致组件失效报废。

脱层的预防措施有：严格控制层压机温度、时间等重要参数，并定期按照要求做交联度实验；加强原材料的改善及原材检验；加强制备过程中成品外观检验；严格控制助焊剂用量，尽量不超过主栅线两侧 0.3mm。

图 9-3 为硅胶不良造成的分层和电池交叉隐裂纹，分层会导致组件内部进水，使组件内部短路造成组件报废；交叉隐裂会造成纹碎片使电池失效。

预防措施除控制层压参数和加强原材检验外，打胶要严格操作，硅胶需要完全密封，搬动组件时避免受外力碰撞。

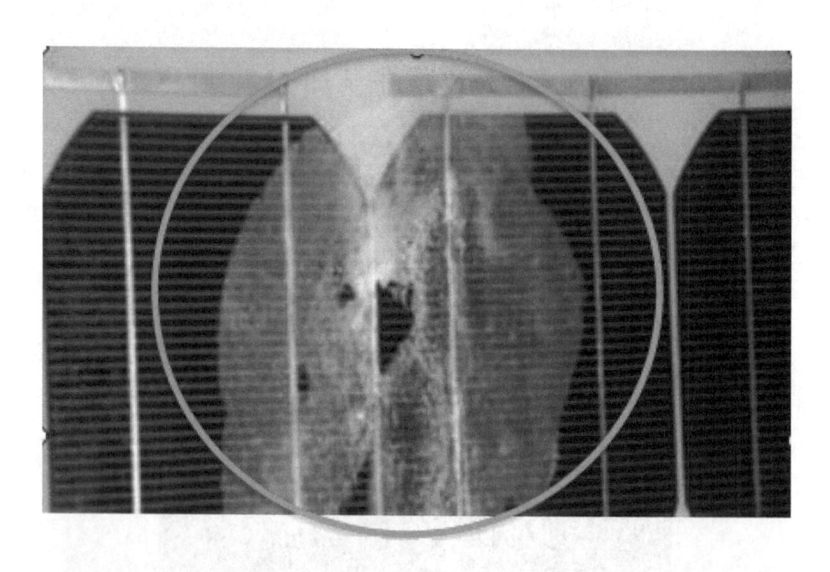

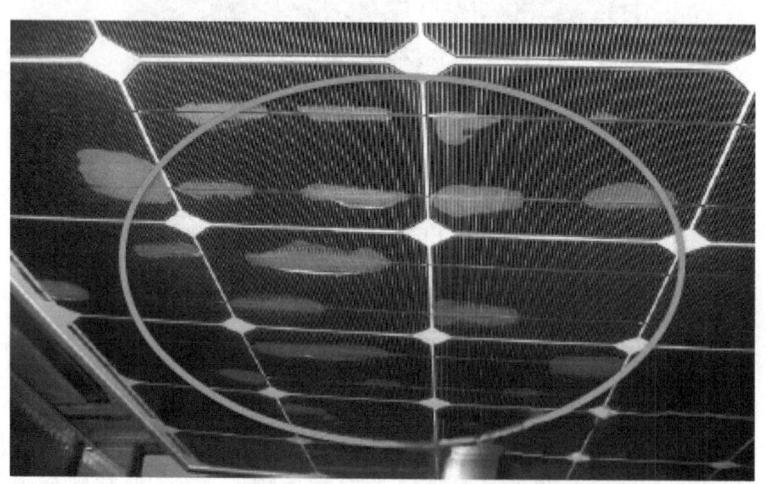

图 9-2　EVA 脱层

图 9-4 为组件内部烧坏的图，烧坏原因可能是汇流条与焊带接触面积较小或因虚焊出现电阻发热造成组件烧毁，短时间内对组件无影响，但组件在外界发电系统上长时间工作会烧坏，最终导致报废。

避免烧坏的预防措施有：在汇流条焊接和组件修复时要严格按照作业指导书要求进行焊接，避免在焊接过程中出现焊接面积过小；焊接完成后需要目视一下是否达到焊接合格标准。

图 9-5 为组件接线盒起火的图。组件接线盒起火原因有引线在卡槽内没有被卡紧出现打火起火；引线和接线盒焊点焊接面积过小出现电阻过大造成着火；引线过长，接触接线盒塑胶件，塑胶件长时间受热会造成起火。起火直接造成组件报废，

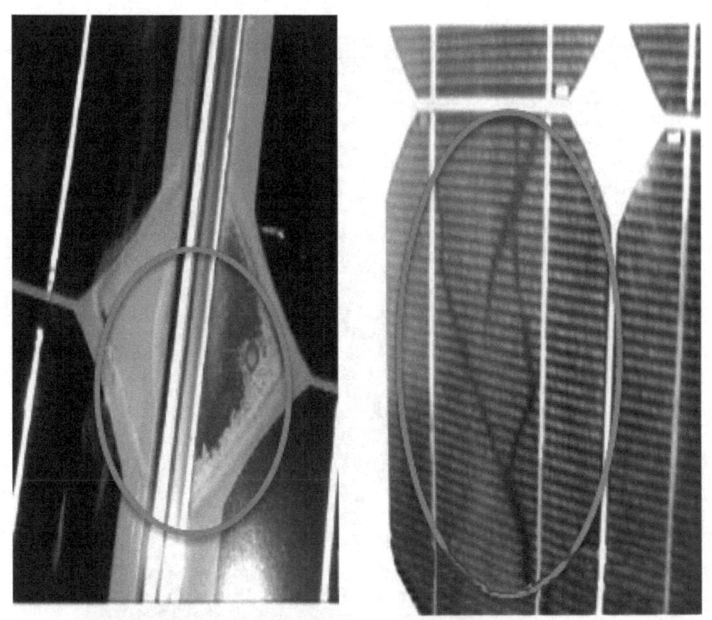

图 9-3　硅胶不良分层和电池交叉隐裂纹

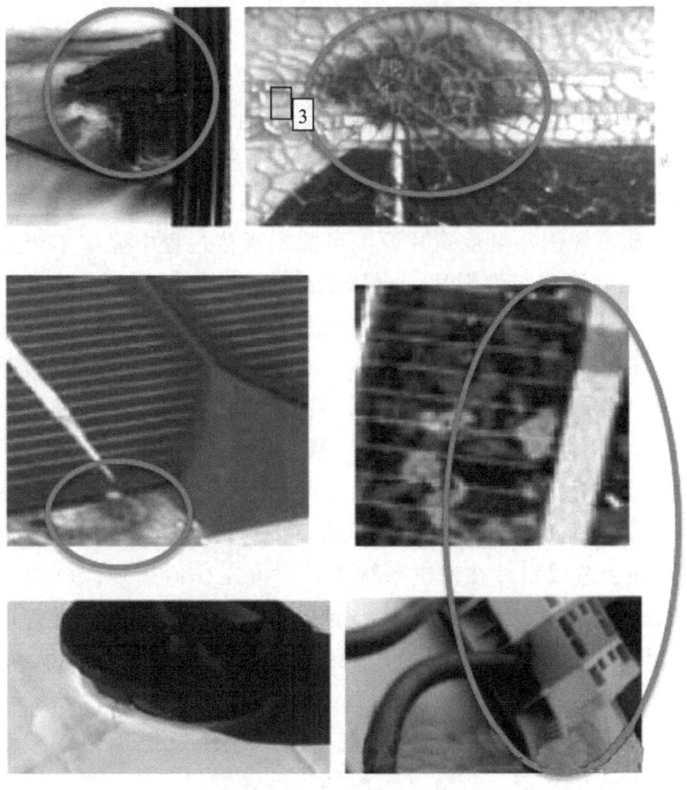

图 9-4　组件内部烧坏

图 9-5 组件接线盒起火

严重时可能引起火灾。

因此要严格按照作业将引出线完全插入卡槽内，引出线和接线盒焊点焊接面积至少大于 20mm^2，严格控制引出线长度，使其符合图纸要求，按照作业要求避免引出线接触接线盒塑胶件。

图 9-6 为电池裂片图，电池裂片原因可能是焊接过程中操作不当造成裂片、人员抬放时手法不正确造成组件裂片、层压机故障出现组件裂片。裂片部分失效影响组件功率衰减、单片电池功率衰减或完全失效影响组件功率衰减。为此，汇流条焊接和返工时要严格按照标准手法进行操作；人员抬放组件时要严格按照工艺要求手法抬放组件；确保层压机定期保养，每做一次设备的配件更换都要严格做好首件确认合格后再生产；EL 测试严格把关检验，禁止不良片漏失。

图 9-7 为电池助焊剂用量过多的情况，可能由焊接机调整助焊剂喷射量过大造成，或者人员在返修时涂抹助焊剂过多导致。助焊剂用量过多影响组件主栅线位置和 EVA 脱层，还会造成组件在发电系统上长时间工作后出现闪电纹黑斑，影响组件功率衰减使组件寿命减少或造成报废。预防措施是调整焊接机助焊剂喷射量，并定时检查；返修区域在更换电池时请使用指定的助焊笔，禁止用大头毛刷涂抹助焊剂。

焊接时温度过低、助焊剂涂抹过少或速度过快会导致虚焊，焊接温度过高或焊接时间过长会导致过焊现象。虚焊在短时间出现焊带与电池脱层，引起组件功率衰减或失效；过焊使电池内部电极被损坏，直接影响组件功率衰减，降低组件寿命或

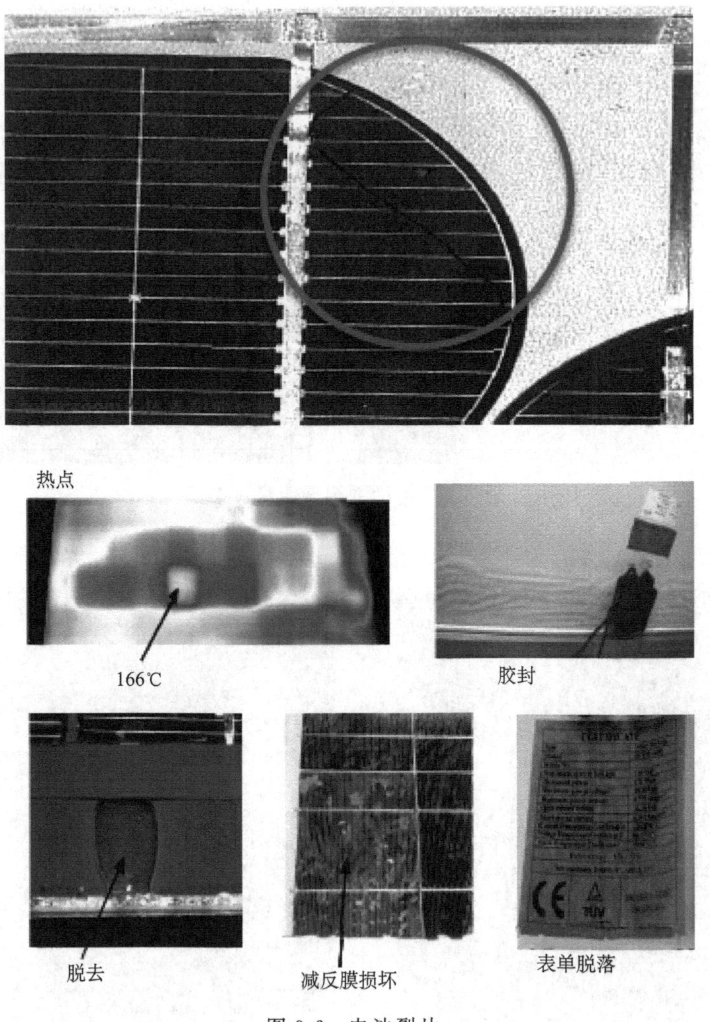

图 9-6　电池裂片

造成报废。因此，焊接时要确保焊接机温度、助焊剂喷射量和焊接时间的参数设定，并要定期检查；返修时要确保烙铁的温度、焊接时间和使用正确的助焊笔涂抹助焊剂；加强 EL 检验力度，避免不良片漏失下一工序。图 9-8 为虚焊、过焊图。

焊接机定位出现异常会造成焊带偏移现象，因此要定期检查焊接机的定位系统；电池主栅线偏移会造成焊接后焊带与主栅线偏移；温度过高和焊带弯曲硬度过大会导致焊接完后电池弯曲；焊带偏移会导致焊带与电池面积接触减少，出现脱层或影响功率衰减。焊接后弯曲会造成电池碎片。因此要加强电池和焊带原材料的来料检验。图 9-9 为焊带偏移和焊接后翘曲破片。

组件在搬运过程中受到严重外力碰撞会造成玻璃爆破，玻璃原材料有杂质也会

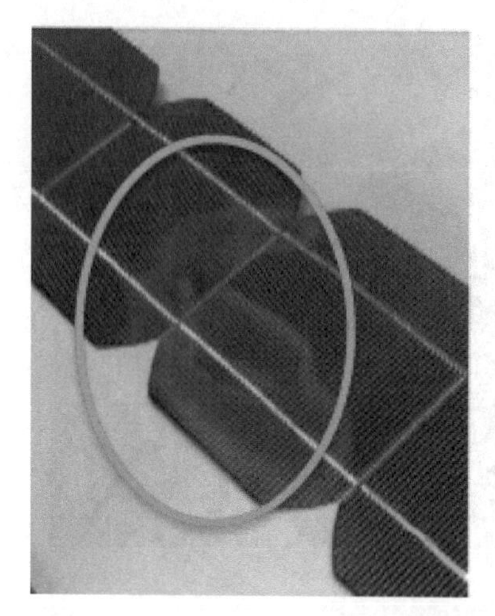 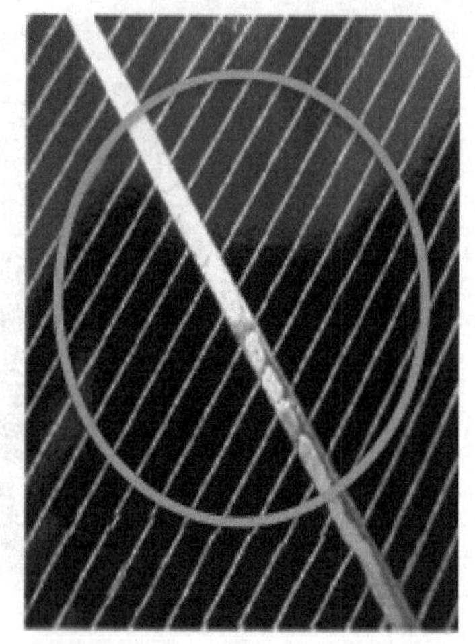

图 9-7　电池助焊剂用量过多

图 9-8　虚焊、过焊

引起原材料自爆，玻璃爆破会导致组件直接报废，因此组件在抬放过程中要轻拿轻放，避免受外力碰撞，同时加强玻璃原材检验测试。另外如果导线没有按照规定位置放置会导致导线被压坏，导线损坏会导致组件功率失效或出现漏电连电危险事故，因此导线一定要严格按照要求盘放，避免零散在组件上。图 9-10 为组件钢化玻璃爆破和接线盒导线断裂图。

组件修复时有异物在表面会造成热斑，焊接附着力不够也会造成热斑点。热斑会导致组件功率衰减失效或者直接导致组件烧毁报废；层压温度、时间等参数不符合标准会造成脱层，脱层也会导致组件功率衰减或失效影响组件寿命使组件报废。

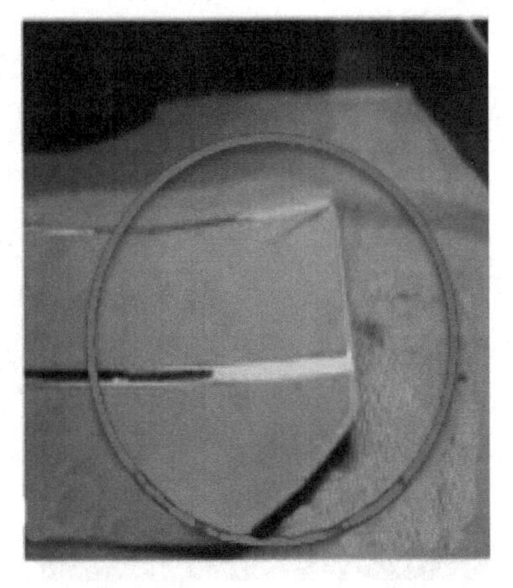

图 9-9　焊带偏移和焊接后翘曲破片

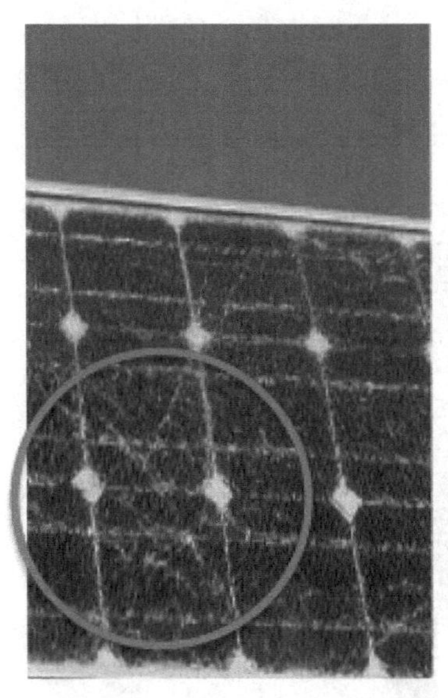
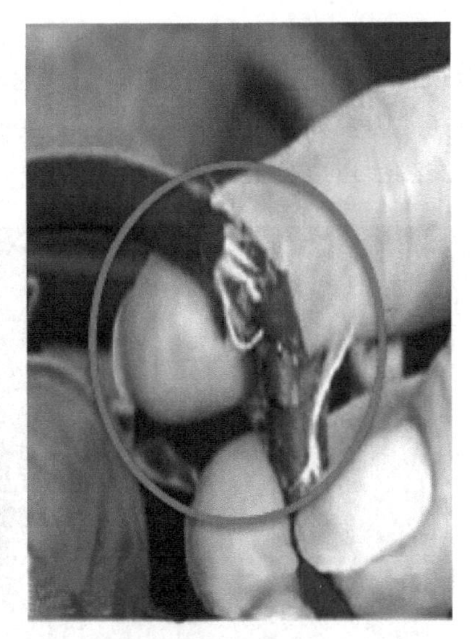

图 9-10　组件钢化玻璃爆破和接线盒导线断裂

因此要严格按照返修要求操作，并注意返修后检查。焊接处烙铁温度、焊机时间的控制要符合标准；定时检查层压机参数是否符合工艺要求。同时要按时做交联度实验，确保交联度符合要求。图 9-11 为热斑和脱层图。

低档次电池混放到高档次组件内会引起层压不合格脱层，层压不合格脱层会引起组件整体功率变低，组件功率在短时间内衰减幅度较大，低效片区域会产生热斑或烧毁组件。因此生产线在投放电池时，不同档次电池要做好区分，避免混用，返修区域的电池档次也要做好标识，避免误用；EL 测试人员要严格检验，避免低效

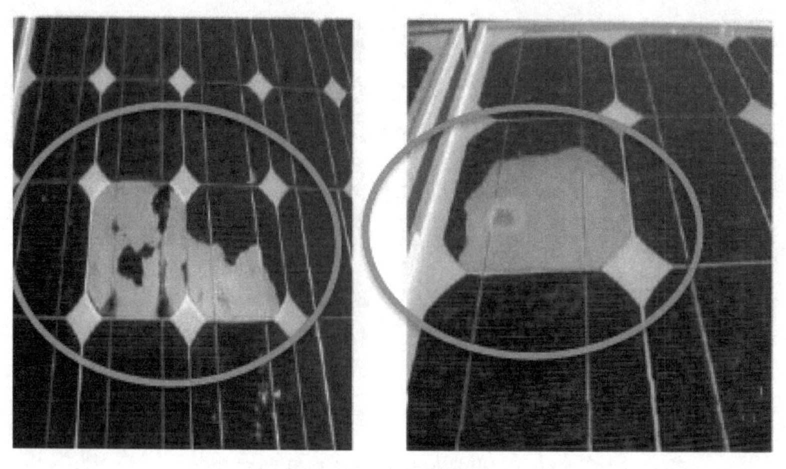

图 9-11　热斑和脱层

片漏失。

员工打胶手法不标准会造成缝隙，硅胶原材内有气泡或气枪气压不稳也会造成硅胶气泡和缝隙，如图 9-12 所示。有缝隙的地方会有雨水进入，雨水进入后，组件工作时发热会造成分层现象。

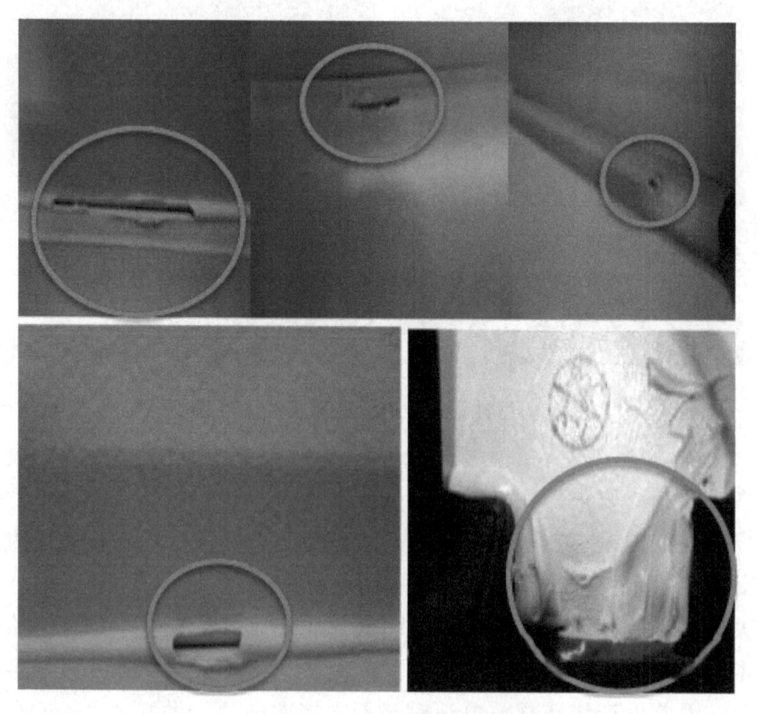

图 9-12　硅胶气泡和缝隙

图 9-13 为接线盒漏打胶，未打胶的接线盒会进入雨水或湿气，造成连电组件起火现象。因此必须加强人员技能培训，增强自检意识；产线严格按照产品三定原则摆放，避免误用；清洗组件和包装处严格检验，避免不良漏失。

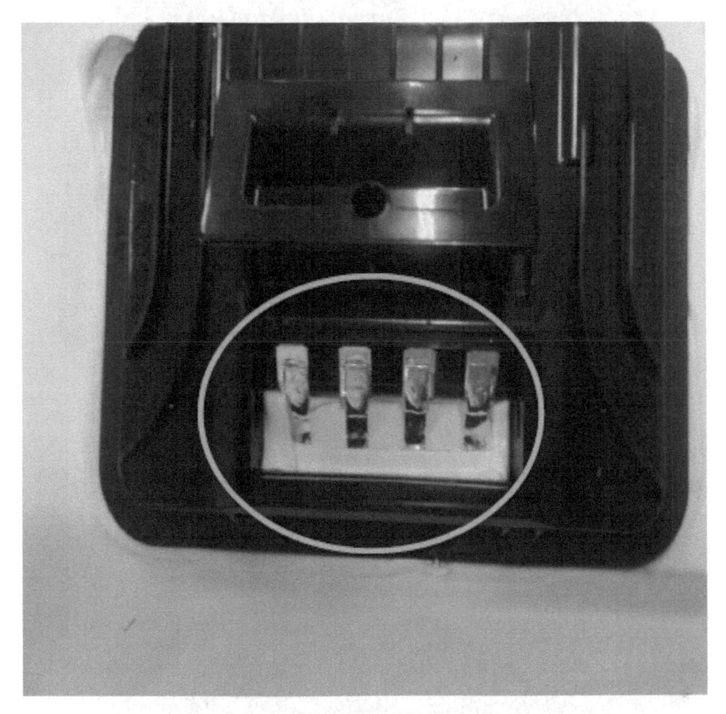

图 9-13 接线盒漏打胶

图 9-14 为接线盒引线虚焊，引线虚焊可能是人员作业手法不规范或不认真，造成漏焊，或者是烙铁温度过低、过高或焊接时间过短造成虚焊。虚焊会造成组件功率过低、连接不良，出现电阻增大，打火造成组件烧毁。

图 9-15 为接线盒硅胶不固化，接线盒硅胶不固化的原因可能是硅胶配比不符合工艺要求，或者出胶孔 A 或 B 堵住未出胶造成不固化。硅胶不固化，胶会从线盒缝隙边缘流出，盒内引线会暴露在空气中，遇雨水或湿气会造成连电使组件起火。因此要严格按照规定，每小时确认硅胶表干动作、定时确认硅胶配比是否符合工艺要求、清洗工序要严格把关确保硅胶 100%固化。

图 9-16 为 EVA 小条变黄现象。原因可能是 EVA 小条长时间暴露在空气中，造成变异，或者 EVA 受助焊剂、酒精等污染造成变异，或者不同厂商 EVA 搭配使用发生化学反应。这可能会造成脱层现象，或者引起外观不良，客户不接受。为此 EVA 开封后严格按照工艺要求在 12h 内用完，避免长时间暴露在空气中；注意料件放置区域的 5S 清洁，避免在加工过程中受污染；避免非同厂家的 EVA 搭配使用。

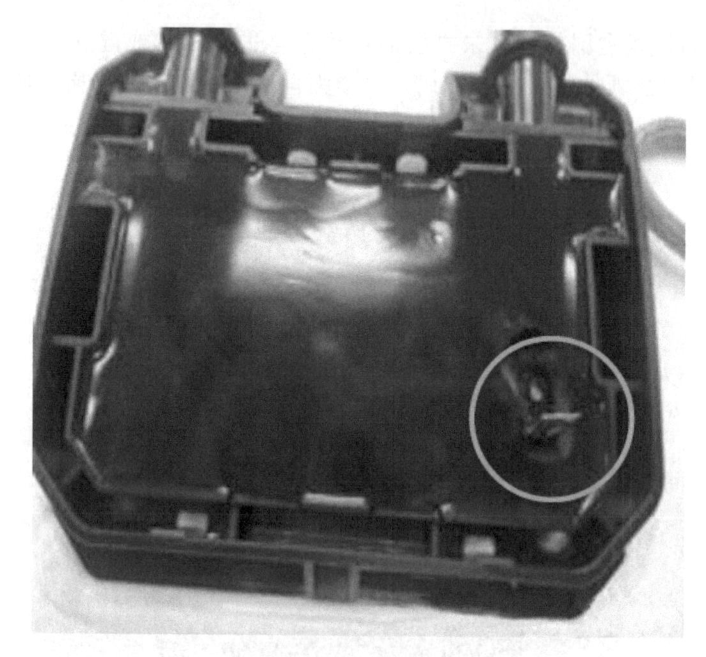

图 9-14　接线盒引线虚焊

图 9-15　接线盒硅胶不固化

图 9-16　EVA 小条变黄

图 9-17 为组件内有异物和玻璃表面有红笔印，这会影响组件整体外观，预防措施是对层叠和玻璃上料工序做好 5S 清洁，避免异物出现；发现不良品后禁止在组件上做标记，而是直接在流程卡上记录不良位置。

图 9-17　组件内有异物和玻璃表面有红笔印

图 9-18 为组件有色差，组件色差可能为原材料加工时镀膜不均匀造成的，或者焊接机在投放电池时未按照颜色区分投放造成，或者返修区域未做颜色区分确认造成混片色差。如果是原材料的原因，要及时反馈给原材料供应商，并对来料做严格检验卡管；焊接机在投料时严格要求做颜色区分投放，避免混片；返修区域做好电池颜色等级的标识，返工时和返工后避免用错片子造成色差。

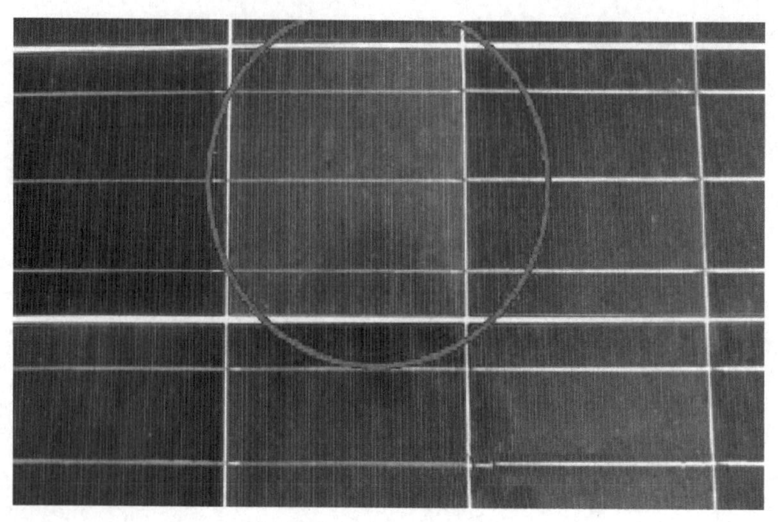

图 9-18　组件色差

组件在工程问题中出现的类似现象还有很多，如因电流传输通路接触不良造成电池内部打弧损坏电池等。

9.5　组件的衰降和失效

光伏组件输出功率的衰减可分为初始的光致衰减和组件的老化衰减。初始的光致衰减，即光伏组件的输出功率在刚开始使用的最初几天内发生较大幅度的下降，但随后趋于稳定。导致这一现象发生的主要原因是 p 型（掺硼）晶体硅片中的硼氧复合体降低了少子寿命。导致光伏组件功率出现早期下降的主要原因有硅片质量差，导致电池出现较大幅度的初始光致衰减、组件制造工艺不合理，出现诸如电池隐裂、EVA 交联度不好、脱层、焊接不良等质量问题和一些组件制造商功率测试不准确或有意在输出功率上虚报。

组件的老化衰减，即在长期使用中出现的极缓慢的功率下降，产生的主要原因与电池缓慢衰减有关，也与封装材料的性能退化有关。如组件表面污染会影响透光率、存积 EVA 分解物等。组件的光学老化包括封装材料的失效，如紫外线、高温、湿气等环境都会造成封装材料通体变黄，特别是 EVA 胶膜，聚光组件中尤其明显。组件边缘的密封变差也会导致组件四周发生黄变。

组件脱层易发生在较为潮湿、高温环境中或白天与晚上温度差比较大的地方。组件的短路经常是风化造成的绝缘老化或风力的作用。断路则是循环热应力和风力负荷导致连接件的疲劳，增加了互联电路的断路风险和接线盒中焊接点脱落风险。

组件的工作寿命主要是由它的稳定性和结构材料的腐蚀所决定的，如 4.7 节所述，组件的衰降指组件功率随时间减少。组件输出功率的衰降分可逆的和不可逆的，可逆性衰降指由于可逆的原因使得 PV 组件输出功率逐渐减少，例如，被生长在前方的树木遮挡、前表面覆盖了尘土，如图 9-19 所示。一个组件可能由于可逆性衰降造成暂时失效，但如果引起的原因被矫正，这个功率的减少是可逆的。不可逆的衰降常常是由于电池性能的下降引起组件性能渐近性衰降。

图 9-19　组件表面的灰土可以引起失配损失或输出功率均衡的减少

组件的失效会影响组件的寿命，而造成失效模式的原因包括以下几个方面。

（1）电池短路。在电池互联之间可能产生短路。

（2）电池开路。这是一个普通的失效模式。

（3）组件短路。组件短路通常是制造缺陷的结果。由于气候、分层、碎裂或者电化学腐蚀引起绝缘下降而产生短路。

（4）组件玻璃破碎。故意破坏、热应力、搬运、风或者冰雹，可能引起顶端玻璃的破裂。

（5）组件分层。这是在早期组件中产生的一种普通的失效模式，现在组件分层问题减少了。组件分层通常是由键合强度下降、湿气的进入、光热老化、温湿度膨胀的差产生的应力引起的。

（6）热岛效应。失配、碎裂或者遮挡电池，可能导致热斑失效。

（7）旁路二极管失效。用于克服失配问题的旁路二极管可能自己失效。

(8) 密封剂失效。UV吸收剂和其他的密封剂稳定剂，保证了组件密封材料的长寿命。但是，由于浸出、扩散而产生的缓慢的损耗，一旦浓度下降到某个临界水平，就产生了密封材料的快速衰降。特别是EVA层的褐变，伴随着内在的乙酸，引起某些组件输出功率逐渐减少，功率衰减比较明显。

思考题

9.1 简述组件中的常见问题并分析形成的原因。

9.2 组件中有气泡的原因可能有哪些？

9.3 简述组件的热击穿，如何消除？

9.4 形成黑心片、黑斑片的主要成因是什么？

9.5 怎样简单鉴别组件好坏？

9.6 目前市场上主要有哪几种组件？各自的效率是多少？

9.7 组件的效率是如何计算的？效率是决定组件价格的主要因素吗？

9.8 组件的寿命是由什么决定的？常用组件的寿命是多久？

9.9 简述造成太阳能光伏组件输出功率衰减的因素。

第10章　太阳能光伏组件应用

目前，太阳能光伏组件的应用已从军事领域、航天领域进入工业、商业、农业、通信、家用电器以及公用设施等各个领域，尤其可以分散在边远地区、高山、沙漠、海岛和农村使用，以节省造价昂贵的输电线路。

10.1　光伏组件的应用领域

理论上讲，太阳能光伏组件可以用于任何需要电源的场合，上至航天器，下至家用电源，大到兆瓦级电站，小到玩具，光伏电源可以无处不在。太阳能光伏组件在三大方面有比较重要的应用：一是为无电场合提供电源；二是太阳能日用电子产品，如各类太阳能充电器、太阳能路灯、太阳能玩具等各种电子产品；三是并网发电，这在发达国家已经大面积推广实施。具体涉及的应用领域如下。

(1) 通信领域的应用。包括移动通信基站，小型通信机，部队通信系统，广播、通信、无线寻呼电源系统，卫星通信和卫星电视接收系统，无人值守微波中继站，光缆通信系统及维护站，农村程控电话，载波电话光伏系统，士兵GPS供电等。

(2) 公路、铁路、航运等交通领域的应用。如公路太阳能路灯、太阳能道钉灯、高速铁路灯、交通警示灯、标志灯、信号灯、高空障碍灯、铁路无线电话亭、无人值守倒班供电、高速公路监控系统、铁路和公路信号系统、铁路信号灯、航标灯灯塔和航标灯电源系统等。

(3) 石油、海洋、气象领域的应用。如海洋监测设备、气象和水文观测设备、石油管道阴极保护和水库闸门阴极保护太阳能电源系统、石油钻井平台生活及应急电源、观测站电源系统等。

(4) 农村和边远无电地区应用。指在高原、海岛、牧区、边远哨所、农村和边远无电地区应用太阳能光伏用户系统、小型风光互补发电系统等，发电功率大多在十几瓦～几百瓦，可解决人们的日常生活用电问题，如电视、收录机、照明、卫星接收机等，也解决了为手机、笔记本电脑、MP3等随身电器的充电问题。另外还可以解决太阳能喷雾器、太阳能电围栏、太阳能黑光灭虫灯等用电问题。

(5) 太阳能光伏照明方面的应用。包括太阳能庭院灯、路灯、草坪灯，太阳能路标标牌、信号指示、广告灯箱照明、太阳能景观照明等；还有家庭照明灯具及垂钓灯、割胶灯、野营灯、登山灯、手提灯、节能灯、手电等。

(6) 大型光伏发电系统（电站）的应用。大型光伏发电系统（电站）是指千瓦级以上的地面独立或并网光伏电站、风光（柴）互补电站、各种大型停车场充电站等。

（7）太阳能光伏建筑一体化发电系统（BIPV）。将太阳能发电系统与建筑材料相结合，充分利用建筑的屋顶和外立面，使得大型建筑能实现电力自给或并网发电，这将是今后的一大发展方向。

（8）太阳能电子产品及玩具的应用。包括太阳能收音机、太阳帽、太阳能钟、太阳能手表、太阳能充电器、太阳能玩具、太阳能计算器等。

（9）其他领域的应用。主要包括太阳能电动汽车、太阳能游艇、太阳能电动自行车、电池充电设备、太阳能冷饮箱、汽车空调、换气扇等，还有太阳能制氢加燃料电池的再生发电系统，海水淡化设备供电，卫星、航天器、空间太阳能电站等。

10.2 光伏系统

太阳能光伏组件的主要功能就是作为光伏发电系统中的电源，为负载提供电能。

10.2.1 光伏系统分类

光伏系统分为独立系统、并网系统和混合系统。根据光伏系统的应用形式、应用规模和负载的类型，还可以将光伏系统细分为小型太阳能供电系统、简单直流（simple DC）系统、大型太阳能供电系统、交直流（AC/DC）混合发电系统、市电互补型光伏发电系统、有逆流并网光伏发电系统、无逆流并网光伏发电系统、切换型并网光伏发电系统、混合（hybrid）供电系统和并网混合供电系统。

小型太阳能供电系统的特点是系统中只有直流负载而且负载功率比较小，整个系统结构简单，操作简便。主要用途是各种民用的直流产品以及相关的娱乐设备。

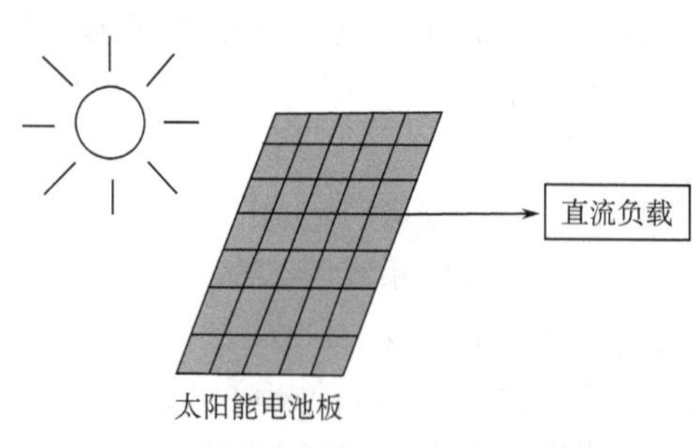

图 10-1　无蓄电池直流发电系统

简单直流系统的特点是系统中的负载为直流负载而且对负载的使用时间没有特别的要求，负载主要是在白天使用，所以系统中没有使用蓄电池，也不需要使用控制器，系统结构简单，直接使用太阳能光伏组件给负载供电，省去了能量在蓄电池中的储存和释放过程，以及控制器中的能量损失，提高了能量利用效率。这两种供电系统也可称为无蓄电池直流发电系统，如图 10-1 所示。

大型太阳能供电系统仍然适用于直流电源系统，但是这种系统通常负载功率较大，为了可靠地给负载提供稳定的电力供应，其相应的系统规模也较大，需要配备较大的太阳能光伏组件以及较大的太阳能蓄电池组，也可称为有蓄电池直流发电系统，如图 10-2 所示。

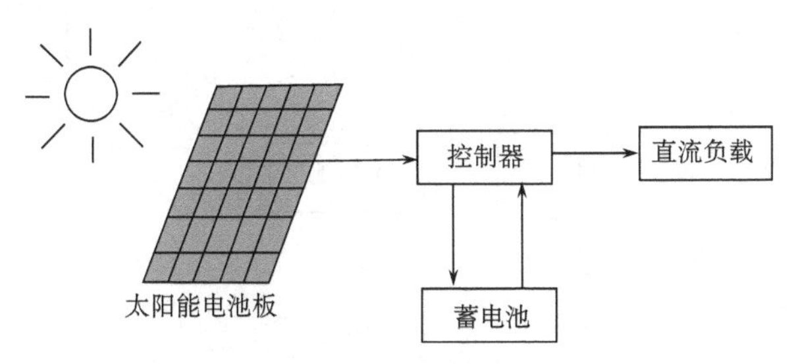

图 10-2　有蓄电池直流发电系统

交直流（AC/DC）混合发电系统能够同时提供直流和交流电，在系统结构上比上述三种系统多了逆变器，用于将直流电转换为交流电以满足交流负载的需求。通常这种系统的负载耗电量也比较大，系统的规模也较大，如图 10-3 所示。

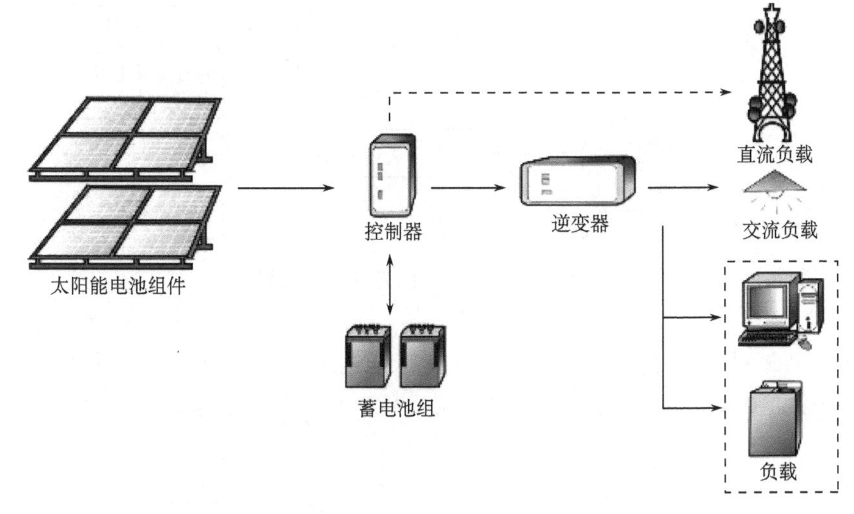

图 10-3　交直流混合发电系统

市电互补型光伏发电系统，是在独立光伏发电系统中以太阳能光伏组件发电为主，以普通 220V 市电为补充，如图 10-4 所示，设计时太阳能光伏组件和蓄电池容量都可以设计得小一些，有阳光时用光伏发电，无阳光时用市电供电。

并网系统是太阳能光伏组件产生的直流电经过并网逆变器转换成符合市电电网要求的交流电之后，直接接入市电网络。有逆流并网光伏发电系统如图 10-5 所示，当系统发电充裕时把多余的电力卖给公共电网，当系统发电不足时，从公共电网买入电能供给负载。由于向电网卖电和买电是相反的过程，所以称为有逆流并网光伏

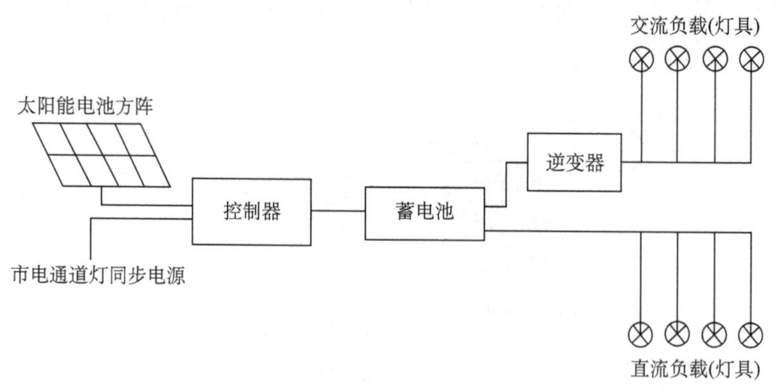

图 10-4　市电互补型光伏发电系统

发电系统。

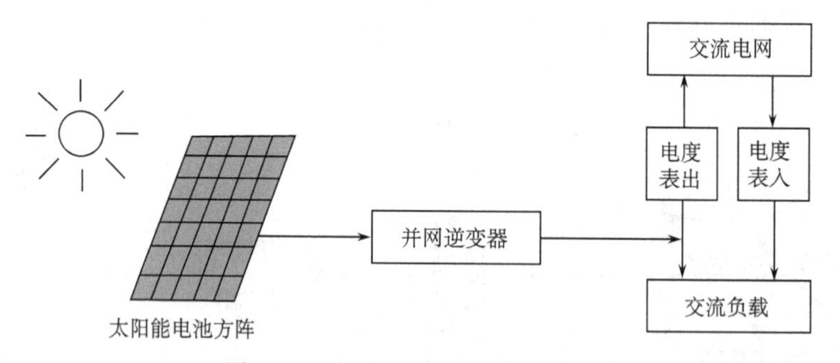

图 10-5　有逆流并网光伏发电系统

无逆流并网光伏发电系统如图 10-6 所示，当系统发电充裕时也不把多余的电力卖给公共电网，当系统发电不足时，从公共电网买入电能给负载供电。

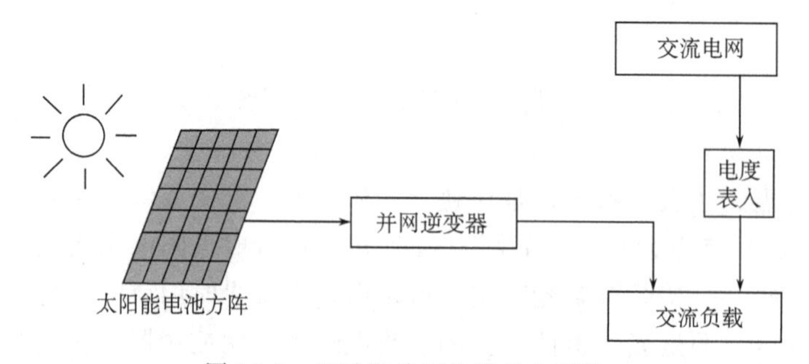

图 10-6　无逆流并网光伏发电系统

切换型并网光伏发电系统如图 10-7 所示，切换型并网光伏发电系统指具有自动运行双向切换的功能，发电不足时自动切换到公共电网供电，当电网不稳定时自动切换与电网的连接，变成独立光伏发电系统。

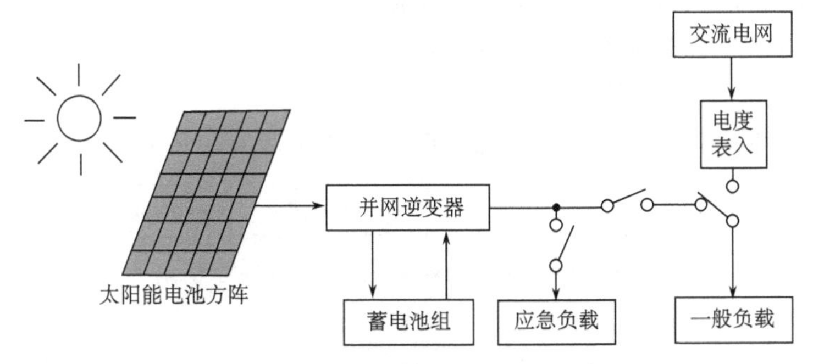

图 10-7 切换型并网光伏发电系统

混合供电系统指除了使用太阳能光伏组件发电之外，还使用了油机作为备用电源。使用混合供电系统的目的就是综合利用各种发电技术的优点，避免各自的缺点。

并网混合供电系统指综合利用太阳能光伏组件、市电和备用油机的并网混合供电系统。这种系统通常是控制器和逆变器集成一体化，使用计算机芯片全面控制整个系统的运行，综合利用各种能源，达到最佳的工作状态，并可以使用蓄电池进一步提高系统的负载供电保障率。

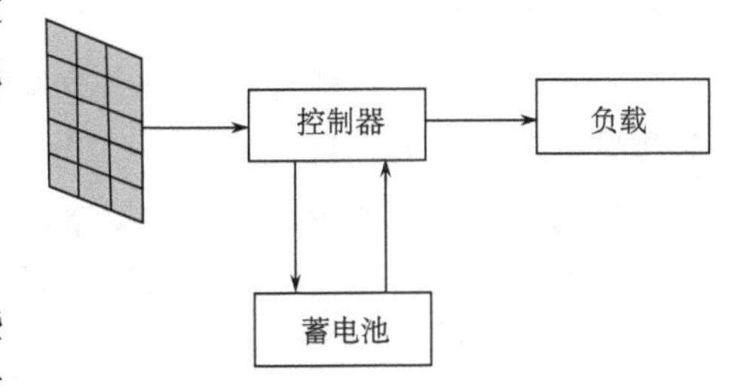

图 10-8 简易太阳能电子产品结构

10.2.2 光伏产品设计

太阳能应用的领域十分广泛，一些简易的太阳能日用电子产品，如各类太阳能充电器、小型太阳能路灯和太阳能草坪灯等简单易做。它们一般包括太阳能光伏组件、储电部分（如蓄电池）、控制器（如升压/稳压电路或 DC/DC、DC/AC）和负载四个部分，如图 10-8 所示。下面将举例说明太阳能光伏产品的设计与制备。

实例一 简易太阳能手机充电器的设计与制备

1. 设计要求

设计一个简易的手机充电器并成功给手机充电。

2. 制作步骤

（1）观察并思考一般手机充电器的结构、功能和工作过程。

（2）设计太阳能手机充电器并画出结构图（图 10-9）。

（3）思考所用的器件和材料。

（4）观察手机充电器的输入电压和电流。

(5) 估算所需光伏组件的输出电压。

(6) 测量阳光下光伏组件的电压和电流。

(7) 连接光伏组件各个升压稳压模块。

(8) 焊接太阳能手机充电器。

(9) 测试制作的太阳能手机充电器的安全性并给手机充电。

图 10-9 简易太阳能手机充电器结构图

3. 思考与完善

(1) 思考并画出升压稳压模块的电路图。

(2) 思考并画出太阳能手机充电器功能改进的措施并画出构框图。

4. 参考材料

胶封太阳能光伏组件 (3V);直流升压稳压器;USB 转换接口;剥线钳;连接线;焊锡丝;电烙铁。

实例二 太阳能小风扇的设计与制备

简要步骤如下所示。

(1) 并联太阳能电池板。每个电池板都有一个正极和一个负极,只要把一个的正极和另一个的负极连接起来就可以了。

(2) 把太阳能电池板固定在木板上。

(3) 根据太阳的位置设置电池板的仰角。

(4) 把马达固定到教具上。

(5) 制作开关,控制输电线路(图 10-10)。

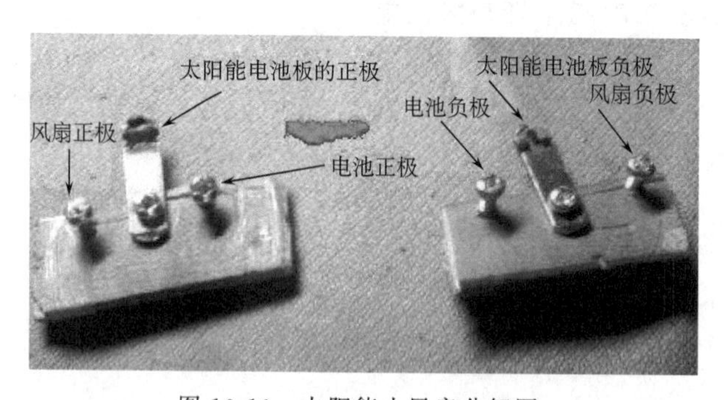

图 10-10 太阳能小风扇分解图

(6) 连接线路。

(7) 整体图片(图 10-11)。

图 10-11　太阳能小风扇整体图

参考材料：太阳能马达、太阳能电池、6 个螺丝、电线、铁片（带孔的 2 片）、充电电池、风扇 。

实例三　太阳能路灯的设计与制备

太阳能路灯是现在常见的太阳能在公共设施上的应用。在有光照时，即白天，路灯不会亮，并且给蓄电池充电，夜晚没有光照时，蓄电池供电给路灯，路灯发光。自己可以动手做一个比较简单的太阳能路灯。其电路图如图 10-12 所示。

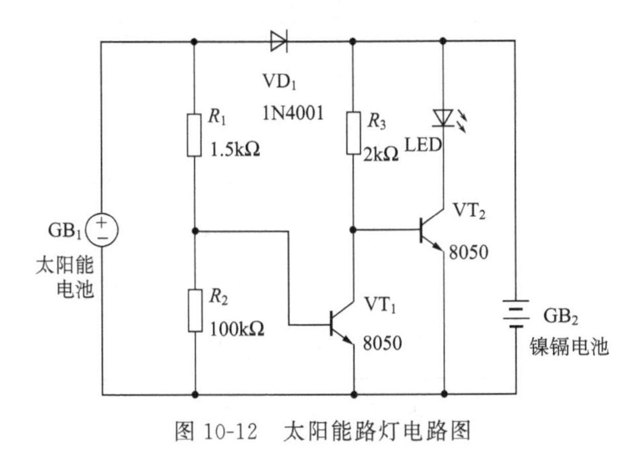

图 10-12　太阳能路灯电路图

操作步骤如下。

(1) 检查实验器件是否完好并按电路图连接电路。

(2) 将太阳能电池放置于太阳模拟器下并调节合适的角度。

(3) 打开太阳模拟器开关，照射太阳能电池一段时间使镍镉电池的电压升到

1.2V 左右并观察 LED 是否发光。

(4) 关闭太阳模拟器，让镍镉电池放电并观察 LED 是否发光。

(5) 记录所观察到的现象。

参考材料：1.5kΩ 电阻一个；100kΩ 电阻一个；2kΩ 电阻一个；1N4001 二极管一个；8050 三极管 2 个；发光二极管一个；太阳能电池板一块；镍镉蓄电池一块；面包板一块。

实例四　太阳能防水警示灯

警示灯、闪光灯或指明灯可以用在许多地方。通常，放置警示灯或闪光灯的地方要完全远离任何电源。尽管我们可以使用电池，但有时并不想更换电池。太阳能一方面产生清洁的可再生资源，另一方面在不使用传统电缆或换电池不方便的地方使用。

指明灯也有多种模式。当它关闭时，太阳能电池会给它充电，但是，它不会在任何情况下都闪动。处于“太阳能”模式时，指明灯会在白天充电，当电路感应处于低照明状态时，指明灯使用充电电池的电力进行闪烁。处于“开启”模式时，指明灯则不论明暗都会闪烁，但是，这样会耗尽电池电量。

如果一直在室外使用指明灯，就需要考虑如何保护电路（图 10-13），以防止水和其他物质的渗透。大部分包装供应商都出售不错的防水盒子，可以用于室外，来达到令人满意的效果。

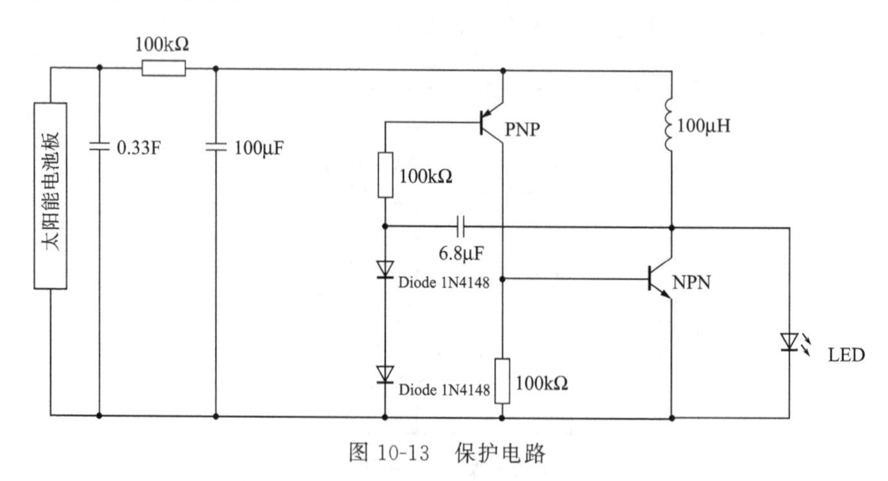

图 10-13　保护电路

参考材料：0.1F，5.5V 电容；100μF 电容；6.8μF 电容；100kΩ 电阻 2 个；100Ω 电阻 2 个；PNP 晶体管；NPN 晶体管；1N4148 二极管 2 个；超高亮度的红色 LED；100μH 电感；太阳能电池板；电烙铁。

实例五　太阳能手电筒

可以在阳光灿烂的日子把太阳能手电筒放在窗台上，当断电时，就可以使用它来提供（尽管不强烈）照明了。

如果要把手电筒装在一个圆形基座里，就要保证：手电筒自身足够重，可以使太阳能电池保持向上的状态。或者基座里平台使基座位于水平状态时太阳能电池能保持向上的状态。

如果太阳能手电筒滚来滚去，使电池朝向地面就悲剧了，因为太阳照不到太阳能电池。

图 10-14 显示了电路应该如何被搭建。一些电阻和一个开关就可以模拟光电池的运行。它可以使我们控制 LED，由于只使用了一个电池，显得更为经济。

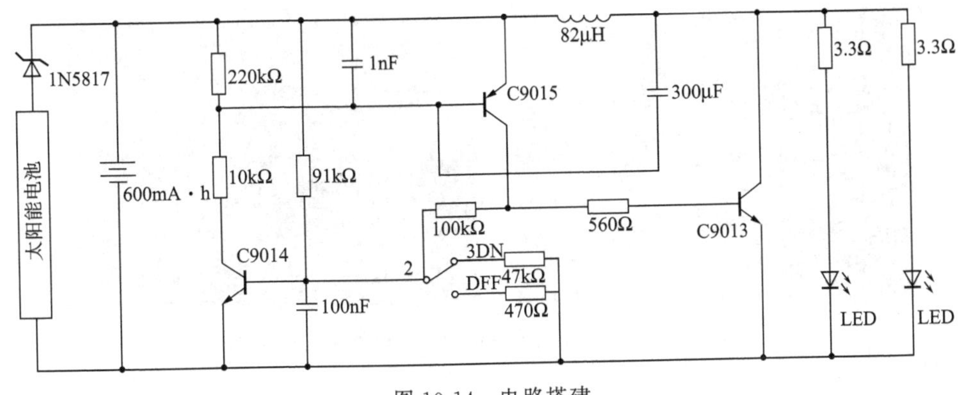

图 10-14　电路搭建

参考材料：1.5V 太阳能电池 4 节；AA600mA · h 镍镉电池一节；1N5817 稳压二极管；220kΩ $\frac{1}{4}$W 碳膜电阻；100kΩ $\frac{1}{4}$W 碳膜电阻；91kΩ $\frac{1}{4}$W 碳膜电阻；10kΩ $\frac{1}{4}$W碳膜电阻；560Ω $\frac{1}{4}$W 碳膜电阻；3.3Ω $\frac{1}{4}$W 碳膜电阻 2 个；C9013 NPN 晶体管；C9014 NPN 晶体管；C9015 NPN 晶体管；300μF 陶瓷电容；100nF 陶瓷电容；1nF 陶瓷电容；82μH 电感；Cds 光电池 47kΩ@10lux（勒克斯，照明单位）；LED 2 个。

10.3　光伏建筑

据《2013—2017 年中国光伏建筑一体化（BIPV）行业市场前瞻与投资战略规划分析报告》数据显示，太阳能发电是 21 世纪科学技术的前沿阵地，世界各地的政府均支持光伏发电事业。光伏与建筑相结合是未来光伏应用中最重要的领域之一，发展前景十分广阔，有着巨大的市场潜力。

10.3.1 光伏建筑分类

光伏建筑指安装在建筑物上的光伏发电系统，即 Building Mounted Photovoltaic，简称 BMPV 或建筑光伏。BMPV 包括在现有建筑上安装的小型、中型和大型光伏发电系统，即将太阳能光伏组件依附于建筑物上，建筑物作为太阳能光伏组件的载体，起支撑作用，是太阳能光伏组件与建筑的简单结合，即 Building Attached Photovoltaic，简称 BAPV，如图 10-15 所示。也包括将太阳能光伏组件集成到建筑上的技术，即 Building Integrated Photovoltaic，简称 BIPV，它是太阳能光伏组件与建筑的集成，太阳能光伏组件以一种建筑材料的形式出现，成为建筑不可分割的一部分，如光电瓦屋顶、光电幕墙和光电采光顶等，如图 10-16 所示。

图 10-15 太阳能光伏组件依附于建筑物上（BAPV）

图 10-16 太阳能光伏组件与建筑的集成（BIPV）

图 10-17 为光伏与建筑相结合的示意图，图中采用太阳能光伏组件和市电联合供电的并网发电系统，太阳能光伏组件发出的电通过控制器（controller）直接给直流负载供电，多余的电量流入蓄电设备（accumulator）存储，并由逆变器（inverter）进行交直流转换后供给交流负载，太阳能光伏组件发出的电不充裕时可由市电并网（parallel connection）补充。

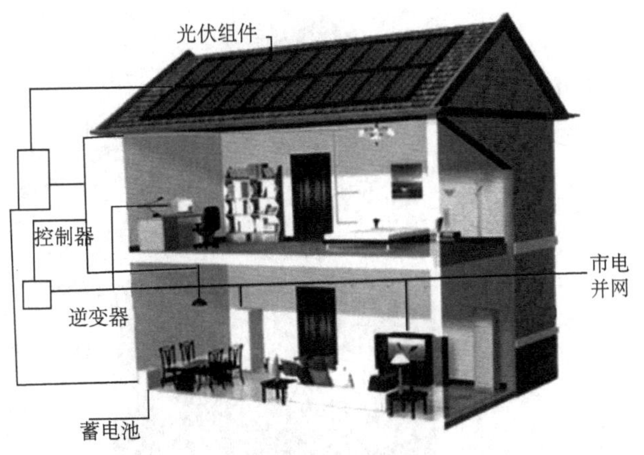

图 10-17　光伏与建筑相结合示意图

10.3.2　光伏建筑的实现形式

BMPV 包括 BAPV 和 BIPV 两种形式，其中 BAPV 的实现形式主要是屋顶光伏电站和墙面光伏电站，BIPV 的实现形式较多样化，如光电采光顶、光电幕墙、光电遮阳板等；BMPV 的实现形式如表 10-1 和图 10-18 所示。

表 10-1　BMPV 的实现形式

实现形式	太阳能光伏组件	建筑要求	类型
光电采光顶（天窗）	光伏玻璃组件	建筑效果、结构强度、采光、遮风挡雨	BIPV
光电屋顶	光伏屋面瓦	建筑效果、结构强度、遮风挡雨	BIPV
光电幕墙（透明幕墙）	光伏玻璃组件（透明）	建筑效果、结构强度、采光、遮风挡雨	BIPV
光电幕墙（非透明幕墙）	光伏玻璃组件（非透明）	建筑效果、结构强度、遮风挡雨	BIPV
光电遮阳板（有采光要求）	光伏玻璃组件（透明）	建筑效果、结构强度、采光	BIPV
光电遮阳板（无采光要求）	光伏玻璃组件（非透明）	建筑效果、结构强度	BIPV
屋顶光伏方阵	普通太阳能光伏组件	建筑效果	BAPV
墙面光伏方阵	普通太阳能光伏组件	建筑效果	BAPV

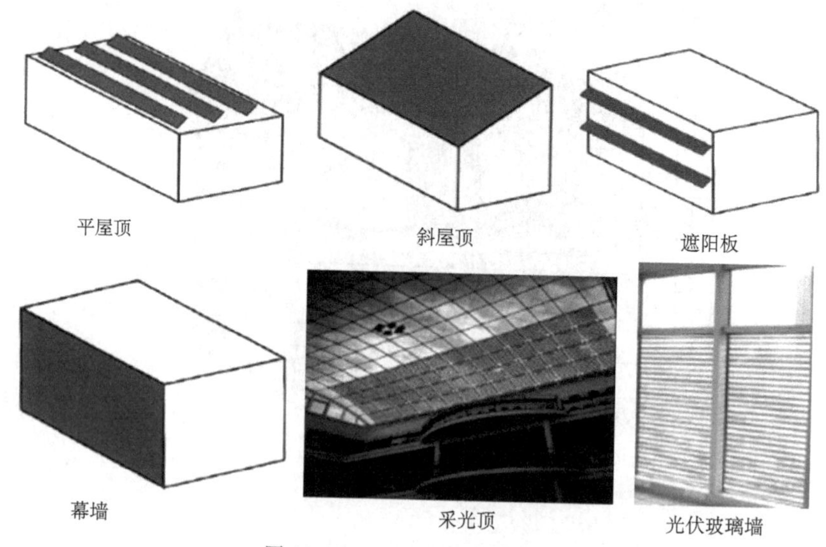

图 10-18　BMPV 的实现形式

从发电角度看，平屋顶 BAPV 的经济效益最好，因为它可以按照最佳角度安装，以获得最大发电量。而且它不影响建筑物的功能，发电成本最低，经济效益最好，实用案例如图 10-19 所示。斜屋顶 BAPV，尤其是南向斜屋顶经济效益仅次于平屋顶，同平屋顶一样可以使用标准太阳能光伏组件，以接近最佳角度安装，不影响建筑物的功能，成本低。实用案例如图 10-20 所示。

图 10-19　平屋顶案例

图 10-20　斜屋顶案例

遮阳板有跟踪和不跟踪两种，太阳能光伏组件可以使用标准组件，也可以特制组件，经济效益类似于斜屋顶，实用案例如图 10-21 所示。

图 10-21　遮阳板案例

光伏幕墙要符合 BIPV 的要求，除了能发电外，要满足建筑墙壁的所有功能，如安全性、耐久性、易维护、透明性、装饰性等，太阳能光伏组件需要特别设计，组件成本高、性能偏低，但是能为建筑带来绿色概念，节能环保，受到社会的青睐，实用案例如图 10-22 所示，图 10-23 为内视图。

图 10-22　光伏幕墙案例

图 10-23　光伏幕墙内视图

光伏采光顶（光伏天棚）除了透明和发电外，必须满足一定的力学、美学和建筑构件要求，同 BIPV 幕墙一样，需要和建筑同时设计、施工和安装，需要特制组件，成本高、效率低，但同幕墙一样，可以把建筑改造成绿色建筑，颇受社会青睐，案例如图 10-24 所示。

实际应用中，可以把 BAPV 构件和 BIPV 构件结合起来，既做到利用标准组件、降低成本，又能符合绿色建筑的理念，如图 10-25 所示。

图 10-24　光伏天棚

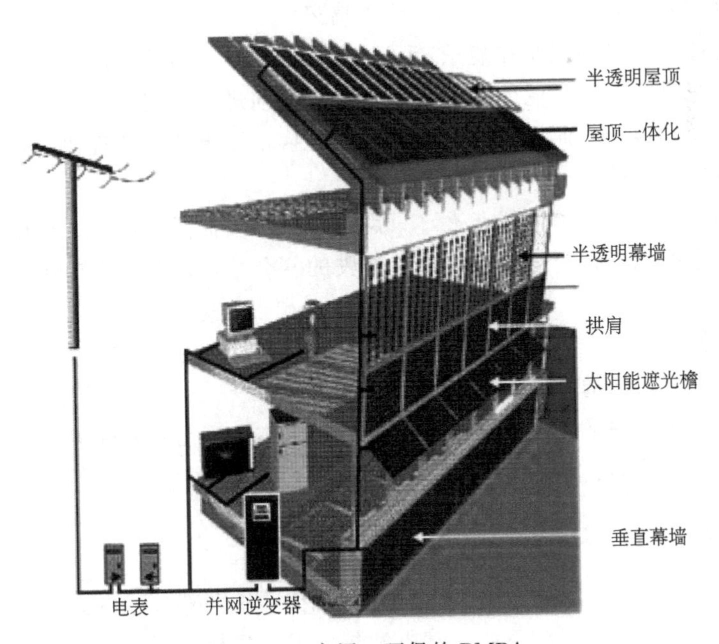

图 10-25　实用、环保的 BMPA

10.4 太阳能汽车

随着全球汽车的普及，汽车工业面临的最大挑战就是能源的消耗及尾气排放对环境造成的污染。燃油汽车尾气中对人危害最大的有一氧化碳、碳氢化合物、氮氧化合物、铅的化合物及碳的颗粒物，造成的空气污染已占整个城市空气污染的60%～90%。从未来汽车发展看，太阳能汽车将成为未来汽车行业的发展潮流。

太阳能汽车是靠太阳能来驱动的汽车，它通过太阳能电池把光能转化成电能，在蓄电池中存起备用，用来推动汽车的电动机。由于太阳能汽车不用燃烧化石燃料，所以不会放出有害物。据估计，如果由太阳能汽车取代燃油车辆，每辆汽车的二氧化碳排放量可减少43%～54%。正因为其环保的特点，太阳能汽车被诸多国家所提倡，太阳能汽车产业的发展也日益蓬勃。

10.4.1 太阳能汽车的优越性

太阳能汽车的优越性主要体现在以下几方面。

(1) 以光电代油，可节约有限的石油资源，能量来源于太阳能，清洁无污染，取之不竭、用之不尽。

(2) 无污染，无噪声。因为不用燃油，不会排放污染大气的有害气体；没有内燃机，行驶时听不到燃油汽车内燃机的轰鸣声。

(3) 耗能少。燃油汽车在能量转换过程中要遵守卡诺循环的规律来做功，热效率比较低，只有1/3左右的能量消耗在推动车辆前进上，其余2/3左右的能量损失在发动机和驱动链上；而太阳能汽车的热量转换不受卡诺循环规律的限制，90%的能量用于推动车辆前进。

(4) 易于驾驶。无须电子点火，只需踩踏加速踏板便可启动，利用控制器使车速变化。不需换挡、踩离合器，简化了驾驶的复杂性，避免了因操作失误而造成的事故隐患。

(5) 结构简单。太阳能汽车没有内燃机、离合器、变速器、传动轴、散热器、排气管等零部件，结构简单，制造难度降低。

(6) 易维护。除了定期更换蓄电池以外，基本上不需日常保养，省去了传统汽车必须经常更换机油、添加冷却水等定期保养的烦恼。

10.4.2 太阳能汽车的构造

太阳能汽车的总体结构分为电力系统和机械系统两部分，电力系统包括太阳能光伏组件、太阳能自动跟踪系统、蓄电池组、发动机控制器和发动机，电力系统的作用就是把太阳能转化为驱动电机的电能，并把多余的能量存储到蓄电池中。机械系统包括车身（车架和车壳）、悬架、转向系统、制动系统和车轮。

太阳能光伏组件是太阳能汽车的核心，通常工作电压为50～200V，并能提供1000W的电力。车子在运行时，被转换的太阳能被直接送到发动机控制系统，多余的能量就会被蓄电池储存以备后用。当太阳能光伏组件不能提供足够的能量来驱动发动机时，蓄电池内的备用能量将会自动补充。太阳能汽车不运动时，所有能量都储存在蓄电池内。也可以利用一些回流的能量来推动汽车，当太阳能汽车减速时，换用通用的机械制动，这时发动机变成了一个发电机，能量通过发动机控制器反向进入蓄电池内储存。

太阳能自动跟踪系统保持太阳能光伏组件正对着太阳，最大限度地提高太阳能电池板接收太阳辐射的能力。

蓄电池组相当于普通汽车的油箱，目前在太阳能汽车上所用的蓄电池主要有铅酸蓄电池、镍镉蓄电池、锂电池、锂聚合物电池。蓄电池组由几个独立的模块连接起来，并形成系统所需的电压，系统电压为84～108V。

太阳能汽车使用什么类型的发动机没有限制，一般额定的是2～5HP，大多数使用双线圈直流无刷电机，这种直流无刷电机是相当轻质的材料机器，在额定的RPM（每秒转速）达到98%的使用效率，但是它们的价格比普通有刷型交流发动机要贵一些。

太阳能汽车机械系统包括车身（车架和车壳）、悬架、转向系统、制动系统和车轮，设计尽量减少摩擦力和重量，轻质金属如铝合金和合成金属是常用的，使重量和强度达到最大程度。

太阳能汽车最具魅力的部分就是车身，光滑而又具有异域风情的外观是吸引眼球的部分，设计车身时要让阻力达到最小值，而使太阳能与阳光的接触比达到最大值，重量要尽量小，安全系数尽量达到最高。在这些方面要进行大量的试跑测试，进而测出并试图得到最佳的外形效果。一个好的太阳能汽车外形能够节省几百瓦的能量，这也是制造一辆好的太阳能汽车所必须达到的目标。

太阳能汽车应安装多挡位制动，大部分使用前制动挡位闸，有两个手挂挡，这与普通的机动车很相似。后退制动挡类似于在摩托车的前面使用而此时用在后面。这些挂挡有利于太阳能汽车自由地移动和滑行，从而达到最佳的效果。

在整个行驶中，太阳能汽车的安全是重中之重，太阳能汽车必须有高效的制动性能并符合标准，一般有两个独立的制动系统。在太阳能汽车中圆盘制动器普遍采用，因为它们很适合，并有很好的制动力。为了达到最好的效果，制动器被设计成通过制动操作杆自由移动，从而使制动垫摩擦制动表面进行制动。

典型的太阳能汽车一般有3个或4个车轮，一般3个车轮的配置是两个前轮和一个后轮（通常是驱动轮）。四个轮子的太阳能汽车跟普通的机动车是一样（其中后面一个轮子是驱动轮）的，两个后轮并排靠近中央位置（类似于普通三轮机动车的配置）。

除此之外，太阳能汽车同普通燃油汽车一样，还需要配备各种仪表和传感器等。如图 10-26 所示为一些颇具实用性和性能优良的太阳能汽车和太阳能混合动力汽车。

(a) Solarve 太阳能公交车

(b) 大众太阳能跑车

(c) 长安星光4500太阳能环保车

(d) 小贵族

(e) 丰田 Quaranta

(f) 标致 Shoo

(g) Antro Solo

(h) 沃尔沃

图 10-26　太阳能汽车和太阳能混合动力汽车

思　考　题

10.1　简述组件的应用领域。

10.2　简述发电系统的分类。

10.3　简述 BMPV 的含义与分类。

10.4　简述 BMPV 的实现形式。

10.5　简述光伏建筑一体化组件的特征和发展现状。

10.6　为什么要发展太阳能汽车？简述其优越性。

10.7　简述太阳能汽车的结构特征。

参考文献

马丁·格林，1987. 太阳电池工作原理、工艺和系统的应用［M］. 李秀文，谢鸿礼，赵海滨，等译. 北京：电子工业出版社.

沈辉，2005. 太阳能光伏发电技术［M］. 北京：化学工业出版社.

唐晋发，顾培夫，2006. 现代光学薄膜技术［M］. 杭州：浙江大学出版社.

杨术明，李富友，黄春辉，2002. 染料敏化纳米晶太阳能电池［J］. 化学通报，5：58，66.

GREEN M A，2010. 太阳能电池工作原理、技术和系统应用［M］. 狄大卫，曹昭阳，李秀文，等译. 上海：上海交通大学出版社.

PAGLIARO M，PALMISANO G，CIRIMINNA R，2011. 柔性太阳能电池［M］. 高扬，译. 上海：上海交通大学出版社.

WAGEMANN H G，ESCHRICH H，2011. 太阳能光伏技术［M］. 2 版. 叶开恒，译. 西安：西安交通大学出版社.

WENHAM S R，GREEN M A，WATT M E，et al.，2008. 应用光伏学［M］. 狄大卫，高兆利，韩见殊，等译. 上海：上海交通大学出版社.

CELLS Q D S，2013. The next big thing in photovoltaics kamat，Prashant V［J］. Journal of physical chemistry letters，4（6）：908-918.

ENGELHART P，HARDER N P，MERKLE A，et al.，2006. RISE：21. 5% efficient back junction silicon solar cell with laser technology as a key processing tool［C］. 4th World Conference on Photovoltaic Energy Conversion：900-904.

GREEN M A，1982. Solar cells：operating principles，technology，and system applications［M］. New Jersey：Prentice-Hall，Inc.

GREEN M A，2003. Third generation photovoltaics：advanced solar energy conversion［M］. Heidelberg：Springer.

GREEN M A，EMERY K，HISHIKAWA Y，et al.，2011. Solar cell efficiency tables（version 39）［J］. Progress in photovoltaics：research and applications，20（1）：12-20.

LU M J，BOWDEN S，DAS U，et al.，2007. Interdigitated back contact silicon heterojunction solar cell and the effect of front surface passivation［J］. Applied physics letters，91：063507.

MIKIO T，AKIRA T，EIJI M，et al.，2005. Obtaining a higher Voc in HIT cells［J］. Progress in photovoltaics：research and applications，13：481-488.

MIKIO T，HITOSHI S，YUKIHIRO Y，et al.，2005. An approach for the higher efficiency in the HIT cells［C］. 31st IEEE Photovoltaic Specialists Conference：866-871.

ROBERT B，SUSANNE M，JAN S，et al.，2010. Back-junction back-contact n-type silicon solar cells with screen-printed aluminum-alloyed emitter［J］. Applied physics letters，96：263507.

ROHATGI A，2003. Road to cost-effective crystalline silicon photovoltaics [C]. 3rd World Conference on Photovoltaic Energy Conversion：A29-A34.
SPATH M，DE JONG P C，BENNETT I J，et al.，2008. A novel module assembly line using back contact soalr cells [C]. 33rd IEEE Photovoltaic Specialists Conference，San Diego：1-6.